■ 普通高等教育新形态教材 ■

MySQL
数据库技术应用教程

单光庆　刘张榕　张校磊◎主　编

李咏霞　葛建霞　刘秀娟　张宝峰◎副主编

刘晓洪　冯川放◎参　编

清华大学出版社

北　京

内 容 简 介

MySQL 数据库是一个以"客户端/服务器"模式实现的，多用户、多线程的小型数据库。因其稳定、可靠、快速、管理方便以及支持众多系统平台的特点，成为世界范围内最流行的开源数据库之一，尤其是开放源码的优势，使其迅速成为中小型企业和网站的首选数据库。《MySQL 数据库技术应用教程》是面向数据库初学者推出的一本进阶学习的入门教程，以初学者的角度，以通俗易懂的语言、实用的案例、形象的比喻、丰富的图解，详细讲解了 MySQL 的开发和管理技术。秉承教学与实际开发相结合的原则，对每个技术点都配备了相对应的实例，旨在帮助 MySQL 数据库初学者快速入门，同时本教材还附有视频、习题、教学课件等资源，以"互联网＋"新形态的形式，将互联网信息技术与纸质教材深度融合，多种介质综合应用，表现力丰富。

本教材既可作为高等院校本、专科计算机相关专业的数据开发与管理教材，也可以作为数据库开发基础的培训教材，适合广大计算机编程爱好者参考阅读。

图书在版编目(CIP)数据

MySQL 数据库技术应用教程/单光庆，刘张榕，张校磊主编. —北京：清华大学出版社，2021.10（2024.7重印）

普通高等教育新形态教材

ISBN 978-7-302-59094-1

Ⅰ.①M… Ⅱ.①单… ②刘… ③张… Ⅲ.①关系数据库系统-高等职业教育-教材

Ⅳ.①TP311.138

中国版本图书馆 CIP 数据核字(2021)第 182105 号

责任编辑：刘志彬
封面设计：汉风唐韵
责任校对：宋玉莲
责任印制：刘　菲

出版发行：清华大学出版社
　　　网　　　址：https://www.tup.com.cn,https://www.wqxuetang.com
　　　地　　　址：北京清华大学学研大厦 A 座　　　　邮　　编：100084
　　　社 总 机：010-83470000　　　　邮　　购：010-62786544
　　　投稿与读者服务：010-62776969，c-service@tup. tsinghua. edu. cn
　　　质量反馈：010-62772015，zhiliang@tup. tsinghua. edu. cn
印 装 者：三河市天利华印刷装订有限公司
经　　销：全国新华书店
开　　本：185mm×260mm　　　印　　张：21　　　字　　数：485 千字
版　　次：2021 年 10 月第 1 版　　　　印　　次：2024 年 7 月第 4 次印刷
定　　价：59.50 元

产品编号：093594-01

前　言

　　MySQL 是目前比较流行的关系数据库管理系统之一，由瑞典 MySQL AB 公司开发；2008 年，SUN 公司以 10 亿美元收购了 MySQL 数据库，标志着该数据库已经成为世界上主流的数据库之一；2009 年，Oracle 公司收购了 SUN 公司，标志着该数据库成为 Oracle 公司的主流数据库产品。MySQL 体积小，速度快，总体成本低，尤其是它具备开放源代码的优势，使它迅速成为中小型企业和网站应用的首选数据库。

　　随着 MySQL 数据库的逐渐成熟，全球规模最大的网络搜索引擎公司 Google 决定使用 MySQL 数据库，国内很多大型网络公司也开始使用 MySQL 数据库，例如网易、新浪等。这些都给 MySQL 数据库带来了前所未有的机遇，同时也出现了学习 MySQL 数据库的热潮。

　　本书由重庆城市管理职业学院单光庆，福建林业职业技术学院刘张榕，广东碧桂园职业学院张校磊任主编；重庆城市管理职业学院李咏霞、刘晓洪，明达职业技术学院葛建霞，湖州职业技术学院刘秀娟，德州科技职业学院张宝峰，淮南联合大学冯川放参与编写；全书由单光庆负责统稿工作。

　　1. 本书特色

　　本书以"数据库基本概念→MySQL 数据库环境搭建→利用 SQL 语句操作数据库对象→MySQL 数据库高级管理"为主线，辅以项目开发时遇到的常用 SQL 语句操作，让读者在学习 MySQL 数据库和 SQL 语句基础知识的同时，能更快地适应数据库操作与管理工作。

　　本书从 MySQL 数据库的环境配置和 SQL 语句的基本语法出发，详细讲解了 MySQL 数据库的各种基础操作和利用 SQL 语句来操作数据库对象的方法，同时给出了极具代表性和实用性的应用示例。

　　本书的主要特点体现在以下几个方面。

　　(1) 由浅入深，循序渐进。本书分为入门与基础、数据库操作与应用和数据库管理三部分。首先让读者简单了解数据库基础知识，接着深入学习数据库安全管理知识。内容从易到难，讲解由浅入深，循序渐进，每个知识点都结合实例进行演示验证。

　　(2) 结构编排符合教学与认知逻辑，轻松易学。每个章节在用通俗易懂的语言简单介绍知识点后，都安排了与当前知识点和实际应用相结合的实例，从而使读者边学边练，学以致用。

（3）采用实例驱动模式，各章节涉及的知识点涵盖了 MySQL 软件的各个方面。通过实例剖析，读者不仅能够深刻体会数据库和 MySQL 软件的各种知识特性，而且在具体开发应用时能够游刃有余。

（4）每段代码都经过详细的步骤演示，并指明难点和核心要点，使读者能够明确重点。在具体讲解时，还穿插了大量的使用技巧，以便读者能够体验实际操作 MySQL 软件的技巧。

（5）本书尽量将抽象问题形象化、图形化，将复杂问题简单化。即便读者没有任何数据库基础，也丝毫不会影响数据库知识的学习。

（6）本书选择的案例易于理解，循序渐进，通过 12 个章节贯穿 MySQL 所有知识点，非常适合教学。

为了能让读者将精力放在 MySQL 知识的学习上，本书使用尽可能少的数据库表讲解 MySQL 的知识点。这在很大程度上可以减轻教师、学生的负担。

编写本书时，为了向读者还原作者真实的开发过程，使用了一定数量的截图，有些截图至关重要，读者必须从截图中得出一些结论。

2. 本书内容框架

本书共分为 12 章。第 1 章为数据库概述，主要介绍数据库应用开发的基本概念及专用术语；第 2 章为安装和配置 MySQL，主要介绍 MySQL 数据库软件的安装与配置；第 3 章为 MySQL 数据库管理与表，主要讲解数据库和表的操作、表记录的管理；第 4 章为操作 MySQL 数据表，主要介绍表的概念、表的创建、结构的显示与修改、约束条件设置及表中数据添加；第 5 章为数据查询，主要讲解用各种不同方式进行条件查询表记录；第 6 章为多表关联查询，主要介绍多表关联中的笛卡儿积、内外关联查询；第 7 章为数据索引和视图，主要介绍索引的分类和创建，视图的创建和管理；第 8 章为常用运算符和函数，主要介绍数学运算符、比较运算符、逻辑运算符、位运算符、数值函数、字符串函数、日期时间函数等；第 9 章为存储过程、存储函数与触发器，主要讲解创建存储过程、用户自定义函数，解决实际问题，并利用流程控制语句、游标完成复杂问题；第 10 章为事务与触发器，主要介绍事务的特性和事务操作；第 11 章为 MySQL 用户管理，主要介绍用户的创建、管理及权限设置等；第 12 章为数据库备份与恢复，主要介绍数据的备份、数据的导入和导出以及数据的还原与恢复。通过具体案例，使读者加深对 MySQL 数据库的认识。

3. 本书提供的资源

截至目前，本书提供的资源都是免费的，其中包括所有安装程序的下载地址、PPT 课件、MySQL 源代码、教学大纲、教学计划和教案设计等。本书为"互联网＋"新形态教材，在正文中以二维码形式嵌入"微课视频""在线自测"将互联网信息技术与纸质教材深度融合，表现力丰富。

4. 解决问题与方法

如果 SQL 代码运行出错，首先试图在书中找到答案。如果书中没有答案，建议查阅网上资料找到解决办法(意在锻炼学生的自学能力、自己解决问题的能力);如果问题依旧没有解决,首先考虑与其他同学协商解决(意在锻炼协同能力),直至请教老师,解决该问题。

个人观点 1:因为遗忘,学会自学比学会知识更重要,会学知识比学会知识更重要。"学会知识"即学会了某个具体知识,学习层次较低;"会学知识"意在强调自学能力,学习层次较高。

个人观点 2:学会如何找到知识比掌握知识细节更重要。我们遇到问题时,往往不是第一个发现该问题的人!更不是第一个解决该问题的人!

记住:我们往往不是第一个吃螃蟹的人!要学会使用搜索引擎解决问题。

编　者

目　录

第1章   数据库概述

数据库技术在计算机应用领域是非常重要的技术，它产生于 20 世纪 60 年代末。数据管理技术经过多年的发展，已经发展到数据库系统阶段。在该阶段会把数据存储到数据库（DataBase，DB）中，数据库相当于存储数据的仓库。为了便于用户组织和管理数据，数据库技术还专门提供了数据库管理系统（DataBase Management System，DBMS）。数据库技术也是软件技术的一个重要分支。本书所要讲的 MySQL 软件，就是一种非常优秀的数据库管理系统。本章重点讲解数据库的基础知识、数据模型和数据实体间的联系。

学习目标

通过本章的学习，可以掌握数据库的基本概念，内容包含：
- 了解数据库的概念、作用、特点及类型；
- 了解数据库系统的概念及其构成；
- 了解常见关系型数据库管理系统及其特点；
- 了解结构化查询语言 SQL。

1.1   数据库的基本概念

面对信息时代大量的信息和数据，如何有效地对数据进行收集、组织、存储、加工、传播、管理和使用，是数据管理必须解决的问题。数据库就是一种数据管理技术，可以帮助我们科学地组织和存储数据，高效地获取和处理数据，更广泛、更安全地共享数据。数据库技术是计算机相关专业的核心课程，它是研究、管理和应用数据库的一门软件科学。

微课视频 1-1
数据库概述

1.1.1   数据库常用概念

21 世纪，数据库基于大量的数据、信息而存在。通常，数据库包括信息、数据（Data）、数据处理、数据管理、数据库（DataBase，DB）、数据库管理系统（DBMS）、数据库系统（DBS）等概念。

▶ 1. 信息及其特征

信息是人脑对现实世界事物的存在方式、运动状态以及事物之间联系的抽象反映。如学生 S（学号，姓名，性别，年龄，所在系），其对应的值（S1，赵亦，女，17 岁，计算机）是该同学当前存在状态的反映。

信息的特征：源于物质和能量，可以感知，可存储、加工、传递和再生。

▶ 2. 数据(Data)

数据是用来记录信息的可识别的符号组合，是信息的具体表现形式。数据和它的语义是不可分割的，给数据赋予不同的语义，对数据有不同的解释。

这里所说的数据，表现形式不仅包括普通意义上的数字，还包括文字、图形、图像、声音等。可用多种不同的数据形式表示同一信息，而信息不随数据形式的不同而改变。如"2000年大学生将扩招50%"，其中的数据可改为汉字形式"两千年""百分之五十"，但表达的信息是一致的。数据是数据库中存储的基本对象。

数据是信息的符号表示，信息是数据的内涵，是对数据的语义解释。当给数据赋予特定语义后，它们就被转换为可传递的信息。如上例中的数据"2000""50%"被赋予了特定的语义，此处的2000表示的是"2000年"，50%表示的是"大学生将扩招50%"。它们具有了传递信息的功能。因此，我们可理解为

$$信息＝数据＋语义$$

在日常生活中，人们直接用语言来描述事物；在计算机中，为了存储和处理这些事物，就要将事物的特征抽象出来组成一条记录来描述。

例如，学生档案中的学生记录(张三，男，2003，重庆，上海交大，2021)。

语义：学生姓名、性别、出生年、籍贯、学校、入学时间。

解释：张三是个大学生，2003年出生，重庆人，2021年考入上海交大。

▶ 3. 数据处理

将数据加工并转换成信息的过程，包括数据的收集、管理、加工利用(计算)、传播等一系列活动的总和。数据是原料、是输入，而信息是产出、是输出结果。我们可理解为

$$数据＋数据处理＝信息$$

(1) 经过处理，从大量的原始数据中抽取和推导出有价值的信息，作为决策的依据；

(2) 借助计算机科学地保存和管理大量复杂的数据，以便人们方便、充分地利用这些信息。

▶ 4. 数据管理

数据管理是数据处理的核心，是指数据的分类、组织、编码、存储、检索、维护等工作。数据管理技术的优劣，直接影响数据处理的效果。数据库技术正是瞄准这一目标而研究、发展和不断完善的专门技术。

▶ 5. 数据库(Database，DB)

什么是数据库？数据库就是用来存储和管理数据的仓库，是存储在计算机内有组织、可共享的数据和数据对象的集合。这种集合按一定的数据模型(或结构)组织、描述并长期存储，同时能以安全和可靠的方式进行数据的检索和存储。它本身可以看作电子化的文件柜，用户可以对文件中的数据进行增加、删除、修改、查找等操作。

数据库存储数据的优点：

• 可存储大量数据；

• 方便检索；

• 保持数据的一致性、完整性；

• 安全，可共享；

·通过组合分析，可产生新数据。

数据库的两个主要特点：

·集成性

将特定应用环境中的各种应用相关的数据及其数据之间的联系全部集中并按照一定的结构形式进行存储。

·共享性

数据库中的数据可为多个不同的用户所共享，可同时存取数据库，甚至同时存取数据库中的同一数据。

▶ 6. 数据库管理系统

微课视频 1-2
对 SQL 语句的分类

数据库管理系统(Database Management System，DBMS)是数据库系统的核心软件，是一种操纵和管理数据库的大型软件，用于建立、使用和维护数据库。DBMS 介于应用程序和操作系统之间，常见的 DBMS 有 Oracle、MySQL、SQL Server、DB2、Sybase 等。因此，数据库管理系统可以看成：

DBMS＝管理程序＋多个数据库(DB)

DBMS 的功能分为六类，如图 1-1 所示。

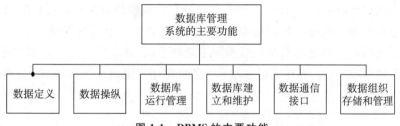

图 1-1 DBMS 的主要功能

(1) 数据定义

·DBMS 提供数据定义语言(Data Define Language，DDL)；

·概念模式、外模式和内模式三级模式结构；

·定义模式与内模式、外模式与模式二级映像；

·定义有关的约束条件。

如定义用户口令和存取权限，定义完整性规则；DBMS 提供的结构化查询语言(SQL)提供了 Create、Drop、Alter 等语句，可分别用来建立、删除和修改数据库。

(2) 数据操纵

·DBMS 提供数据操纵语言(Data Manipulation Language，DML)

·实现对数据库的基本操作，包括检索、更新(包括插入、修改和删除)等。

DML 有两类：一类是自主型或自含型的，可单独使用；另一类是宿主型的，需要嵌入在高级语言中，不能单独使用。例如 DBMS 提供的结构化查询语言 SQL 提供的 IN-SERT、DELETE、UPDATE、SELECT 可分别实现数据库中数据的增、删、改、查等操作。

(3) 数据库运行管理

这是 DBMS 的核心部分。DBMS 通过对数据库的控制，确保数据正确、有效和数据

库系统的正常运行。DBMS 对数据库的控制
主要有 4 个方面，如图 1-2 所示。

（4）数据库的建立和维护

由 DBMS 的各个实用程序完成相关
功能。

图 1-2　DBMS 对数据库的控制

•数据库的建立包括数据库初始数据的
装入与数据转换等。

•数据库的维护包括数据库的转储、恢复、重组织与重构造、系统性能监视与分析等。

（5）数据组织、存储和管理

DBMS 负责对需要存放的各种数据的组织、存储和管理工作，确定以何种文件结构和存取
方式物理地组织这些数据，以提高存储空间利用率和对数据库进行增、删、查、改的效率。

（6）数据通信接口

•DBMS 提供与其他软件系统进行通信的功能。

•DBMS 提供了与其他 DBMS 或文件系统的接口，实现用户程序与 DBMS、DBMS 与
DBMS、DBMS 与文件系统之间的通信与数据交换。通常，这些功能要与操作系统协调完成。

▶ 7. 数据库系统

数据库系统（DataBase System，DBS）是以计算机软硬件为工具，把数据组织成数据库
形式并对其进行存储、管理、处理和维护数据的高效能的信息处理系统。

数据库系统由计算机硬件系统、数据库、软件系统[含应用系统、应用程序开发工具、
数据库管理系统（DBMS）、操作系统（OS）]、数据库用户组成。结构如图 1-3 所示。

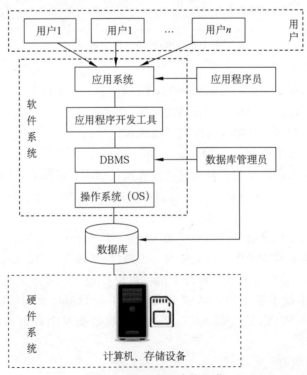

图 1-3　数据库系统的组成

（1）硬件（Hardware）系统

硬件系统指存储和运行数据库系统的硬件设备，包括 CPU、内存、大容量的存储设备、输入/输出设备和外部设备等。

（2）数据库用户

数据库用户即使用数据库的人，可对数据库进行存储、维护和检索等操作。通常可分为三类。

第一类用户：最终用户（End User），通常是非计算机专业人员利用已编写好的应用程序接口使用数据库。

第二类用户：应用程序员（Application Programmer），为最终用户设计和编制应用程序，并进行调试和安装。

第三类用户：数据库管理员（DataBase Administrator，DBA），负责设计、建立、管理和维护数据库，协调用户对数据库要求的个人或工作团队。

DBA 的主要职责如下：

• 参与数据库设计的全过程，决定整个数据库的结构和内容。

• 决定数据库的存储结构和存取策略，以获得较高的存取效率和存储空间利用率。

• 帮助应用程序员使用数据库系统，如培训、解答应用程序员日常使用数据库系统时遇到的问题等。

• 定义数据的安全性和完整性，负责分配各个应用程序对数据库的存取权限。

• 监控数据库的使用和运行，DBA 负责定义和实施适当的数据库备份和恢复策略。当数据库的结构需要改变时，完成对数据结构的修改。

• 改进和重构数据库，DBA 负责监视数据库系统运行期间的空间利用率、处理效率等性能指标。

（3）软件（Software）系统

软件系统主要包括操作系统（Operation System，OS）、应用程序开发工具和数据库应用系统等。

总之，DBMS 在操作系统支持下工作，应用程序在 DBMS 支持下才能使用数据库。数据库管理系统在整个计算机系统中的地位如图 1-4 所示。

微课视频 1-3
DB、DBMS、
SQL 的关系

图 1-4　数据库管理系统在计算机系统中的地位

1.1.2 数据库存储结构

数据库是存储和管理数据的仓库，但数据库并不能直接存储数据，数据是存储在表中的。在存储数据的过程中一定会用到数据库服务器，所谓数据库服务器就是指在计算机上安装一个数据库管理程序，如 MySQL。数据库、表、数据库服务器（数据库管理系统）之间的关系，如图 1-5 所示。

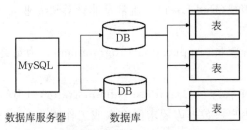

图 1-5　数据库服务器、数据库和表的关系

从图 1-5 可以看出，一个数据库服务器可以管理多个数据库。通常情况下，开发人员会针对每个应用创建一个数据库，为保存应用中实体的数据，会在数据库中创建多个表（用于存储和描述数据的逻辑结构），每个表都记录着实体的相关信息。数据库表就是一个多行多列的表格。在创建表时，需要指定表的列数，以及列名称、列类型等信息。不用指定表格的行数，行数是没有上限的。表 1-1 所示为 tab_user 表的结构。

微课视频 1-4
对表的理解

微课视频 1-5
数据库设计三范式

表 1-1　tab_user 表的结构

S_id	Varchar(10)
S_name	Varchar(20)
S_age	int
S_sex	Varchar(10)

当把表格创建好之后，就可以向表格中添加数据了，向表格添加数据是以行为单位的。表 1-2 是 tab_user 表的记录。

表 1-2　student 表的记录

s_id	s_name	s_age	s_sex
S_1001	张三	23	男
S_1002	李四	32	女
S_1003	王五	44	男

表 1-2 描述了 tab_user 表的结构以及数据的存储方式，表的横向称为行，纵向称为列。每一行的内容称为一条记录，每一列的列名称为字段，如 id、name 等。通过观察该表可以发现，tab_user 表中的每一条记录，实际上就是一个 user 对象。

1.1.3 数据库的发展史

数据库技术是 20 世纪 60 年代开始兴起的一门信息管理自动化学科，是计算机科学中的一个重要分支。随着计算机硬件和软件的发展，数据管理技术经历了从低级到高级的发展阶段，即人工管理阶段、文件系统阶段、数据库管理阶段。

▶ 1. 人工管理阶段(20 世纪 40 年代)

人工管理阶段是指计算机诞生的初期，这个时期的计算机主要用于科学计算。从硬件看，没有磁盘等直接存储设备；从软件看，没有操作系统和管理数据的软件，数据处理方式是批处理。

这个时期数据管理的特点如下：

(1) 数据没有专门的存储设备；

(2) 数据没有专门的管理软件；

(3) 数据不共享；

(4) 数据不具有独立性。

▶ 2. 文件系统阶段(20 世纪 50 年代后期至 60 年代中期)

计算机不仅用于科学计算，还大量用于信息管理。随着数据量的增加，数据的存储、检索和维护成为紧迫的需要。硬件有了磁盘、磁鼓等直接存储设备，软件方面出现了高级语言和操作系统。操作系统中有了专门管理数据的软件，称为文件系统。

文件系统阶段的特点：

(1) 数据可以文件形式长期保存在外部存储器上，可被多次反复使用，应用程序对文件进行查询、修改和插入操作。

(2) 文件系统对数据进行管理。数据被组织成具有一定结构的记录，并以文件的形式存储在存储设备上，程序只需用文件名就可与数据打交道，不必关心数据的物理存储(位置、结构等)，由文件系统提供存取方法(读/写)实现。

(3) 数据和程序有了一定的独立性。文件系统在程序与数据文件之间起存取转换的作用。

(4) 文件组织形式多样化，便于存储和查找数据，如顺序文件、索引文件等。

(5) 数据具有一定的共享性。数据不再属于某个特定的程序，可以重复使用。

文件系统阶段应用程序与数据之间的对应关系如图 1-6 所示。

文件系统阶段还存在如下一些问题：

(1) 数据共享性差，冗余度大。一个文件基本上对应于一个应用程序，即文件仍然是面向应用的，文件间相互独立，缺乏联系。

(2) 数据不一致性。这通常是由数据冗余造成的。

(3) 数据独立性差。

文件结构的设计仍然基于特定的应用，一旦改变数据的逻辑结构，必须修改相应的应用程序。应用程序发生变化，如改用另一种程序设计语言来编写程序，也需修改数据结

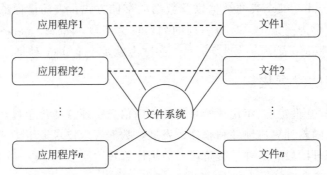

图1-6 文件系统阶段应用程序与数据之间的对应关系

构，程序与数据间的依赖关系并未根本改变。

（4）数据间的联系弱。文件与文件之间是独立的，文件之间的联系必须通过程序来构造。

▶ **3. 数据库系统阶段**

数据库系统阶段（20世纪60年代中期以后）硬件方面出现了大容量、存取快速的磁盘，使计算机联机存取大量数据成为可能。硬件价格下降和软件价格上升，使开发和维护系统软件的成本相对增加。计算机应用于管理的规模更加庞大，数据量急剧增加，文件系统的数据管理方法已无法适应各种应用的需要。

计算机技术的发展、数据管理的需求迫切性，促使人们研究一种新的数据管理技术——数据库技术。

数据库技术是把一批相关数据组织成数据库，并对其进行集中、统一的管理，实施很强的安全性和完整性控制的技术。

数据库系统阶段的特点：

（1）数据的结构化。数据及其联系按照数据模型组织到结构化的数据库中，且面向全组织的所有应用。

（2）数据共享性高，冗余度低。数据库中的一组数据集合可为多个应用和多个用户共同使用。由数据库管理系统实现各应用程序对数据库中数据的共享，如图1-7所示。

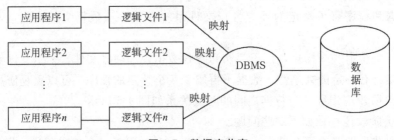

图1-7 数据库共享

（3）数据独立性高。数据库中的数据与应用程序间相互独立，即数据的逻辑结构、存储结构以及存取方式的改变不影响应用程序。在数据库系统中，整个数据库的结构可分成三级：用户逻辑结构、数据库逻辑结构和物理结构。数据独立性分两级：物理独立性和逻辑独立性。

（4）数据由 DBMS 统一管理和控制，有统一的数据管理和控制功能。

数据控制功能包括数据的安全性控制、完整性控制、并发控制、数据恢复。

·安全性控制：防止不合法使用数据库造成数据的泄露和破坏。合法用户只能操作有权限的数据，不合法的用户禁止访问。

·完整性控制：通过设置一些完整性规则等约束条件，确保数据的正确性、有效性和相容性。

·并发控制：多个用户同时存取或修改数据库时，系统可防止由于相互干扰而提供给用户不正确的数据，并防止数据库受到破坏。

·数据恢复：由于计算机系统的软硬件故障、操作员的误操作以及其他故意的破坏等原因，造成数据库中数据不正确或数据丢失时，系统有能力将数据库从错误状态恢复到最近某一时刻的正确状态。

数据库系统阶段程序与数据之间的关系如图 1-8 所示。

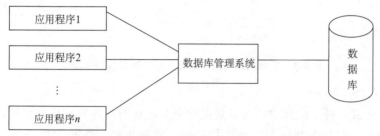

图 1-8　数据库系统阶段程序与数据之间的关系

三个阶段的优缺点比较，如表 1-3 所示。

表 1-3　三个阶段的优缺点比较

	人工管理阶段	文件系统阶段	数据库系统阶段
数据的管理者	人	文件系统	数据库管理系统
数据面向的对象	某一应用程序	某一应用程序	整个应用系统
数据的共享程度	无共享，冗余度极大	共享性差，冗余度大	共享性高，冗余度小
数据的独立性	不独立，完全依赖于程序	独立性差	具有高度的物理独立性和逻辑独立性
数据的结构化	无结构	记录内有结构，整体无结构	整体结构化，用数据模型描述
数据控制能力	应用程序控制	应用程序控制	由数据库管理系统提供数据安全性、完整性、并发控制和恢复能力

1.1.4　数据库系统的内部结构

从 DBMS 角度来看，数据库系统通常采用三级模式结构，数据库系统的内部体系结构如图 1-9 所示。

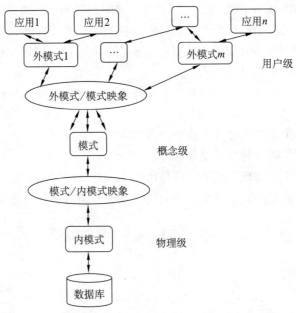

图 1-9   数据库系统的三级模式结构和二级映像功能

▶ 1. 模式(Schema)

又称概念模式，处于中间层，是对数据库中全体数据的逻辑结构和特征的描述，是数据库的整体逻辑，即概念视图、概念级数据库。数据库的三级模式和两级映象结构如图1-10所示。

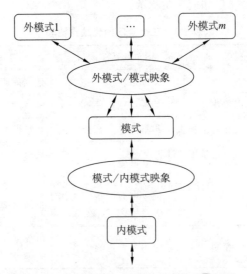

图 1-10   数据库的三级模式和两级映象结构

提示：一个数据库只有一个模式。

▶ 2. 外模式(External Schema)

外模式又称子模式或用户模式，处于最外层，是对数据库用户能看到并允许使用的那部分数据的逻辑结构和特征的描述，是与某一应用有关的数据的逻辑表示，即用户视图、用户数据库。

外模式是模式的子集,一个数据库可有多个外模式,同一个外模式可以为多个应用程序使用。

▶ 3. 内模式(Internal Schema)

又称为存储模式或物理模式,处于最内层,也是靠近物理存储的一层,是对整个数据库存储结构的描述,是数据在数据库内部的表示方式,又叫物理级数据库、物理视图,如图 1-11 所示。

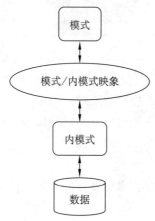

图 1-11 内模式结构描述

提示:一个数据库只有一个内模式。

▶ 4. 数据库系统的二级映象与数据独立性

DBMS 在三级模式之间提供了二级映象功能,保证数据库系统中的数据能够具有较高的逻辑独立性与物理独立性。

• 外模式/模式映象:保证数据与程序间的逻辑独立性。
• 模式/内模式映象:确保数据的物理独立性。

▶ 5. 数据库系统的三级模式与二级映像的优点

• 保证数据的独立性;
• 简化了用户接口;
• 有利于数据的安全保密;
• 有利于数据共享。

1.1.5 数据库系统的外部体系结构

从最终用户角度来看,数据库系统分为:单用户结构、主从式结构、分布式结构、客户/服务器结构、浏览器/服务器结构。

▶ 1. 单用户结构的数据库系统

又称桌面型数据库系统,将应用程序、DBMS 和数据库都装在一台计算机上,由一个用户独占使用,适合未联网用户、个人用户等。DBMS 提供较弱的数据库管理和较强的应用程序和界面开发工具,既是数据库管理工具,同时又是数据库应用程序和界面的前端工具,如 Microsoft Acess、Visual Foxpro 等。

▶ 2. 主从式结构的数据库系统

这是大型主机带多终端的多用户结构的系统，又称主机/终端模式，如图 1-12 所示。

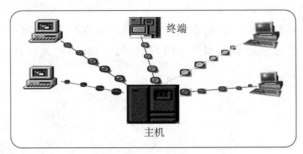

图 1-12　主从式结构的数据库系统

优点：结构简单，易于管理、控制与维护。

缺点：当终端数目太多时，主机的任务会过分繁重，成为系统瓶颈。系统的可靠性依赖主机，当主机出现故障时，整个系统都不能使用。

▶ 3. 分布式结构的数据库系统

这是分布式网络技术与数据库技术相结合的产物。数据库分布存储在计算机网络的不同节点上，如图 1-13 所示。

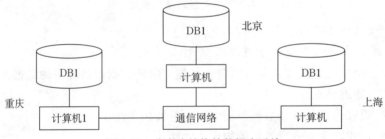

图 1-13　分布式结构的数据库系统

其主要特点：

- 数据在物理上是分布的。
- 所有数据在逻辑上是一个整体。
- 节点上分布存储的数据相对独立。
- 多台服务器并发地处理数据，提高了效率。
- 数据的分布式存储给数据处理任务协调与维护带来困难。

优点：多台服务器并发地处理数据，提高了效率。

缺点：数据的分布式存储给数据处理任务协调与维护带来了困难。

▶ 4. 客户/服务器结构的数据库系统

客户/服务器(Client/Server，C/S)结构把 DBMS 的功能与应用程序分开，如图 1-14 所示。

这是一种胖客户机结构，分两层结构。

优点：网络运行效率大大提高。

缺点：维护升级很不方便。

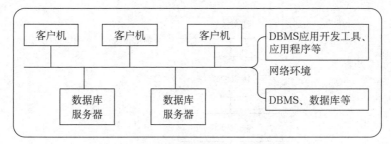

图 1-14 客户/服务器结构的数据库系统

▶ 5. 浏览器/服务器结构的数据库系统

浏览器/服务器(Browser/Server,B/S)结构的特点:

- 针对客户机/服务器结构的不足而提出的。
- 客户机仅安装通用的浏览器软件,实现输入/输出。
- 应用程序安装在应用服务器上,充当了中介,如图 1-15 所示。

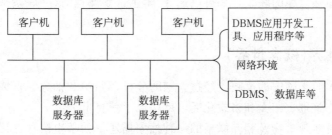

图 1-15 浏览器/服务器结构的数据库系统

这是一种瘦客户机结构,分三层结构。

当前常见的数据库产品有以下一些。

- Oracle:甲骨文公司开发。
- DB2:BM 公司开发。
- SQL Server:微软公司开发。
- mongoDB:由 MongoDB Inc. 公司开发。
- MySQL:甲骨文公司提供。

1.2 三个世界及有关概念

数据库管理的对象(数据)存在于现实世界中,即现实世界中的事物及各种联系。

将现实世界的事物存储到计算机的数据库中,要经历现实世界、信息世界和计算机世界三个不同的环节,经历两级抽象和转换完成,如图 1-16 所示。

1.2.1 现实世界

客观存在的世界,由客观存在的事物及相互联系所组成。人们总是选用感兴趣的最能表征一个事物的若干特征来描述该事物。例如,选用学号、姓名、性别、年龄、系别等来

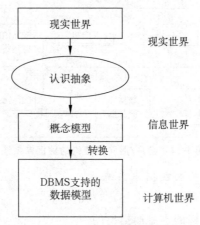

图 1-16 三个不同的世界

描述学生,有了这些特征,就能区分不同的学生。客观世界中,事物之间是相互联系的,但人们只选择那些感兴趣的联系,如可以选择"学生选修课程"这一联系来表示学生和课程之间的关系。

1.2.2 信息世界(概念世界)

现实世界在人们头脑中的反映,经过人脑的分析、归纳和抽象,形成信息,人们把这些信息进行记录、整理、归类和格式化后,就构成了信息世界。

信息世界是对客观事物及相互联系的一种抽象描述。如学生信息、教师信息等。

从现实世界到概念世界是通过概念模型来表达的,即 E-R 模型。

概念模型又叫信息模型,是按用户的观点对数据和信息建模,不依赖于具体的计算机系统,只是用来描述某个特定组织所关心的信息结构。客观事物在信息世界中的抽象表示,如学生 E-R 模型如图 1-17 所示,教师 E-R 模型如图 1-18 所示。

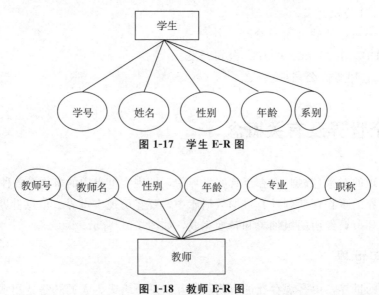

图 1-17 学生 E-R 图

图 1-18 教师 E-R 图

客观事物之间的联系在信息世界中的抽象表示。如学生和课程间的联系，如图 1-19 所示。

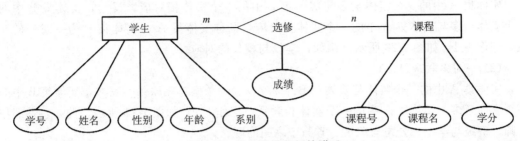

图 1-19　学生和课程间的联系

在现实世界中，事物、事物的属性以及事物之间的联系，被抽象到信息世界，对应的就是实体、实体的属性以及实体之间的联系。

▶ 1. 信息世界及其基本概念

（1）实体

客观存在并且可以相互区别的"事物"称为实体，实体可以是具体的人、事、物，也可以是抽象的事件。

（2）属性

实体所具有的某一特性称为属性。

型——属性名

值——具体值

如学生实体由学号、姓名、性别、年龄、系别等方面的属性组成。

如（990001，张立，20，男，计算机），这些属性值的集合表示了一个学生实体。

（3）实体型

具有相同属性的实体必然具有共同的特征。

用实体名及其属性名集合来抽象和描述同类实体，称为实体型，如学生（学号，姓名，年龄，性别，系别）。

（4）实体集

同型实体的集合称为实体集，如所有的学生、所有的课程等。

（5）码

能唯一标识一个实体的属性或属性集，称为实体的码，如学生的学号就是学生实体的码。

（6）域

某一属性的取值范围称为该属性的域，如性别的域为男或女。

（7）联系

客观事物内部以及事物之间的联系，它们分别被抽象为：

• 单个实体型内部的联系，是指组成实体的各属性之间的联系。

• 实体型之间的联系，是指不同实体集之间的联系。

▶ 2. 两个实体型间的联系

两个实体型之间的联系是指两个不同的实体集间的联系，有三种类型：一对一联系、一对多联系、多对多联系。

（1）一对一联系（1:1）

实体集 A 中的一个实体至多与实体集 B 中的一个实体相对应，反之，实体集 B 中的一个实体至多与实体集 A 中的一个实体相对应，则称实体集 A 与实体集 B 为一对一的联系，记作 1:1，如图 1-20 所示。例如，学校与校长的对应。

（2）一对多联系（1:n）

实体集 A 中的一个实体与实体集 B 中的 $n(n\geqslant0)$ 个实体相联系，反之，实体集 B 中的一个实体至多与实体集 A 中的一个实体相联系，记作 1:n，如图 1-21 所示。例如，系部与教师、班级与学生、公司与职员、省与市之间的联系。

（3）多对多联系（m:n）

实体集 A 中的一个实体与实体集 B 中的 $n(n\geqslant0)$ 个实体相联系，反之，实体集 B 中的一个实体与实体集 A 中的 $m(m\geqslant0)$ 个实体相联系，记作 m:n，如图 1-22 所示。如教师与学生、学生与课程、工厂与产品之间的联系。

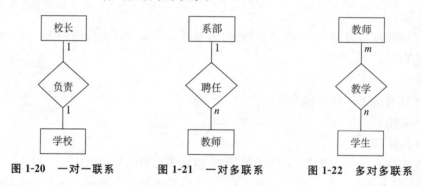

图 1-20　一对一联系　　　　图 1-21　一对多联系　　　　图 1-22　多对多联系

1.2.3　计算机世界

计算机世界又叫数据世界，是对现实世界的第二层抽象，即对信息世界中信息的数据化，将信息用字符和数值等来表示，使用计算机存储、管理概念世界中描述的实体集、实体、属性和联系的数据。

从信息世界到数据世界，使用数据模型来描述，数据库中存放数据的结构是由数据模型决定的。

（1）字段（Field）：标记实体属性的命名单位，字段名往往和属性名相同，如学生有学号、姓名、年龄、性别和系别等字段。

（2）记录（Record）：一条记录描述一个实体，字段的有序集合称为记录，如一个学生（990001，张立，20，男，计算机）为一条记录。

（3）文件（File）：用来描述实体集，同一类记录的集合称为文件，如所有学生的记录组成了一个学生文件。

（4）关键字（Key）：能唯一标识文件中每条记录的字段或字段集，称为记录的关键字。

三个世界相关术语的对应关系如图 1-23 所示。

现实世界	→	信息世界	→	计算机世界
事物总体	→	实体集	→	文件
事物个体	→	实体	→	记录
特征	→	属性	→	字段
事物间联系	→	实体模型	→	数据模型

图 1-23　三个世界相关术语的对应关系

1.3　数据模型

数据库领域常用的数据模型主要有层次模型(Hierarchical Model)、网状模型(Network Model)、关系模型(Relational Model)和面向对象模型(Object-oriented Model)四种。

现实世界中的事物及其联系,经过两级抽象和转换后形成了计算机世界中的数据及联系,数据模型就是用来描述数据及其联系的。

数据库中存放数据的结构是由数据模型决定的,数据模型是数据库的框架,是数据库系统的核心和基础。

▶ 1. 数据模型的概念

数据模型是描述数据、数据联系、数据的语义和完整性约束的概念集合,由数据结构、数据操作和完整性约束三要素组成。

▶ 2. 数据模型的组成要素

(1) 数据结构

数据组织的结构,用于描述系统的静态特征,描述数据库的组成对象以及对象间的联系。一是描述数据对象的类型、内容、性质等;二是描述数据对象间的联系。

常用的数据结构有:

• 层次结构——层次模型——层次数据库;

• 网状结构——网状模型——网状数据库;

• 关系结构——关系模型——关系数据库。

(2) 数据操作

对数据库中的数据允许执行的操作的集合,包括操作及相应的操作规则(优先级)等,它描述了数据库的动态特性。

一类是查询操作,一类是更新操作(含插入、删除和修改)。

(3) 数据的完整性约束

一组完整性规则的集合。完整性规则是数据模型中数据及联系所具有的制约和依存规则,用以限定符合数据模型的数据库状态以及状态的变化,以保证数据的正确、有效、相容。

▶ 3. 常用的数据模型

(1) 层次模型

层次模型是采用树形结构(有根树)来表示实体及实体间联系的模型。树形结构中的结点表示实体型,实体型间的联系用指针表示,如图 1-24 所示。

采用层次模型的数据库的典型代表是 IBM 公司 1968 年推出的 IMS 数据库管理系统,

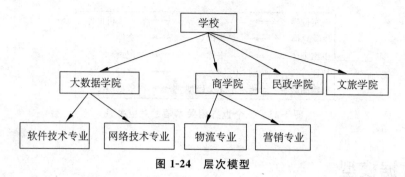

图 1-24　层次模型

其特点如下：

- 有且仅有一个结点没有双亲，根结点。
- 根以外的其他结点有且仅有一个双亲结点。
- 父子结点之间的联系是一对多(1:n)的联系。

任何一个给定的记录值只有按其路径查看时，才能显示它的全部意义。

层次模型的数据操纵与数据完整性约束：

- 进行插入操作时，如果没有相应的双亲结点值就不能插入子女结点值。
- 进行删除操作时，如果删除双亲结点值，则相应的子女结点值也被同时删除。
- 做修改操作时，应修改所有相应的记录，以保证数据的一致性。

优点：

- 结构简单，层次分明。
- 查询效率高，从根结点到树中任一结点均存在一条唯一的层次路径。
- 提供良好的数据完整性支持。

缺点：

- 不能直接表示多对多联系。
- 插入和删除数据限制太多。
- 查询子女结点必须通过双亲结点。

(2) 网状模型

网状模型的数据结构的特点：

- 网状模型是采用有向图结构表示实体以及实体之间联系的数据模型，如图 1-25 所示。

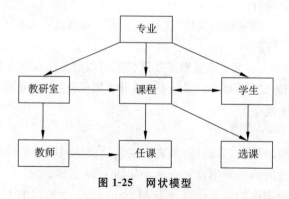

图 1-25　网状模型

• 每个结点表示一个实体型。
• 结点间的带箭头的连线(或有向边)表示记录型间的 1∶n 的父子联系。

网状模型的特点：
• 有一个以上的结点没有双亲结点。
• 允许结点有多个双亲结点。
• 允许两个结点之间有多种联系(复合联系)。

优点：
• 可表示实体间的多种复杂联系。
• 具有良好的性能和存储效率。

缺点：
• 数据结构复杂。
• 数据定义语言、数据操纵语言复杂。
• 用户需要了解网状模型的实现细节。

(3)关系模型

关系模型的数据结构：
• 以二维表(关系)的形式表示实体和实体之间联系的数据模型。
• 1970 年美国 IBM 公司的研究员 E. F. Codd 提出，1977 年 IBM 公司研制的关系数据库的代表 System R。

小型数据库系统：Foxpro、Access。

大型数据库系统：Oracle、SQL Server、Informix、Sybase、MySQL。

关系模型的数据结构是一张规范化的二维表，它由表名、表头和表体三部分构成，如表 1-4 所示。

表 1-4 S(学生关系)

SNO	SN	SEX	AGE	DEPT
S1	张小姝	女	17	大数据
S2	刘尔东	男	18	信息管理
S3	赵小珊	女	20	信息管理
S4	李思强	男	21	网络技术
S5	周立华	男	19	软件技术
S6	吴佳丽	女	20	数字媒体

分量：每一行对应的列的属性值，即为元组中的一个属性值。

候选码：可唯一标识一个元组的属性或属性集。如 S 表中学号可以唯一确定一个学生，为学生关系的主码。

关系模式：对关系的描述，是关系模型的"型"。一般表示为关系名(属性 1，属性 2，…，属性 n)，如学生(学号，姓名，性别，年龄，系别)。

关系模型的数据操纵与完整性约束：
• 关系模型的数据操纵主要包括查询、插入、删除和修改；
• 关系模型中的数据操作是集合操作，操作对象和操作结果都是关系，即若干元组的集合；

· 关系模型把对数据的存取路径隐蔽起来，用户只要指出"干什么"，而不必详细说明"怎么干"，从而大大地提高了数据的独立性，提高了用户操作效率。

优点：

· 有严格的数学理论根据；

· 数据结构简单、清晰，用关系描述实体及其联系；

· 具有更高的数据独立性，更好的安全保密性。

缺点：查询效率不如非关系模型。

1.4   小结

本章主要介绍了数据库的相关概念，详细介绍了数据管理技术的发展阶段、数据库技术经历的阶段、数据库管理系统提供的功能和数据库管理系统所支持的语言 SQL。

通过对本章的学习，读者应重点掌握以下知识：

➢数据库具有实现数据独立性、数据共享和减少数据冗余度等特点；

➢数据库可以分为三种类型，即层次模型、网关模型和关系模型数据库，当前使用的数据库大部分是关系模型数据库；

➢数据库系统由硬件、软件、数据库、数据库管理系统和用户五部分构成；

➢MySQL 是一种关系型数据库管理系统，用户需要通过数据库管理系统才能操作数据库；

➢SQL 语言是操作关系型数据库的国际标准语言，SQL 语句主要可分为 4 类，即数据定义语句、数据操作语句、数据控制语句和事务处理语句。

┃ 线上课堂——训练与测试 ┃

扫描封底刮刮卡

获取答题权限

在线题库

第 2 章　安装与配置 MySQL

MySQL 由瑞典 MySQL AB 公司开发。2008 年 1 月，MySQL 被美国的 SUN 公司收购。2009 年 4 月，SUN 公司又被美国的甲骨文(Oracle)公司收购。随着 MySQL 功能的不断完善，该数据库管理系统几乎支持所有的操作系统，同时也支持许多新的特性。随着 MySQL 技术的发展，目前它已经被广泛应用于各个行业。

> ## 学习目标
>
> 通过本章的学习，可以掌握 MySQL 数据库管理系统的安装与配置，内容包含：
> - 下载、安装和卸载 MySQL 软件；
> - 通过各种方式配置 MySQL 软件；
> - 启动和关闭 MySQL 服务；
> - 了解一些常用的 MySQL 命令，对 MySQL 数据库进行简单的管理。

2.1　下载和安装 MySQL

2.1.1　下载 MySQL 软件

MySQL 软件是完全网络化的跨平台关系型数据库系统，用户可以访问官网下载地址 https://www.mysql.com/来下载该软件；也可以在搜索引擎中搜索"MySQL 官网"，如图 2-1 所示。

图 2-1　在百度搜索引擎中搜索 MySQL 官方网站

进入官网，选择"DOWNLOADS"，如图 2-2 所示。

图 2-2　MySQL 官网下载界面

在 DOWNLOADS 页面下选择"MySQL Community（GPL）Downloads"，如图 2-3 所示。

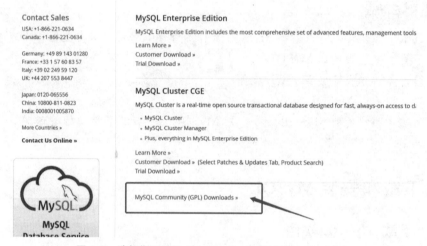

图 2-3　选择"MySQL Community（GPL）Downloads"

选择下载方式，如图 2-4 所示，可以选择下载压缩包或下载安装包。此处选择的是下载安装包，也就是图 2-4 中标注的"2"。

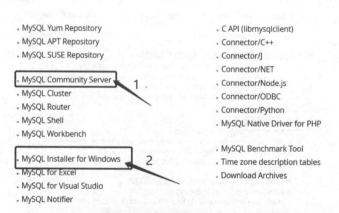

图 2-4　选择下载方式

选择下载版本(图 2-5),然后下载安装包(图 2-6)。

图 2-5　选择要下载的版本

图 2-6　下载安装包

2.1.2　安装 MySQL 软件

下载好 MySQL 安装包后,就可以开始安装了,双击下载好的安装包,如图 2-7 所示。MySQL 图形化安装包为 mysql-8.0.17(32−64).msi。第一个"8"表示主版本号;第二个"0"表示发布级别;"17"表示该级别下的版本号;"32−64"表示运行在 32 位或 64 位的 Windows 操作系统下;"msi"表示安装文件的格式。

图 2-7　MySQL 8.0.17 版本的安装

• 第一步：双击图 2-7 所示的 MySQL 安装程序，进入图 2-8 所示的界面。勾选同意，然后单击"Next"，如图 2-8 所示。

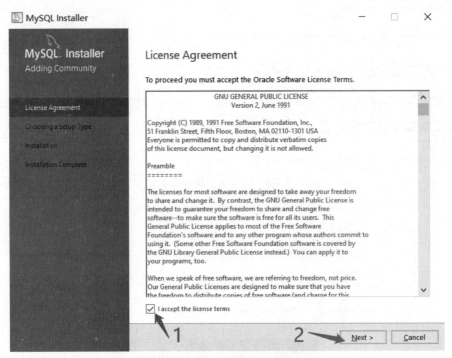

图 2-8　勾选同意，然后点击"Next"

• 第二步：选择"Developer Default"，然后单击"Next"，如图 2-9 所示。

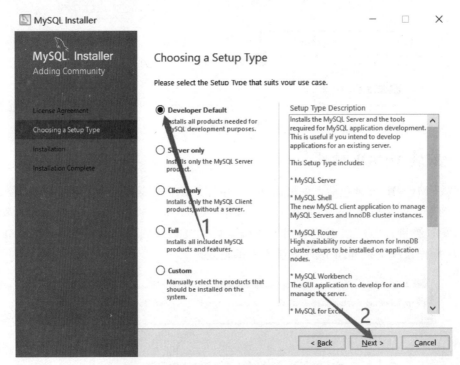

图 2-9　选择 Developer Default，单击"Next"

• 第三步：检查安装环境，单击"Next"即可，如图 2-10 所示。

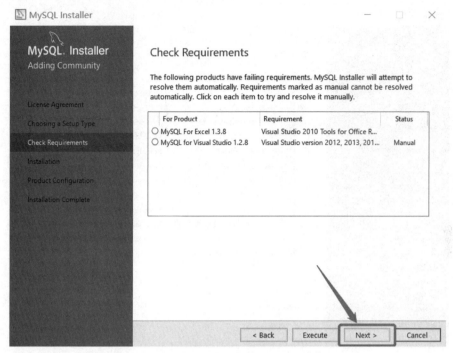

图 2-10 检查安装环境，单击"Next"

• 第四步：单击"Execute"，安装包自动运行安装，如图 2-11 所示。

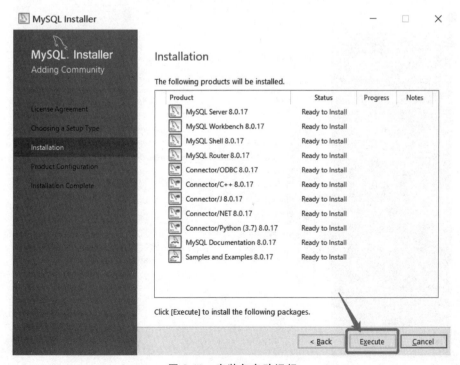

图 2-11 安装包自动运行

• 第五步：等待上述安装包完成安装，如图 2-12 所示。

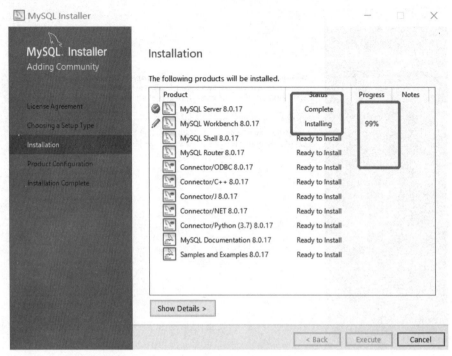

图 2-12　安装包运行安装等待过程

• 第六步：安装完成后，单击"Next"，如图 2-13 所示。

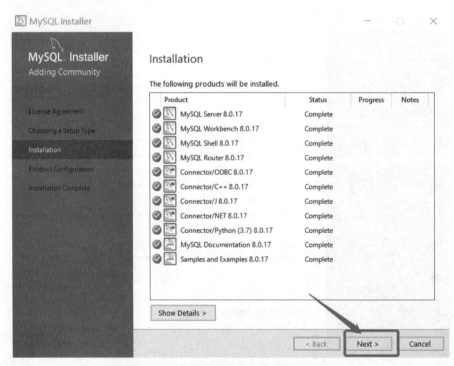

图 2-13　安装完成后，单击"Next"

- 第七步：连续点击两次"Next"，出现图 2-14 所示界面。

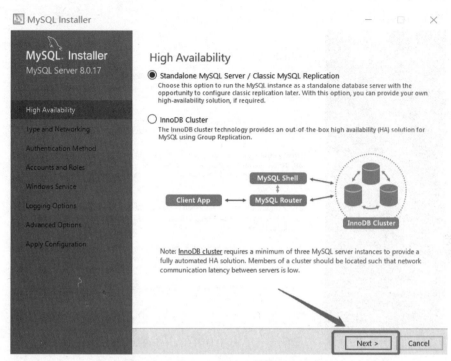

图 2-14 连续点击两次"Next"状态

- 第八步：继续单击"Next"，出现图 2-15 所示界面，MySQL 默认端口号为 3306，建议不要修改。

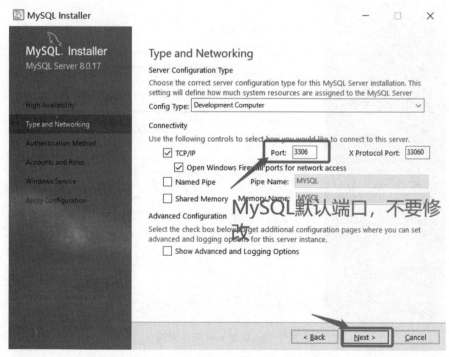

图 2-15 MySQL 默认端口号

- 第九步：继续单击"Next"，选择"User Strong Password…"项，如图 2-16 所示。

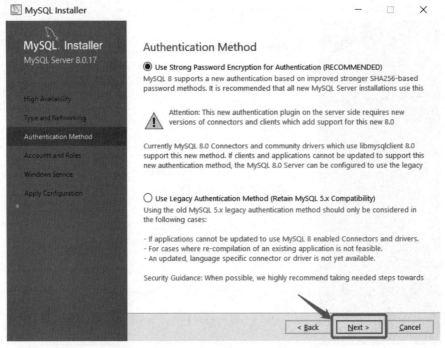

图 2-16　选择"User Strong Password…"项

- 第十步：输入密码，默认的用户名是 root，然后单击"Next"，如图 2-17 所示。

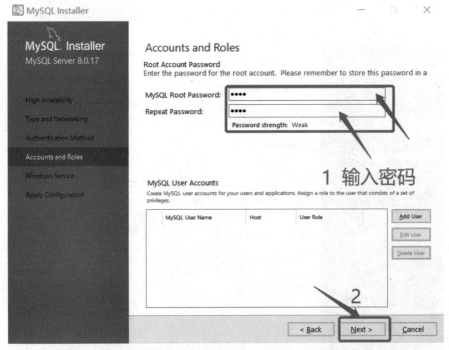

图 2-17　设置 root 用户密码

• 第十一步：输入密码后，继续单击"Next"，设置"Windows Service"选项，继续单击"Next"，如图 2-18 所示。

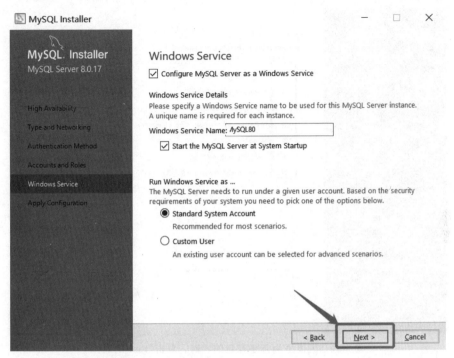

图 2-18　设置"Windows Service"选项

• 第十二步：单击"Execute"，如图 2-19 所示。

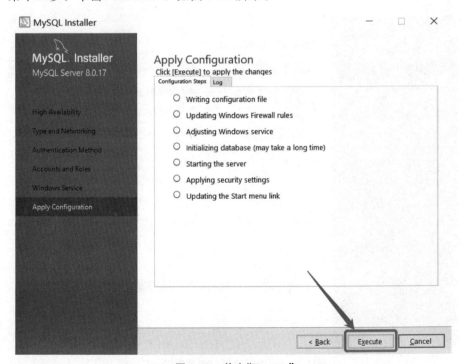

图 2-19　单击"Execute"

• 第十三步：等待，当圆圈里面都是绿色的√后，单击"Finish"，如图 2-20 所示。

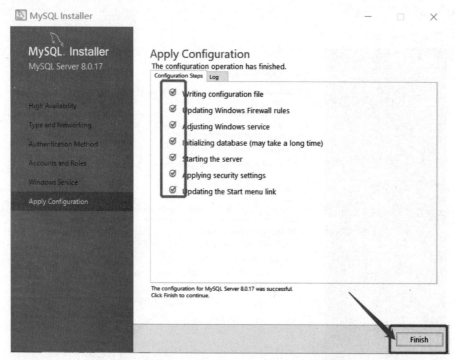

图 2-20 圆圈里面都是绿色的√时，单击"**Finish**"操作

• 第十四步：在出现的窗口中单击"Next"，如图 2-21 所示。

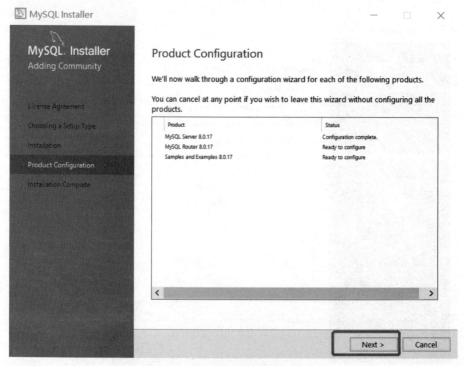

图 2-21 在出现的窗口中单击"**Next**"

• 第十五步：在出现的窗口中单击"Finish"，如图 2-22 所示。

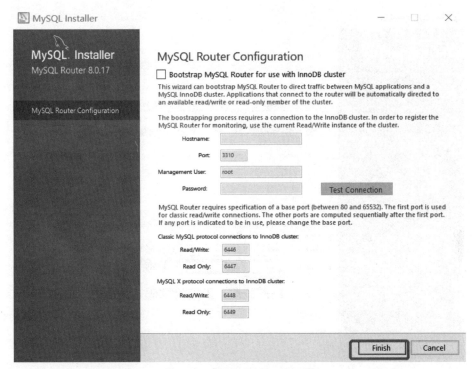

图 2-22 在窗口中单击"Finish"

• 第十六步：在出现的 Product Configuration 窗口中单击"Next"，如图 2-23 所示。

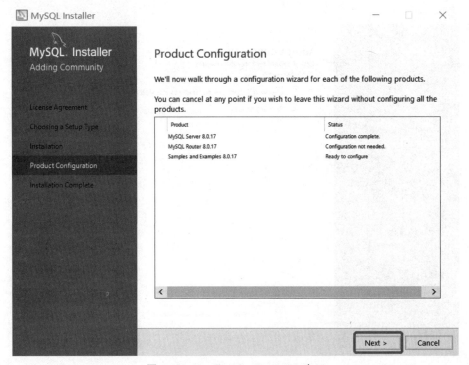

图 2-23 Product Configuration 窗口

• 第十七步：验证之前设置的密码，检查成功后单击"Next"，如图 2-24 所示。

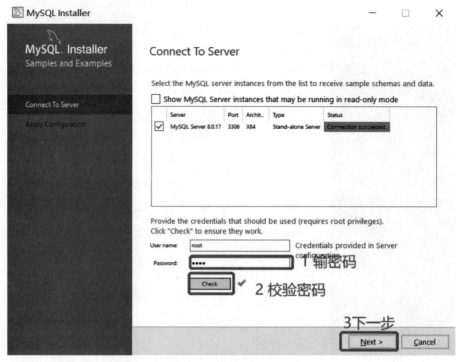

图 2-24　验证之前设置的密码

• 第十八步：单击"Execute"，如图 2-25 所示。

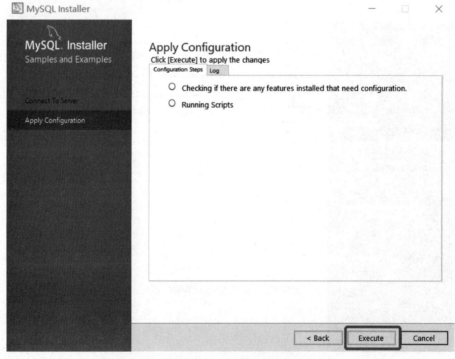

图 2-25　单击"Execute"

• 第十九步：单击"Finish"，完成"Apply Configuration"，如图 2-26 所示。

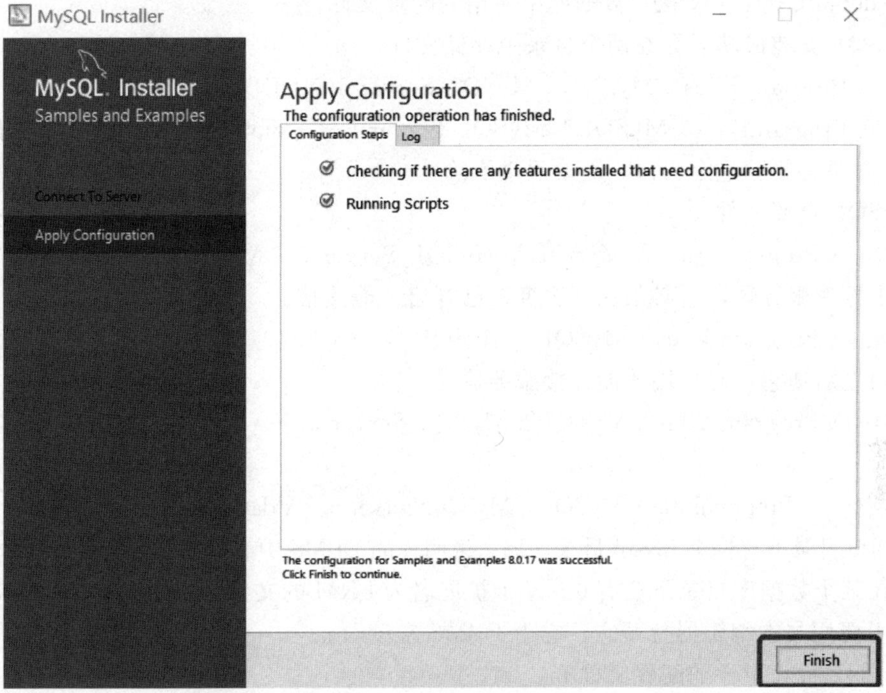

图 2-26　单击"Finish"，完成"Apply Configuration"

• 第二十步：单击"Next"。

• 第二十一步：最后单击"Finish"，完成安装。

2.1.3　MySQL 安装目录

　　MySQL 安装完成后，会在磁盘上生成一个目录，该目录称为 MySQL 的安装目录。在 MySQL 安装目录中包含了启动文件、配置文件、数据库文件和命令文件等，如图 2-27 所示。

图 2-27　MySQL 安装目录下的主要内容

bin：用于放置一些可执行文件，如 mysql. exe。

data：用于放置一些日志文件以及数据库文件。

include：用于放置一些头文件，如 mysql. h、mysqld _ ername. h 等。

lib：用于放置一系列的库文件。

share：用于存放字符集、语言等信息。

my-default.ini：MySQL 数据库中使用的配置文件。

MySQL 安装成功后会在两个目录中存储文件。

D：\ Program Files \ MySQL \ MySQL Server 5.7：DBMS 管理程序。

C：\ ProgramData \ MySQL \ MySQL Server 5.7 \ data：DBMS 数据库文件（卸载 MySQL 时不会删除这个目录，需要手动删除）。

MySQL 重要文件：

• D：\ Program Files \ MySQL \ MySQL Server 5.7 \ bin \ mysql. exe：客户端程序，用来操作服务器，但必须保证服务器已开启才能连接。

• D：\ Program Files \ MySQL \ MySQL Server 5.7 \ bin \ mysqld. exe：服务器程序，必须先启动它，客户端才能连接服务器。

• D：\ Program Files \ MySQL \ MySQL Server 5.7 \ my-default. ini：服务器配置文件。

目录 C：\ ProgramData \ MySQL \ MySQL Server 5.7 \ data 下的每个目录表示一个数据库，例如该目录下有一个 mysql 目录，那么说明你的 DBMS 中有一个名为 mysql 的数据库。

• 在某个数据库目录下会有 0～N 个扩展名为 FRM 的文件，每个 FRM 文件表示一个 table。不要用文本编辑器打开它，它由 DBMS 来读写。

MySQL 最为重要的配置文件 my. ini：

• 配置 MySQL 的端口为 3306，没有必要修改它。

• 配置字符编码，［client］下配置客户端编码为 default-character-set＝gbk，［mysqld］下配置服务器编码为 character-set-server＝utf8。

• 配置二进制数据大小上限，在［mysqld］下配置 max_allowed_packet＝8M。

2.2　配置 Mysql 环境变量

在桌面上右击"此电脑""属性"，单击"高级系统设置"，如图 2-28 所示。

图 2-28　高级系统设置

在弹出的对话框中单击"环境变量"按钮，如图 2-29 所示。

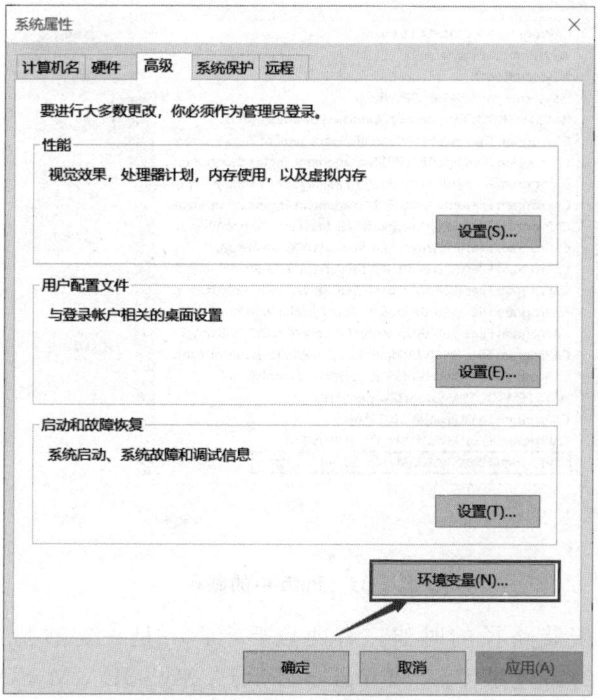

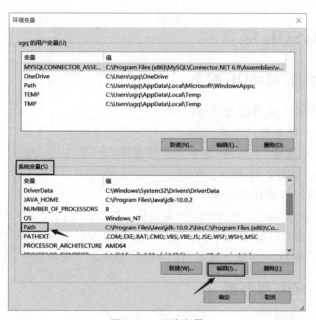

图 2-29　环境变量

接下来在"系统变量"中找到"Path"，单击"编辑"按钮，如图 2-30 所示。

图 2-30　系统变量

在弹出的对话框中单击"编辑"按钮，并将 MySQL 的安装目录输入提示框中，单击
"确定"按钮，如图 2-31 所示。

图 2-31　Path 中的路径

在增加 MySQL 安装路径的时候，有两点要求：一是一定看清楚 bin 目录，本书安装的路径是 C：\ Program Files \ MySQL \ MySQL Server 5.7 \ bin。二是一定得注意，如果是 Windows 7 及之前的操作系统，前面得加一个英文的分号"；"。

微课视频 2-1
MySQL 的安装
与配置

2.3　连接 MySQL 服务

2.3.1　启动与停止 MySQL 服务

启动与停止 MySQL 服务的方法有两种。

（1）以 Windows 服务方式启动

右击"此电脑"→"管理"，选择"服务和应用程序"→"服务"，选中"MYSQL57"，将启动方式设为"自动"，如图 2-32 所示。

（2）通过命令窗口启动和关闭 MySQL 服务

选择"开始"→"运行"命令，打开"运行"对话框，然后在"打开"文本框中输入"CMD"，回车。打开命令提示符窗口，输入 net start mysql 命令即为启动 MySQL 服务，输入 net stop mysql 命令即为停止 MySQL 服务。也可用命令 mysqladmin −u root −p shutdown 停止服务。

2.3.2　连接 MySQL 服务器

▶ 1. 登录 MySQL 数据库

登录 MySQL 数据库的命令：

mysql − h hostname − P 3306 − u username − p

微课视频 2-2
登录 MySQL

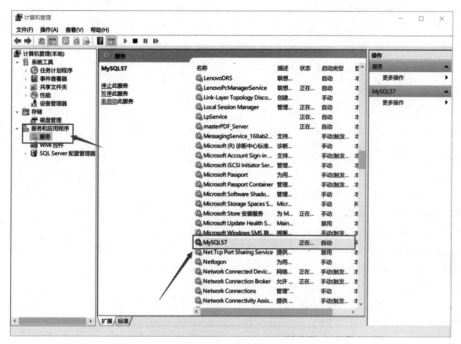

图 2-32　Windows 服务方式启动 MySQL 服务

上述命令中，mysql 为登录命令，-h 后面的参数是服务器的主机地址，-P（此处是大写字母 P）后面的参数是端口号，默认端口号为 3306，可省写。-u 后面的参数是登录数据库的用户名，-p 后面是登录密码。

密码如果写在命令行中一定不能有空格。如果使用的系统为 Linux，并且登录用户名字与 MySQL 的用户名相同，则连接 MySQL 时可不用输入用户名和密码，因为 Linux 默认是以 root 登录，Windows 默认用户是 ODBC。

当 MySQL 客户机与 MySQL 服务器是同一台主机时，主机名可以使用 localhost（或者127.0.0.1）。打开命令提示符窗口，然后输入

mysql -h 127.0.0.1 -P 3306 -u root -p123456

或者

mysql -h localhost -P 3306 -u root -p123456

回车（注意-p 后面紧跟密码 123456），即可成功连接本地 MySQL 客户机与本地 MySQL 服务器。安装 MySQL 时，端口号设置为默认端口号 3306，则在连接 MySQL 服务时，可以省略不写-P 3306，执行结果如下：

C:\Users\sgq>mysql -h localhost -u root -p123456

mysql: [Warning] Using a password on the command line interface can be insecure.

Welcome to the MySQL monitor.　Commands end with ; or \g.

Your MySQL connection id is 6

Server version: 5.7.17-log MySQL Community Server (GPL)

Copyright (c) 2000, 2016, Oracle and/or its affiliates. All rights reserved.

Oracle is a registered trademark of Oracle Corporation and/or its affiliates. Other names may be trademarks of their respective

owners.

Type ´help;´ or ´\ h´ for help. Type ´\ c´ to clear the current input statement.

mysql>

  或单独输入密码登录：

  mysql -h localhost -u root -p

  回车后，出现 Enter password，输入密码，即可登录，如图 2-22 所示。

C:\ Users\ sgq>mysql -h localhost -u root -p

Enter password:******

Welcome to the MySQL monitor. Commands end with ; or \ g.

Your MySQL connection id is 7

Server version: 5.7.17-log MySQL Community Server (GPL)

Copyright (c) 2000, 2016, Oracle and/or its affiliates. All rights reserved.

Oracle is a registered trademark of Oracle Corporation and/or its

affiliates. Other names may be trademarks of their respective

owners.

Type ´help;´ or ´\ h´ for help. Type ´\ c´ to clear the current input statement.

mysql>

  ▶ 2. Command Line Client 登录

  从开始菜单中依次选择"程序→MySQL→MySQL 5.7 Command Line Client"，打开 MySQL 命令行客户端窗口，在窗口输入正确密码后便可以登录到 MySQL 数据库，如图 2-33 所示。

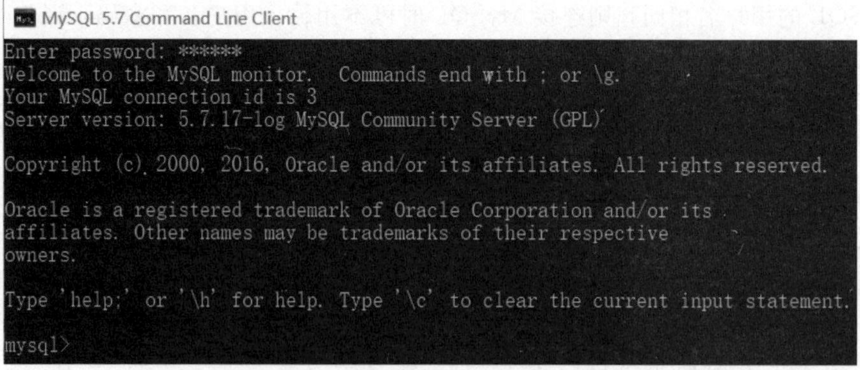

图 2-33 Command Line Client 登录

  ▶ 3. MySQL 的相关命令

  要想查看 MySQL 的帮助信息，首先登录 MySQL 数据库，然后在命令行窗口中输入 "help;"或者"\ h"命令，此时就会显示 MySQL 的帮助信息，执行结果如下：

mysql> \ h

For information about MySQL products and services, visit:

    http://www.mysql.com/

For developer information, including the MySQL Reference Manual, visit:

http://dev.mysql.com/

To buy MySQL Enterprise support, training, or other products, visit:

https://shop.mysql.com/

List of all MySQL commands:

Note that all text commands must be first on line and end with ´;´

```
?           ( \ ?) Synonym for ´help´.
clear       ( \ c) Clear the current input statement.
connect     ( \ r) Reconnect to the server. Optional arguments are db and host.
delimiter   ( \ d) Set statement delimiter.
ego         ( \ G) Send command to mysql server, display result vertically.
exit        ( \ q) Exit mysql. Same as quit.
go          ( \ g) Send command to mysql server.
help        ( \ h) Display this help.
notee       ( \ t) Don't write into outfile.
print       ( \ p) Print current command.
prompt      ( \ R) Change your mysql prompt.
quit        ( \ q) Quit mysql.
rehash      ( \ # ) Rebuild completion hash.
source      ( \ .) Execute an SQL script file. Takes a file name as an argument.
status      ( \ s) Get status information from the server.
tee         ( \ T) Set outfile [to _ outfile]. Append everything into given outfile.
use         ( \ u) Use another database. Takes database name as argument.
charset     ( \ C) Switch to another charset. Might be needed for processing binlog with multi-byte
charsets.
warnings    ( \ W) Show warnings after every statement.
nowarning ( \ w) Don't show warnings after every statement.
resetconnection( \ x) Clean session context.
```

For server side help, type ´help contents´

mysql>

2.4 MySQL 常用命令

MySQL 的常用命令及功能如表 2-1 所示。

表 2-1 MySQL 的常用命令及功能

命　　令	简　　写	具 体 含 义
?	\ ?	显示帮助信息
clear	\ c	明确当前输入语句
connect	\ r	连接到服务器，可选参数为数据库和主机
delimiter	\ d	设置语句分隔符
ego	\ G	发送命令到 MySQL 服务器，并显示结果

命　　令	简　　写	具 体 含 义
exit	\ q	退出 MySQL
go	\ g	发送命令到 MySQL 服务器
help	\ h	显示帮助信息
notee	\ t	不写输出文件
print	\ p	打印当前命令
prompt	\ R	改变 MySQL 提示信息
quit	\ q	退出 MySQL
rehash	\ #	重建完成散列
source	\ .	执行一个 SQL 脚本文件,以一个文件名作为参数
status	\ s	从服务器获取 MySQL 的状态信息
tee	\ T	设置输出文件(输出文件),并将信息添加到给定的输出文件
use	\ u	用另一个数据库,数据库名称作为参数
charset	\ C	切换到另一个字符集
warnings	\ W	每一个语句之后显示警告
nowarning	\ w	每一个语句之后不显示警告

2.5　卸载 MySQL 方法

如果 MySQL 服务安装不成功,可以卸载 MySQL 服务后重新安装。具体方法与步骤如下。

• 停止 MySQL 服务。

• 卸载 MySQL。

• 到安装目录删除 MySQL。

• 删除 C:\ Documents and Settings \ All Users \ Application Data \ MySQL 及 C:\ ProgramData \ MySQL。

• 查看注册表中的三个选项:

HKEY _ LOCAL _ MACHINE \ SYSTEM \ CurrentControlSet \ Services

HKEY _ LOCAL _ MACHINE \ SYSTEM \ ControlSet001 \ Services

HKEY _ LOCAL _ MACHINE \ SYSTEM \ ControlSet002 \ Services

搜索 MySQL 相关文件,找到 MySQL 相关文件一律删除,然后重新安装。

2.6 字符集

默认情况下，MySQL 使用的是 Latin1 字符集。由此可能导致 MySQL 数据库不支持中文字符串查询或者发生中文字符串乱码等问题。

2.6.1 字符集及字符序

▶ 1. 字符

字符(Character)是人类语言最小的表义符号，例如'A''B'等。给定一系列字符，对每个字符赋予一个数值，用数值来代表对应的字符，这个数值就是字符的编码(Character Encoding)。

▶ 2. 字符集

给定一系列字符并赋予对应的编码后，所有这些"字符和编码对"组成的集合就是字符集(Character Set)。

字符集与字符 ASCII 码对照表，如图 2-34 所示。

图 2-34 字符集及字符 ASCII 码对照表

▶ 3. 字符序

字符序(Collation)是指在同一字符集内字符之间的比较规则。一个字符集包含多种字符序，每个字符序唯一对应一种字符集。

MySQL 字符序命名规则：以字符序对应的字符集名称开头，以国家名居中(或以 general 居中)，以 ci、cs 或 bin 结尾。

这里，ci 表示大小写不敏感，cs 表示大小写敏感，bin 表示按二进制编码值比较。

使用 MySQL 命令：

show character set;

查看当前 MySQL 服务实例支持的字符集、字符集默认的字符序以及字符集占用的最大字节长度等信息。其中，字符集 Latin1 支持西欧字符、希腊字符等；GBK 支持中文简体字符；BIG5 支持中文繁体字符；UTF-8 几乎支持世界所有国家的字符。

```
mysql> show character set;
+--------------------+-------------------------------+-------------------------+---------+
| Charset            | Description                   | Default collation       | Maxlen  |
+--------------------+-------------------------------+-------------------------+---------+
| big5               | Big5 Traditional Chinese      | big5_chinese_ci         |      2  |
| dec8               | DEC West European             | dec8_swedish_ci         |      1  |
| cp850              | DOS West European             | cp850_general_ci        |      1  |
| hp8                | HP West European              | hp8_english_ci          |      1  |
| koi8r              | KOI8-R Relcom Russian         | koi8r_general_ci        |      1  |
| latin1             | cp1252 West European          | latin1_swedish_ci       |      1  |
| latin2             | ISO 8859-2 Central European   | latin2_general_ci       |      1  |
| swe7               | 7bit Swedish                  | swe7_swedish_ci         |      1  |
| ascii              | US ASCII                      | ascii_general_ci        |      1  |
| ujis               | EUC-JP Japanese               | ujis_japanese_ci        |      3  |
| sjis               | Shift-JIS Japanese            | sjis_japanese_ci        |      2  |
| hebrew             | ISO 8859-8 Hebrew             | hebrew_general_ci       |      1  |
| tis620             | TIS620 Thai                   | tis620_thai_ci          |      1  |
| euckr              | EUC-KR Korean                 | euckr_korean_ci         |      2  |
| koi8u              | KOI8-U Ukrainian              | koi8u_general_ci        |      1  |
| gb2312             | GB2312 Simplified Chinese     | gb2312_chinese_ci       |      2  |
| greek              | ISO 8859-7 Greek              | greek_general_ci        |      1  |
| cp1250             | Windows Central European      | cp1250_general_ci       |      1  |
| gbk                | GBK Simplified Chinese        | gbk_chinese_ci          |      2  |
| latin5             | ISO 8859-9 Turkish            | latin5_turkish_ci       |      1  |
| armscii8           | ARMSCII-8 Armenian            | armscii8_general_ci     |      1  |
| utf8               | UTF-8 Unicode                 | utf8_general_ci         |      3  |
| ucs2               | UCS-2 Unicode                 | ucs2_general_ci         |      2  |
| cp866              | DOS Russian                   | cp866_general_ci        |      1  |
| keybcs2            | DOS Kamenicky Czech-Slovak    | keybcs2_general_ci      |      1  |
| macce              | Mac Central European          | macce_general_ci        |      1  |
| macroman           | Mac West European             | macroman_general_ci     |      1  |
| cp852              | DOS Central European          | cp852_general_ci        |      1  |
| latin7             | ISO 8859-13 Baltic            | latin7_general_ci       |      1  |
| utf8mb4            | UTF-8 Unicode                 | utf8mb4_general_ci      |      4  |
| cp1251             | Windows Cyrillic              | cp1251_general_ci       |      1  |
| utf16              | UTF-16 Unicode                | utf16_general_ci        |      4  |
| utf16le            | UTF-16LE Unicode              | utf16le_general_ci      |      4  |
| cp1256             | Windows Arabic                | cp1256_general_ci       |      1  |
| cp1257             | Windows Baltic                | cp1257_general_ci       |      1  |
| utf32              | UTF-32 Unicode                | utf32_general_ci        |      4  |
| binary             | Binary pseudo charset         | binary                  |      1  |
| geostd8            | GEOSTD8 Georgian              | geostd8_general_ci      |      1  |
| cp932              | SJIS for Windows Japanese     | cp932_japanese_ci       |      2  |
```

| eucjpms | UJIS for Windows Japanese | eucjpms _ japanese _ ci | 3 |
| gb18030 | China National Standard GB18030 | gb18030 _ chinese _ ci | 4 |

41 rows in set (0.03 sec)

查看当前 MySQL 服务实例使用的字符集，使用 MySQL 命令：

show variables like ´character％´;

显示结果如下：

```
mysql＞ show variables like ´character％´;
+-------------------------+-------------------------------------------------------+
| Variable _ name         | Value                                                 |
+-------------------------+-------------------------------------------------------+
| character _ set _ client    | gbk                                               |
| character _ set _ connection| gbk                                               |
| character _ set _ database  | utf8                                              |
| character _ set _ filesystem| binary                                            |
| character _ set _ results   | gbk                                               |
| character _ set _ server    | utf8                                              |
| character _ set _ system    | utf8                                              |
| character _ sets _ dir      | C: \ Program Files \ MySQL \ MySQL Server re \ charsets \ |
+-------------------------+-------------------------------------------------------+
8 rows in set, 1 warning (0.05 sec)
```

下面做一些解释.

• character _ set _ client：MySQL 客户机字符集.

• character _ set _ connection：数据通信链路字符集.当 MySQL 客户机向服务器发送请求时,请求数据以该字符集进行编码.

• character _ set _ database：数据库字符集.

• character _ set _ filesystem：MySQL 服务器文件系统字符集,该值是固定的 binary.

• character _ set _ results：结果集的字符集,MySQL 服务器向 MySQL 客户机返回执行结果时,执行结果以该字符集进行编码.

• character _ set _ server：MySQL 服务实例字符集.

• character _ set _ system：元数据(字段名、表名、数据库名等)的字符集,默认值为 utf8.

使用 MySQL 命令"show collation;"即可查看当前 MySQL 服务实例支持的字符序,如"show variables like 'collation％';"结果如下：

```
mysql＞ show variables like ´collation％´;
+----------------------+--------------------+
| Variable _ name       | Value              |
+----------------------+--------------------+
| collation _ connection | gbk _ chinese _ ci |
| collation _ database   | utf8 _ general _ ci |
```

```
| collation _ server     | utf8 _ general _ ci   |
+------------------------+-----------------------+
```

3 rows in set, 1 warning (0.00 sec)

2.6.2　修改数据库字符集

（1）修改数据库字符集

ALTER DATABASE db _ name DEFAULT CHARACTER SET character _ name [COLLATE...];

（2）把表默认的字符集和所有字符列（CHAR，VARCHAR，TEXT）改为新的字符集

ALTER TABLE tbl _ name CONVERT TO CHARACTER SET character _ name [COLLATE...]

例如

ALTER TABLE logtest CONVERT TO CHARACTER SET utf8 COLLATE utf8 _ general _ ci;

（3）只修改表的默认字符集

ALTER TABLE tbl _ name DEFAULT CHARACTER SET character _ name [COLLATE...];

例如

ALTER TABLE logtest DEFAULT CHARACTER SET utf8 COLLATE utf8 _ general _ ci;

（4）修改字段的字符集

ALTER TABLE tbl _ name CHANGE c _ name c _ name CHARACTER SET character _ name [COLLATE...];

例如

ALTER TABLE logtest CHANGE title title VARCHAR(100)CHARACTER SET utf8 COLLATEutf8 _ general _ ci;

（5）查看数据库编码

SHOW CREATE DATABASE db _ name;

（6）查看表编码

SHOW CREATE TABLE tbl _ name;

（7）查看字段编码

SHOW FULL COLUMNS FROM tbl _ name;

2.6.3　设置 MySQL 字符集

设置 MySQL 字符集有两种方法。

方法 1：修改 my-default.ini 配置文件，可修改 MySQL 默认的字符集。

想要设置永久的字符编码，可以在配置文件中修改数据库的字符编码。编辑 my－default.ini，在其中加入以下代码。已经有[×××]，在里面直接加入即可。

[mysqld]

character-set-server = utf8

[client]

　　　　default-character-set = utf8

　　　　［mysql］

　　　　default-character-set = utf8

　　重启 MySQL 数据库服务。

　　方法 2：MySQL 提供下列 MySQL 命令来"临时地"修改 MySQL"当前会话的"字符集以及字符序。

　　当插入或修改表中数据时出现乱码现象，可用命令：

set character ＿ set ＿ client = gbk

　　修改字符集，使得控制台编码不乱码。

　　当查询结果出现乱码时，用命令：

set character ＿ set ＿ results = gbk;

　　使得查询结果数据不出现乱码。这类命令语句还有：

set character ＿ set ＿ connection = gbk;

set character ＿ set ＿ database = gbk;

set character ＿ set ＿ server = gbk;

set collation ＿ connection = gbk ＿ chinese ＿ ci;

set collation ＿ database = gbk ＿ chinese ＿ ci;

set collation ＿ server = gbk ＿ chinese ＿ ci;

　　注意：通过这种方法设置变量只对当前连接 MySQL 服务有效，当退出 MySQL 服务窗口后，再次登录 MySQL，还需重新设置。为了长期有效，可以用方法 1，在 my－default. ini 文件中设置"default-character-set＝gbk"即可。

　　下面举例说明。

　　首先连接服务器，新建一个数据库 test1，用命令：

create database test1;

　　执行结果如下：

mysql＞ create database test1;
Query OK, 1 row affected (0. 01 sec)

　　执行成功后，在命令窗口中输入如下命令，查看当前数据库的详细编码。

show create database test1;

　　执行结果如下：

```
mysql> show create database test1;
+----------+---------------------------------------------------------------------------+
| Database | Create Database                                                           |
+----------+---------------------------------------------------------------------------+
| test1    | CREATE DATABASE ´test1´ / * !40100 DEFAULT CHARACTER SET utf8 * /          |
+----------+---------------------------------------------------------------------------+
1 row in set (0. 00 sec)
```

　　用 set 命令设置当前窗口的数据库字符编码，这里将 utf8 设置为 gbk。

set character _ set _ database = gbk;

执行结果如下：

mysql> set character _ set _ database = gbk;

Query OK, 0 rows affected, 1 warning (0.00 sec)

再用 set 命令将 character _ set _ server 字符编码设置为 gbk。

set character _ set _ server = gbk;

执行结果如下：

mysql> set character _ set _ server = gbk;

Query OK, 0 rows affected (0.00 sec)

查看数据库的详细编码。

show variables like ´% char %´;

执行结果如下：

mysql> show variables like ´% char %´;

Variable _ name	Value
character _ set _ client	gbk
character _ set _ connection	gbk
character _ set _ database	gbk
character _ set _ filesystem	binary
character _ set _ results	gbk
character _ set _ server	gbk
character _ set _ system	utf8
character _ sets _ dir	C: \ Program Files \ MySQL \ MySQL Server 5. 7 \ share \ charsets \

8 rows in set, 1 warning (0.00 sec)

此时发现 database 和 server 都变成了 gbk，然后再重新创建一个数据库 test2，再查看其编码。

create database test2;

执行结果如下：

mysql> create database test2;

Query OK, 1 row affected (0.02 sec)

再查看新创建数据库 test2 的编码：

show create database test2;

执行结果如下：

```
mysql> show create database test2;
+----------+--------------------------------------------------------------------+
| Database | Create Database                                                    |
+----------+--------------------------------------------------------------------+
| test2    | CREATE DATABASE ´test2´ / * !40100 DEFAULT CHARACTER SET gbk * /   |
+----------+--------------------------------------------------------------------+
1 row in set (0.00 sec)
```

此时发现，数据库编码已经变为 gbk 了。但是将此窗口关闭后，重新打开一个新的窗口来连接数据库，重新查看数据库的编码，发现不是刚刚修改的 gbk，还是原来的 utf8。这是基于会话级别的改变编码的方法，当重新开启一个窗口连接时，会话已经改变，所以变为原来的字符编码。

方法 3：连接 MySQL 服务器时指定字符集。

命令：

mysql − − default − character − set = 字符集 − h 服务器 IP 地址 − u 账户名 − p 密码

即便将表的 MySQL 默认字符集设为 utf8 并且通过 UTF-8 编码发送查询，会发现存入数据库的仍然是乱码。问题就出在这个 connection 连接层上，解决方法是在发送查询前执行下面这条指令：

SET NAMES ´utf8´；

它相当于下面的三条指令：

SET character ＿ set ＿ client = utf8；

SET character ＿ set ＿ results = utf8；

SET character ＿ set ＿ connection = utf8。

2.7 小结

本章主要介绍了 Windows 系统下 MySQL 软件的安装、配置和常见操作。详细介绍了 MySQL 软件的概念，下载、安装、配置、卸载和修改字符编码等操作。通过本章的学习，读者能够正确搭建 MySQL 软件环境和对安装过程中常用问题的处理。应重点掌握：如何在 Windows 操作系统下安装与配置 MySQL，如何在 Windows 操作系统下启动、登录、退出和停止 MySQL 服务。

▎线上课堂——训练与测试▎

扫描封底刮刮卡　获取答题权限

在线题库

第3章 MySQL 数据库与表

在 MySQL 数据库中，数据库和表都是很重要的数据库对象。数据库是存储数据库对象的容器。表是组成数据库的基本元素，它由若干个字段组成，主要用来存储数据记录。MySQL 数据库的管理主要包括数据库的创建、选择当前操作的数据库、显示数据库结构以及删除数据库等操作。表的操作包含创建表、查看表、删除表和修改表。这些操作都是数据库对象和表管理中最基本、最重要的操作。

学习目标

通过本章的学习，可以掌握 MySQL 数据库创建与管理的方法，内容包含：

- 创建数据库；
- 查看和选择数据库；
- 删除数据库；
- 创建、查看、更新和删除表。

3.1 系统数据库

数据库可以看作是一个专门存储数据对象的容器，每一个数据库都有唯一的名称，并且数据库的名称都是有实际意义的，这样就可以清晰地看出每个数据库用来存放什么数据。在 MySQL 数据库系统中，存在系统数据库和自定义数据库，系统数据库是在安装 MySQL 后系统自带的数据库，自定义数据库是由用户创建的数据库。

在 MySQL 中，可使用 SHOW DATABASES 语句来查看或显示当前用户权限范围以内的数据库。查看数据库的语法格式为：

```
SHOW DATABASES [LIKE ´数据库名´];
```

语法说明：LIKE 从句是可选项，用于匹配指定的数据库名。LIKE 从句可以部分匹配，也可以完全匹配。数据库名由单引号"´"包围。

【例 3.1】查看所有数据库，列出当前用户可查看的所有数据库。

```
mysql> SHOW DATABASES;
+--------------------+
| Database           |
+--------------------+
| information _ schema |
```

```
| mysql               |
| performance _ schema |
| sakila              |
| sys                 |
| world               |
+---------------------+
```

6 row in set (0. 22 sec)

可以发现，在上面的列表中共有 6 个数据库，它们都是安装 MySQL 时系统自动创建的。

• information _ schema：主要存储系统中的一些数据库对象信息，比如用户表信息、列信息、权限信息、字符集信息和分区信息等。

• mysql：MySQL 的核心数据库，类似于 SQL Server 中的 master 数据库，主要负责存储数据库用户、用户访问权限等 MySQL 需要使用的控制和管理信息。常用在 mysql 数据库的 user 表中修改 root 用户密码。

• performance _ schema：主要用于收集数据库服务器性能参数。

• sakila：MySQL 提供的样例数据库，该数据库共有 16 张表，这些数据表都是比较常见的，在设计数据库时，可以参照这些样例数据表来快速完成所需的数据表。

• sys：MySQL5.7 安装完成后会多一个 sys 数据库。sys 数据库主要提供一些视图，数据都来自于 performation _ schema，主要是让开发者和使用者更方便地查看性能问题。

• world：MySQL 自动创建的数据库，该数据库中包括 3 张数据表，分别保存城市、国家和国家使用的语言等内容。

【例 3. 2】创建并查看数据库。

先创建一个名为 test _ db 的数据库：

```
mysql> CREATE DATABASE test _ db;
Query OK, 1 row affected (0. 12 sec)
```

再使用 SHOW DATABASES 语句显示权限范围内的所有数据库名：

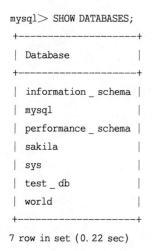

```
mysql> SHOW DATABASES;
+---------------------+
| Database            |
+---------------------+
| information _ schema |
| mysql               |
| performance _ schema |
| sakila              |
| sys                 |
| test _ db           |
| world               |
+---------------------+
```

7 row in set (0. 22 sec)

可以看见，创建的数据库 test _ db 已经被显示出来。

【例 3.3】使用 LIKE 从句。

先创建三个数据库，名称分别为 test_db、db_test、db_test_db。

使用 LIKE 从句，查看与 test_db 完全匹配的数据库：

```
mysql> SHOW DATABASES LIKE 'test_db';
+--------------------+
| Database (test_db) |
+--------------------+
| test_db            |
+--------------------+
1 row in set (0.03 sec)
```

使用 LIKE 从句，查看名称中包含 test 的数据库：

```
mysql>SHOW DATABASES LIKE '%test%';
+--------------------+
| Database (%test%)  |
+--------------------+
| db_test            |
+--------------------+
| db_test_db         |
+--------------------+
| test_db            |
+--------------------+
3 row in set (0.03 sec)
```

使用 LIKE 从句，查看名称以 db 开头的数据库：

```
mysql> SHOW DATABASES LIKE 'db%';
+--------------------+
| Database (db%)     |
+--------------------+
| db_test            |
+--------------------+
| db_test_db         |
+--------------------+
2 row in set (0.03 sec)
```

使用 LIKE 从句，查看名称以 db 结尾的数据库：

```
mysql> SHOW DATABASES LIKE '%db';
+--------------------+
| Database (%db)     |
+--------------------+
| db_test_db         |
+--------------------+
| test_db            |
+--------------------+
```

2 row in set (0. 03 sec)

3.2　数据库操作

3.2.1　创建数据库

在 MySQL 中，可以使用 CREATE DATABASE 语句创建数据库，语法格式如下：

```
CREATE DATABASE [IF NOT EXISTS] <数据库名>
[[DEFAULT] CHARACTER SET <字符集名>]
[[DEFAULT] COLLATE <校对规则名>];
```

其中，[ ]中的内容是可选的。

• <数据库名>：创建数据库的名称。MySQL 的数据存储区将以目录方式表示 MySQL 数据库，因此数据库名称必须符合操作系统的文件夹命名规则，不能以数字开头，尽量要有实际意义。注意在 MySQL 中不区分大小写。

• IF NOT EXISTS：在创建数据库之前进行判断，只有该数据库目前尚不存在时才能执行操作。此选项可以用来避免数据库已经存在而重复创建的错误。

微课视频 3-1
MySQL 的常用命令

• [DEFAULT]CHARACTER SET：指定数据库的字符集，目的是避免在数据库中存储数据出现乱码。如果在创建数据库时不指定字符集，那么就使用系统的默认字符集。

• [DEFAULT]COLLATE：指定字符集的默认校对规则。

MySQL 的字符集(CHARACTER)和校对规则(COLLATION)是两个不同的概念。字符集定义 MySQL 存储字符串的方式，校对规则定义了比较字符串的方式。后面我们会单独讲解 MySQL 的字符集和校对规则。

最简单的创建 MySQL 数据库的语句如下：

```
create database 数据库名
```

【例 3.4】在 MySQL 中创建用户数据库，名为 test_db。

在命令提示行中输入以下语句：

```
mysql> CREATE DATABASE test_db;
Query OK, 1 row affected (0. 12 sec);
```

其中"Query OK, 1 row affected (0. 12 sec);"提示中的"Query OK"表示上面的命令执行成功，"1 row affected"表示操作只影响了数据库中一行记录，"0. 12 sec"为操作执行的时间。

若再次输入"CREATE DATABASE test_db;"语句，系统会给出错误提示信息：

```
mysql> CREATE DATABASE test_db;
ERROR 1007 (HY000): Can't create database 'test_db'; database exists
```

提示不能创建"test_db"数据库，数据库已存在。MySQL 不允许在同一系统下创建两个相同名称的数据库。加上 IF NOT EXISTS 从句，就可以避免类似错误。

```
mysql> CREATE DATABASE IF NOT EXISTS test_db;
Query OK, 1 row affected (0.12 sec)
```

【例 3.5】创建 MySQL 数据库时指定字符集和校对规则。

使用 MySQL 命令行工具创建一个测试数据库，命名为 test_db_char，指定其默认字符集为 utf8，默认校对规则为 utf8_chinese_ci(简体中文，不区分大小写)，输入的 SQL 语句与执行结果如下：

```
mysql> CREATE DATABASE IF NOT EXISTS test_db_char
    -> DEFAULT CHARACTER SET utf8
    -> DEFAULT COLLATE utf8_chinese_ci;
Query OK, 1 row affected (0.03 sec)
```

这时，可以使用 SHOW CREATE DATABASE 查看 test_db_char 数据库的定义声明，发现该数据库的指定字符集为 utf8，运行结果如下：

```
mysql> SHOW CREATE DATABASE test_db_char;
```

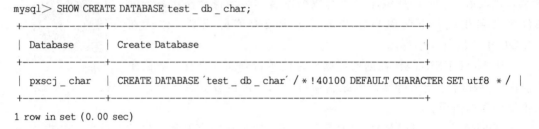

```
+---------------+--------------------------------------------------------------------+
| Database      | Create Database                                                    |
+---------------+--------------------------------------------------------------------+
| pxscj_char    | CREATE DATABASE 'test_db_char' /*!40100 DEFAULT CHARACTER SET utf8 */ |
+---------------+--------------------------------------------------------------------+
1 row in set (0.00 sec)
```

其中"1 row in set (0.00 sec)"表示集合中有 1 行信息，处理时间为 0.00 秒。时间为 0.00 秒并不代表没有花费时间，而是时间非常短，小于 0.01 秒。

3.2.2 修改数据库

在 MySQL 数据库中只能对数据库使用的字符集和校对规则进行修改，数据库的这些特性都储存在 db.opt 文件中。下面我们介绍修改数据库的基本操作。

在 MySQL 中，可以使用 ALTER DATABASE 来修改已经创建或者存在的数据库的相关参数。修改数据库的语法格式为

```
ALTER DATABASE [数据库名] {
[ DEFAULT ] CHARACTER SET <字符集名> |
[ DEFAULT ] COLLATE <校对规则名>}
```

下面对该语法做说明。

• ALTER DATABASE：用于更改数据库的全局特性。使用 ALTER DATABASE 需要获得数据库的 ALTER 权限，数据库名称可以忽略，此时语句对应于默认数据库。

• CHARACTER SET：子句用于更改默认的数据库字符集。

【例 3.6】查看 test_db 数据库的定义声明。

```
mysql> SHOW CREATE DATABASE test_db;
```

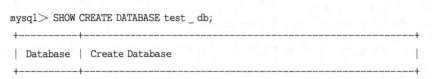

```
+-----------+------------------------------------------------------------+
| Database  | Create Database                                            |
+-----------+------------------------------------------------------------+
```

```
| test _ db | CREATE DATABASE ´test _ db´ / * ! 40100 DEFAULT CHARACTER SET utf8 * / |
+----------+---------------------------------------------------------------------+
```
1 row in set (0. 05 sec)

使用命令行工具将数据库 test _ db 的指定字符集修改为 gb2312，默认校对规则修改为 gb2312 _ unicode _ ci，输入 SQL 语句与执行结果如下：

```
mysql> ALTER DATABASE test _ db
    -> DEFAULT CHARACTER SET gb2312
    -> DEFAULT COLLATE gb2312 _ chinese _ ci;
mysql> SHOW CREATE DATABASE test _ db;
+----------+---------------------------------------------------------------+
| Database | ALTER Database                                                 |
+----------+---------------------------------------------------------------+
| test _ db | ALTER DATABASE ´test _ db´ / * ! 40100 DEFAULT CHARACTER SET gb2312 * / |
+----------+---------------------------------------------------------------+
```
1 row in set (0. 00 sec)

3.2.3 删除数据库

当数据库不再使用时应该将其删除，以确保数据库存储空间中存放的是有效数据。删除数据库是将已经存在的数据库从磁盘空间清除，清除之后，数据库中的所有数据也将一同被删除。

在 MySQL 中，当需要删除已创建的数据库时，可以使用 DROP DATABASE 语句，其语法格式为：

```
DROP DATABASE [ IF EXISTS ] <数据库名>
```

下面对该语法做说明。

• <数据库名>：指定要删除的数据库名。

• IF EXISTS：用于防止当数据库不存在时发生错误。

• DROP DATABASE：删除数据库中的所有表格，同时删除数据库。使用此语句时要非常小心，以免错误删除。如果要使用 DROP DATABASE，需要获得数据库的 DROP 权限。

注意：MySQL 安装后，系统会自动创建名为 information _ schema 和 mysql 的两个系统数据库，系统数据库存放一些和数据库相关的信息，如果删除了这两个数据库，MySQL 将不能正常工作。

【例 3.7】在 MySQL 中创建一个测试数据库 test _ db _ del。

```
mysql> CREATE DATABASE test _ db _ del;
Query OK, 1 row affected (0. 08 sec)
mysql> SHOW DATABASES;
+--------------------+
| Database           |
+--------------------+
| information _ schema |
```

```
| mysql              |
| performance _ schema |
| sakila             |
| sys                |
| test _ db          |
| test _ db _ char   |
| test _ db _ del    |
| world              |
+--------------------+
```

9 rows in set (0.00 sec)

使用命令行工具将数据库 test _ db _ del 从数据库列表中删除，输入的 SQL 语句与执行结果如下：

mysql> DROP DATABASE test _ db _ del;
Query OK, 0 rows affected (0.57 sec)
mysql> SHOW DATABASES;

```
+--------------------+
| Database           |
+--------------------+
| information _ schema |
| mysql              |
| performance _ schema |
| sakila             |
| sys                |
| test _ db          |
| test _ db _ char   |
| world              |
+--------------------+
```

8 rows in set (0.00 sec)

此时数据库 test _ db _ del 不存在。再次执行相同的命令，直接使用 DROP DATA-BASE test _ db _ del，系统会报错：

mysql> DROP DATABASE test _ db _ del;
ERROR 1008 (HY000): Can't drop database ´test _ db _ del´; database doesn't exist

如果使用 IF EXISTS 从句，可以防止系统报告此类错误：

mysql> DROP DATABASE IF EXISTS test _ db _ del;
Query OK, 0 rows affected, 1 warning (0.00 sec)

注意：使用 DROP DATABASE 命令时要非常谨慎，在执行该命令后，MySQL 不会给出任何提示确认信息。DROP DATABASE 删除数据库后，数据库中存储的所有数据表和数据也将一同被删除，而且不能恢复，因此最好在删除数据库之前先将数据库进行备份。备份数据库的方法会在教程后面进行讲解。

3.2.4　选择数据库

在 MySQL 中有很多系统自带的数据库，那么在操作数据库之前必须确定是哪一个数据库。

在 MySQL 中，USE 语句用来完成一个数据库到另一个数据库的跳转。

当用 CREATE DATABASE 语句创建数据库之后，该数据库不会自动成为当前数据库，需要用 USE 来指定当前数据库，其语法格式为：

USE <数据库名>;

该语句可以通知 MySQL 把<数据库名>所指定的数据库作为当前数据库。该数据库保持为默认数据库，直到语段的结尾，或者直到遇见一个不同的 USE 语句。只有使用 USE 语句来指定某个数据库作为当前数据库之后，才能对该数据库及其存储的数据对象执行操作。

【例 3.8】使用命令行工具将数据库 test_db 设置为默认数据库。

输入的 SQL 语句与执行结果如下：

```
mysql> USE test_db;
Database changed
```

在执行选择数据库语句时，如果出现"Database changed"提示，则表示选择数据库成功。

3.3　MySQL 注释

每一种语言都有自己的注释方式，代码量越多，代码注释的重要性也就越明显。一般情况下，注释可以出现在程序中的任何位置，用来向用户或程序员提示或解释程序的功能及作用。

下面主要介绍 MySQL 中 SQL 语句的注释方法。

注释在 SQL 语句中用来说明或者注意事项的部分，对 SQL 的执行没有任何影响。因此，注释内容中无论是英文字母还是汉字都可以随意使用。

MySQL 注释分为单行注释和多行注释，下面分别介绍这两种注释。

3.3.1　单行注释

单行注释可以使用"♯"注释符，"♯"注释符后直接加注释内容。格式如下：

♯注释内容

单行注释使用注释符"♯"的示例如下：

```
♯从结果中删除重复行
SELECT DISTINCT product_id, purchase_price FROM Product;
```

单行注释还可以使用"－－"注释符，"－－"注释符后需要加一个空格，注释才能生效。格式如下：

-- 注释内容

单行注释使用注释符--的示例如下:

```
-- 从结果中删除重复行
SELECT DISTINCT product _ id, purchase _ price FROM Product;
```

♯和--的区别在于,♯后面直接加注释内容,而--的第 2 个破折号后需要跟一个空格符再加注释内容。

3.3.2　多行注释

多行注释使用/＊ ＊/注释符。/＊用于注释内容的开头,＊/用于注释内容的结尾。多行注释格式如下:

```
/＊
  第一行注释内
  第二行注释内容
＊/
```

注释内容写在/＊和＊/之间,可以跨多行。

多行注释的使用示例如下:

```
/＊这条 SELECT 语句
  会从结果中删除重复行＊/
SELECT DISTINCT product _ id, purchase _ price FROM Product;
```

任何注释(单行注释和多行注释)都可以插在 SQL 语句中,而且注释可以放在 SQL 语句中的任意位置。

在 SQL 语句中插入单行注释:

```
SELECT DISTINCT product _ id, purchase _ price
-- 从结果中删除重复行
FROM Product;

SELECT DISTINCT product _ id, purchase _ price
♯从结果中删除重复行
FROM Product;
```

在 SQL 语句中插入多行注释:

```
SELECT DISTINCT product _ id, purchase _ price
/＊ 这条 SELECT 语句
  会从结果中删除重复行.＊/
  FROM Product;
```

注释可以写在任何 SQL 语句当中,并且 SQL 语句中对注释的数量没有限制。

MySQL 注释能够帮助阅读者更好地理解 SQL 语句,特别是在使用复杂的 SQL 语句时,所以大家应该尽量多添加一些简明易懂的注释。

3.4　SQL 语句的大小写规则

3.4.1　SQL 关键字和函数名

SQL 的关键字和函数名不区分大小写。例如，下面这些语句都是等价的。

```
SELECT NOW();
select now();
sElEcT nOw();
```

3.4.2　数据库名、表名和视图名

MySQL 用服务器主机的底层文件系统所包含的目录和文件来表示数据库和表。因此，数据库名和表名的默认大小写取决于服务器主机的操作系统在命名方面的规定。

比如 Windows 系统的文件名不区分大小写，所以运行在 Windows 系统上面的 MySQL 服务器也不用区分数据库名和表名的大小写。Linux 系统的文件名区分大小写，所以运行在 Linux 系统上的 MySQL 服务器需要区分数据库名和表名的大小写。对于 Ma-cOS X 平台，其文件系统中的名字是个例外，它们不区分大小写。

MySQL 会使用文件表示视图，所以以上与表有关的规定同样适用于视图。

3.4.3　存储程序的名字

存储函数、存储过程和事件的名字都不区分大小写。触发器的名字要区分大小写，这一点与标准 SQL 的行为有所不同。

3.4.4　列名和索引名

在 MySQL 里，列名和索引名都不区分大小写。例如，下面这些语句都是等价的。

```
SELECT name FROM student;
SELECT NAME FROM student;
SELECT nAmE FROM student;
```

3.4.5　别名的名字

默认情况下，表的别名要区分大小写。SQL 语句中可以使用任意的大小写(大写、小写或大小写混用)来指定别名。如果需要在同一条语句里多次用到同一个别名，则必须让它们的大小写保持一致。

表 3-1 总结了 SQL 元素在 Windows 和 Linux 系统下是否区分大小写。

在 Linux 服务器下创建数据库和表时，应该认真考虑大小写的问题，比如它们以后是否会迁移到 Windows 服务器上。

假设你在 Linux 服务器上创建了 abc 和 ABC 两个表，当把这两个表迁移到 Windows 服务器上时，就会出现问题；因为 Windows 系统并不区分大小写，abc 和 ABC 无差别。

如果把数据库文件从 Linux 服务器迁移到 Windows 服务器时，同样会遇到问题。想要避免大小写问题，可以先选定一种大小写方案，然后一直按照该方案去创建数据库和表。

表 3-1　Windows 和 Linux 平台下大小写区分

项　　目	Windows	Linux
数据库名		是
表名		是
表别名	否(忽略大小写)	是
列名		否(忽略大小写)
列别名		否(忽略大小写)
变量名		是

在阿里巴巴 Java 开发手册的 MySQL 建表规约里提到：表名、字段名必须使用小写字母或数字，禁止出现数字开头，禁止两个下划线中间只出现数字。数据库字段名的修改代价很大，因为无法进行预发布，所以字段名称需要慎重考虑。通常，MySQL 在 Windows 系统下不区分大小写，但在 Linux 系统下默认区分大小写。因此，数据库名、表名和字段名都不允许出现任何大写字母，避免节外生枝。

一般建议统一使用小写字母，并且 InnoDB 引擎在其内部都是以小写字母方式来存储数据库名和表名。这样可以有效地防止 MySQL 产生大小写问题。

3.5　MySQL 系统帮助

无论在学习还是在实际工作中，我们都会经常遇到各种意想不到的困难，不能总是期望别人伸出援助之手来帮我们解决，而应该利用我们的智慧和能力去攻克。

那么如何才能及时解决学习 MySQL 时的疑惑呢？可以通过 MySQL 的系统帮助来解决遇到的问题。

在 MySQL 中，查看帮助的命令是 HELP，语法格式如下：

HELP 查询内容

其中，查询内容为要查询的关键字。

• 查询内容中不区分大小写。

• 查询内容中可以包含通配符"％"和"＿"，效果与 LIKE 运算符执行的模式匹配操作含义相同。例如，HELP′rep％′用来返回以 rep 开头的主题列表。

• 查询内容可以使用单引号引起来，也可以不使用单引号，为避免歧义，最好使用单引号引起来。

下面介绍使用 HELP 查询信息的具体示例。

3.5.1　查询帮助文档目录列表

可以通过 HELP contents 命令查看帮助文档的目录列表，运行结果如下：

```
mysql> HELP ´contents´;
You asked for help about help category: ˝Contents˝
For more information, type ´help <item>´, where <item> is one of the following
categories:
   Account Management
   Administration
   Compound Statements
   Contents
   Data Definition
   Data Manipulation
   Data Types
   Functions
   Geographic Features
   Help Metadata
   Language Structure
   Plugins
   Procedures
   Storage Engines
   Table Maintenance
   Transactions
   User-Defined Functions
   Utility
```

3.5.2 查看具体内容

根据上面运行结果列出的目录，可以选择某一项进行查询。例如使用"HELP Data Types;"命令查看所支持的数据类型，运行结果如下：

```
mysql> HELP ´Data Types´;
You asked for help about help category: ˝Data Types˝
For more information, type ´help <item>´, where <item> is one of the following
topics:
   AUTO _ INCREMENT
   BIGINT
   BINARY
   BIT
   BLOB
   BLOB DATA TYPE
   BOOLEAN
   CHAR
   CHAR BYTE
   DATE
   DATETIME
   DEC
   DECIMAL
   DOUBLE
```

```
DOUBLE PRECISION
ENUM
FLOAT
INT
INTEGER
LONGBLOB
LONGTEXT
MEDIUMBLOB
MEDIUMINT
MEDIUMTEXT
SET DATA TYPE
SMALLINT
TEXT
TIME
TIMESTAMP
TINYBLOB
TINYINT
TINYTEXT
VARBINARY
VARCHAR
YEAR DATA TYPE
```

如果还想进一步查看某一数据类型，如 INT 类型，可以使用"HELP INT;"命令，运行结果如下：

```
mysql> HELP ´INT´;
Name: ´INT´
Description:
INT[(M)] [UNSIGNED] [ZEROFILL]

A normal-size integer. The signed range is - 2147483648 to 2147483647.
The unsigned range is 0 to 4294967295.

URL: https://dev.mysql.com/doc/refman/5.7/en/numeric-type-overview.html
```

从运行结果可以看到，INT 类型的帮助信息，包含类型描述、取值范围和官方手册中 INT 类型说明的 URL。

另外，还可以查询某命令，例如使用"HELP CREATE TABLE"命令查询创建数据表的语法，运行结果如下：

```
mysql> HELP ´CREATE TABLE´
Name: ´CREATE TABLE´
Description:
Syntax:
CREATE [TEMPORARY] TABLE [IF NOT EXISTS] tbl_name
    (create_definition,...)
    [table_options]
```

```
    [partition _ options]

CREATE [TEMPORARY] TABLE [IF NOT EXISTS] tbl _ name
    [(create _ definition,...)]
    [table _ options]
    [partition _ options]
    [IGNORE ｜ REPLACE]
    [AS] query _ expression
```

MySQL 提供了 4 张数据表保存服务端的帮助信息，即使用 HELP 语法查看的帮助信息。执行语句就是从这些表中获取数据并返回给客户端。

- help _ category：关于帮助主题类别的信息。
- help _ keyword：与帮助主题相关的关键字信息。
- help _ relation：帮助关键字信息和主题信息之间的映射。
- help _ topic：帮助主题的详细内容。

3.6　MySQL 数据类型

数据表由多个字段组成，每个字段在进行定义的时候都要确定不同的数据类型。向每个字段插入的数据内容决定了该字段的数据类型。MySQL 提供了丰富的数据类型，根据实际需求，用户可以选择不同的数据类型。不同的数据类型，存储方式是不同的。另外，MySQL 还提供了存储引擎，我们可以通过存储引擎来决定数据表的类型。

3.6.1　数据类型

数据类型(data _ type)是指系统中允许使用数据的类型。MySQL 数据类型定义了列中可以存储什么数据以及该数据怎样存储的规则。数据库中的每个列都应该有适当的数据类型，用于限制或允许该列中存储的数据。例如，列中存储的数字，则相应的数据类型应该为数值类型。如果使用错误的数据类型可能会严重影响应用程序的功能和性能，所以在设计表时，应该特别重视数据列所用的数据类型。更改包含数据的列不是一件小事，这样做可能导致数据丢失。因此，在创建表时必须为每个列设置正确的数据类型和长度。

MySQL 的数据类型大概可以分为 4 种，分别是数值、日期和时间类型、字符串类型、二进制类型等。

（1）数值类型

注意：数值类型包括整数类型、浮点数类型和定点数类型。

整数类型包括 TINYINT、SMALLINT、MEDIUMINT、INT、BIGINT，浮点数类型包括 FLOAT 和 DOUBLE，定点数类型为 DECIMAL。

（2）日期/时间类型

包括 YEAR、TIME、DATE、DATETIME 和 TIMESTAMP。

（3）字符串类型

包括 CHAR、VARCHAR、BINARY、VARBINARY、BLOB、TEXT、ENUM 和

SET 等。

（4）二进制类型

包括 BIT、BINARY、VARBINARY、TINYBLOB、BLOB、MEDIUMBLOB 和
LONGBLOB。

定义字段的数据类型对数据库的优化是十分重要的。接下来我们将详细讲解 MySQL
的数据类型。

▶ 1. 整数类型

整数类型又称数值型，数值类型主要用来存储数字。MySQL 提供了多种数值类型，
不同的数据类型提供不同的取值范围，存储的值范围越大，所需的存储空间也会越大。

MySQL 主要提供的整数类型有 TINYINT、SMALLINT、MEDIUMINT、INT、
BIGINT，其属性字段可以添加 AUTO _ INCREMENT 自增约束条件。表 3-2 中列出了
MySQL 的数值类型。

可以看到，不同类型的整数所需的字节数不相同，占用字节数最小的是 TINYINT 类
型，占用字节最大的是 BIGINT 类型，占用字节越多的类型所能表示的数值范围越大。

根据占用字节数可以求出每一种数据类型的取值范围。例如，TINYINT 需要 1 字节
（8bit）来存储，那么 TINYINT 无符号数的最大值为 2^8-1，即 255；TINYINT 有符号数
的最大值为 2^7-1，即 127。其他类型的整数的取值范围计算方法相同，如表 3-3 所示。

表 3-2　MySQL 数值类型

类 型 名 称	说　　明	存 储 需 求
TINYINT	很小的整数	1 字节
SMALLINT	小的整数	2 字节
MEDIUMINT	中等大小的整数	3 字节
INT（INTEGHR）	普通大小的整数	4 字节
BIGINT	大整数	8 字节

表 3-3　数值类型的取值范围

类 型 名 称	说　　明	存 储 需 求
TINYINT	−128～127	0～255
SMALLINT	−32768～32767	0～65535
MEDIUMINT	−8388608～8388607	0～16777215
INT(INTEGER)	−2147483648～2147483647	0～4294967295
BIGINT	−9223372036854775808～9223372036854775807	0～18446744073709551615

提示：显示宽度和数据类型的取值范围是无关的。显示宽度只是指明 MySQL 最大可
能显示的数字个数，数值的位数小于指定的宽度时由空格填充。如果插入了大于显示宽度
的值，只要该值不超过该类型整数的取值范围，数值依然可以插入，而且能够显示出来。
例如，year 字段插入 19999，当使用 SELECT 查询该列值的时候，MySQL 显示的是完整

的带有 5 位数字的 19999，而不是 4 位数字的值。

其他整型数据类型也可以在定义表结构时指定所需的显示宽度，如果不指定，则系统为每一种类型指定默认的宽度值。

不同的整数类型有不同的取值范围，并且需要不同的存储空间，因此应根据实际需要选择最合适的类型，这样有利于提高查询的效率和节省存储空间。整数类型是不带小数部分的数值，现实生活中很多地方需要用到带小数数值，下面讲解 MySQL 中的小数类型。

▶ 2. 小数类型

MySQL 中使用浮点数和定点数来表示小数。浮点类型有两种，分别是单精度浮点数（FLOAT）和双精度浮点数（DOUBLE）；定点类型只有一种，就是 DECIMAL。浮点类型和定点类型都可以用（M，D）来表示，其中 M 称为精度，表示总共的位数；D 称为标度，表示小数的位数。

浮点数类型的取值范围为 M（1～255）和 D（1～30，且不能大于 M－2），分别表示显示宽度和小数位数。M 和 D 在 FLOAT 和 DOUBLE 中是可选的，FLOAT 和 DOUBLE 类型将被保存为硬件所支持的最大精度。DECIMAL 的默认 D 值为 0、M 值为 10。

表 3-4 中列出了 MySQL 中的小数类型和存储需求。

表 3-4　MySQL 小数类型

类型名称	说　　明	存储需求
FLOAT	单精度浮点数	4 字节
DOUBLE	双精度浮点数	8 字节
DECIMAL(M,D)，DEC	压缩的"严格"定点数	M＋2 字节

DECIMAL 类型不同于 FLOAT 和 DOUBLE。DOUBLE 实际上是以字符串的形式存放的，DECIMAL 可能的最大取值范围与 DOUBLE 相同，但是有效的取值范围由 M 和 D 决定。如果改变 M 而固定 D，则取值范围将随 M 的变大而变大。

从表 3-4 可以看到，DECIMAL 的存储空间并不是固定的，而由精度值 M 决定，占用 M＋2 字节。FLOAT 类型的取值范围有两种情况。

- 有符号的取值范围：－3.402823466E＋38～－1.175494351E－38。
- 无符号的取值范围：0 和－1.175494351E－38～－3.402823466E＋38。

DOUBLE 类型的取值范围也有两种情况。

- 有符号的取值范围：－1.7976931348623157E＋308～－2.2250738585072014E－308。
- 无符号的取值范围：0 和－2.2250738585072014E－308～－1.7976931348623157E＋308。

注意：不论是定点还是浮点类型，如果用户指定的精度超出精度范围，则会做四舍五入进行处理。

FLOAT 和 DOUBLE 在不指定精度时，默认会按照实际的精度（由计算机硬件和操作系统决定）处理，DECIMAL 如果不指定精度，默认为（10，0）。

浮点数相对于定点数的优点是在长度一定的情况下，浮点数能够表示更大的范围；缺点是会引起精度问题。

最后再强调一点，在 MySQL 中，定点数以字符串形式存储，在对精度要求比较高的时候(如货币、科学数据),使用 DECIMAL 类型比较好。另外,两个浮点数进行减法和比较运算时也容易出问题,所以在使用浮点数时需要注意,尽量避免做浮点数比较。

▶ 3. 日期和时间类型

MySQL 中有多个表示日期的数据类型:YEAR、TIME、DATE、DTAETIME、TIMESTAMP。当只记录年信息的时候,可以只使用 YEAR 类型。每一个类型都有合法的取值范围,当指定不合法的值时,系统将"零"值插入数据库中。

表 3-5 中列出了 MySQL 中的日期与时间类型。

表 3-5　MySQL 日期和时间类型

类 型 名 称	日 期 格 式	日 期 范 围	存 储 需 求
YEAR	YYYY	1901~2155	1 字节
TIME	HH:MM:SS	−838:59:59~838:59:59	3 字节
DATE	YYYY-MM-DD	1000-01-01~9999-12-03	3 字节
DATETIME	YYYY-MM-DD HH:MM:SS	1000-01-0100:00:00~ 9999-12-31 23:59:59	8 字节
TIMESTAMP	YYYY-MM-DD HH:MM:SS	1980-01-01 00:00:01 UTC~ 2040-01-19 03:14:07 UTC	4 字节

(1) YEAR 类型

YEAR 类型是一个单字节类型,用于表示年,在存储时只需要 1 字节。可以使用多种格式来指定 YEAR。

• 以 4 位字符串或者 4 位数字格式表示的 YEAR,范围为 1901~2155。输入格式为 'YYYY' 或者 YYYY,例如,输入 '2010' 或 2010,插入数据库的值均为 2010。

• 以 2 位字符串格式表示的 YEAR,范围为 00 到 99。00~69 和 70~99 范围的值分别被转换为 2000~2069 和 1970~1999 范围的 YEAR 值。0 与 00 的作用相同。插入超过取值范围的值将被转换为 2000。

• 以 2 位数字表示的 YEAR,范围为 1~99。1~99 和 70~99 范围的值分别被转换为 2001~2069 和 1970~1999 范围的 YEAR 值。在这里 0 值将被转换为 0000,而不是 2000。

提示:两位整数范围与两位字符串范围稍有不同。例如,插入 3000 年,读者可能会使用数字格式的 0 表示 YEAR。实际上,插入数据库的值为 0000,而不是所希望的 3000。只有使用字符串格式的 '0' 或 '00',才可以被正确解释为 3000,非法 YEAR 值将被转换为 0000。

(2) TIME 类型

TIME 类型用于只需要时间信息的值,在存储时需要 3 字节。格式为 HH:MM:SS。HH 表示小时,MM 表示分钟,SS 表示秒。

TIME 类型的取值范围为 −838:59:59~838:59:59,小时部分如此大的原因是 TIME 类型不仅可以表示一天的时间(必须小于 24 小时),还可能是某个事件过去的时间或两个事件之间的时间间隔(可大于 24 小时,甚至为负)。

可以使用各种格式指定 TIME 值。

· 'D HH:MM:SS'格式的字符串。还可以使用"非严格"的语法'HH:MM:SS'、'HH:MM'、'D HH'或'SS'。这里的 D 表示日,可以取 0~34 之间的值。在插入数据库时,D 被转换为小时保存,格式为"D * 24+HH"。

· 'HHMMSS'格式是没有间隔符的字符串或者 HHMMSS 格式的数值,假定是有意义的时间。例如,'101112'被理解为'10:11:12',但是'106112'是不合法的(它有一个没有意义的分钟部分),在存储时将变为 00:00:00。

为 TIME 列分配简写值时应注意:MySQL 解释值时,假定最右边的两位表示秒。当只写两个字节内容时,即表示时间的合法 1~4 位数时,如果没有冒号分隔,MySQL 解释 TIME 值为过去 0 时的分与秒时间,而不是指定当前时间的时与分。

例如,我们将 time 中的值定为'1112'和 1112 时,本想表示上午 11:12:00(即 11 点过 12 分钟),但 MySQL 将它们解释为 00:11:12(即已过去的 0 时 11 分 12 秒),如执行语句 SELECT TIME("1112") as Time,将得到的时间为 00:11:12。

```
mysql> SELECT TIME("1112") as Time ;
+------------+
| Time       |
+------------+
| 00 : 11 : 12 |
+------------+
1 row in set (0.00 sec)

mysql> SELECT TIME(1112) as Time ;
+------------+
| Time       |
+------------+
| 00 : 11 : 12 |
+------------+
1 row in set (0.00 sec)
```

同样'12'和 12 被解释为 00:00:12。

```
mysql> SELECT TIME("12")as Time ;
+------------+
| Time       |
+------------+
| 00 : 00 : 12 |
+------------+
```

相反,TIME 值中如果使用冒号分隔,则输出的时间就为我们给定当天的时间的时与分了,也就是说,'11:12'表示 11:12:00,而不是 00:11:12。

```
mysql> SELECT TIME("11 : 12")as Time ;
+------------+
| Time       |
+------------+
| 11 : 12 : 00 |
```

```
+-------------+
1 row in set (0.00 sec)
```

当写了三个字节内容时，即表示时间的合法 5~6 位数时，无论其间是否用冒号分隔，MySQL 解释 TIME 值为指定的当前时间的时、分与秒了。如：

```
mysql> SELECT TIME("12：11：12")as Time ;
+-------------+
| Time        |
+-------------+
| 12：11：12  |+-------------+
1 row in set (0.00 sec)

mysql> SELECT TIME("121112")as Time;
+-------------+
| Time        |
+-------------+
| 12：11：12  |
+-------------+
1 row in set (0.00 sec)
```

（3）DATE 类型

DATE 类型用于仅需要日期值，它没有时间部分，存储时需要 3 字节。日期格式为'YYYY-MM-DD'，其中 YYYY 表示年，MM 表示月，DD 表示日。

在给 DATE 类型的字段赋值时，可以使用字符串类型或者数字类型的数据，只要符合 DATE 的日期格式即可。

• 以'YYYY-MM-DD'或者'YYYYMMDD'字符中格式表示的日期，取值范围为'1000-01-01'~'9999-12-03'。例如，输入'2015-12-31'或者'20151231'，插入数据库的日期为 2015-12-31。

• 以'YY-MM-DD'或者'YYMMDD'字符串格式表示日期，这里 YY 表示两位的年值。MySQL 解释两位年值的规则：'00~69'范围的年值转换为'2000~2069'，'70~99'范围的年值转换为'1970~1999'。例如，输入'15-12-31'，插入数据库的日期为 2015-12-31；输入'991231'，插入数据库的日期为 1999-12-31。

• 以 YYMMDD 数字格式表示的日期，与前面相似，00~69 范围的年值转换为 2000~2069，70~99 范围的年值转换为 1970~1999。例如，输入 151231，插入数据库的日期为 2015-12-31，输入 991231，插入数据库的日期为 1999-12-31。

• 使用 CURRENT _ DATE 或者 NOW()，插入当前系统日期。

提示：MySQL 允许"不严格"语法。任何标点符号都可以用作日期部分之间的间隔符。例如，'98-11-31'、'98.11.31'、'98/11/31'和'98@11@31'是等价的，这些值也可以正确地插入数据库。

（4）DATETIME 类型

DATETIME 类型用于需要同时包含日期和时间信息的值，存储时需要 8 字节。日期格式为'YYYY-MM-DD HH：MM：SS'，其中 YYYY 表示年，MM 表示月，DD 表示日，HH 表示小时，MM 表示分钟，SS 表示秒。

在给 DATETIME 类型的字段赋值时，可以使用字符串类型或者数字类型插入数据，只要符合 DATETIME 的日期格式即可。

• 以'YYYY-MM-DDHH:MM:SS'或者'YYYYMMDDHHMMSS'字符串格式表示的日期，取值范围为'1000-01-01 00:00:00'～'9999-12-3 23:59:59'。例如，输入'2014-12-31 05:05:05'或者'20141231050505'，插入数据库的 DATETIME 值都为 2014-12-31 05:05:05。

• 以'YY-MM-DD HH:MM:SS'或者'YYMMDDHHMMSS'字符串格式表示的日期，这里 YY 表示两位的年值。与前面相同，'00～79'范围的年值转换为'2000～2079'，'80～99'范围的年值转换为'1980～1999'。例如，输入'14-12-31 05:05:05'，插入数据库的 DATETIME 为 2014-12-31 05:05:05；输入 141231050505，插入数据库的 DATETIME 为 2014-12-31 05:05:05。

• 以 YYYYMMDDHHMMSS 或者 YYMMDDHHMMSS 数字格式表示的日期和时间。例如，输入 20141231050505，插入数据库的 DATETIME 为 2014-12-31 05:05:05；输入 140505050505，插入数据库的 DATETIME 为 2014-12-31 05:05:05。

提示：MySQL 允许"不严格"语法：任何标点符号都可用作日期部分或时间部分之间的间隔符。例如，'98-12-31 11:30:45'、'98.12.31 11+30+35'、'98/12/31 11 * 30 * 45'和'98@12@31 11~30~45'是等价的，这些值都可以正确地插入数据库中。

（5）TIMESTAMP 类型

TIMESTAMP 的显示格式与 DATETIME 相同，显示宽度固定为 19 个字符，日期格式为 YYYY-MM-DDHH:MM:SS，在存储时需要 4 字节。但是 TIMESTAMP 列的取值范围小于 DATETIME 的取值范围，为'1970-01-01 00:00:01'UTC～'2038-01-19 03:14:07'UTC。在插入数据时，要保证在合法的取值范围内。

提示：协调世界时（英 Coordinated Universal Time，法 Temps Universel Coordonné）又称为世界统一时间、世界标准时间、国际协调时间。英文（CUT）和法文（TUC）的缩写不同，作为妥协，简称 UTC。

TIMESTAMP 与 DATETIME 除了存储字节和支持的范围不同外，还有一个最大的区别。

• DATETIME 在存储日期数据时，按实际输入的格式存储，即输入什么就存储什么，与时区无关。

• TIMESTAMP 值的存储是以 UTC（世界标准时间）格式保存，存储时对当前时区进行转换，检索时再转换回当前时区。查询时，根据当前时区的不同，显示的时间值是不同的。

提示：如果为一个 DATETIME 或 TIMESTAMP 对象分配一个 DATE 值，结果值的时间部分被设置为'00:00:00'，因此 DATE 值未包含时间信息。如果为一个 DATE 对象分配一个 DATETIME 或 TIMESTAMP 值，结果值的时间部分被删除，因此 DATE 值未包含时间信息。

▶ 4. 字符串类型

字符串类型用来存储字符串数据，还可以存储图片和声音的二进制数据。字符串可以区分或者不区分大小写的串比较，还可以进行正则表达式的匹配查找。

MySQL 中的字符串类型有 CHAR、VARCHAR、TINYTEXT、TEXT、MEDIUM-TEXT、LONGTEXT、ENUM、SET 等。

表 3-6 中列出了 MySQL 中的字符串数据类型，括号中的 M 表示可以为其指定长度。

表 3-6　MySQL 字符串类型

类 型 名 称	说　　明	存 储 需 求
CHAR(M)	固定长度非二进制字符串	M 字节，$1 \leqslant M \leqslant 255$
VARCHAR(M)	变长非二进制字符串	L+1 字节，在此，$L \leqslant M$ 和 $1 \leqslant M \leqslant 255$
TINYTEXT	非常小的非二进制字符串	L+1 字节，在此，$L < 2^8$
TEXT	小的非二进制字符串	L+2 字节，在此，$L < 2^{16}$
MEDIUMTEXT	中等大小的非二进制字符串	L+3 字节，在此，$L < 2^{24}$
LONGTEXT	大的非二进制字符串	L+4 字节，在此，$L < 2^{32}$
ENUM	枚举类型，只能有一个枚举字符串值	1 字节或 2 字节，取决于枚举值的数目（最大值为 65535）
SET	一个设置，字符串对象可以有零个或多个 SET 成员	1、2、3、4 字节或 8 字节，取决于集合成员的数量（最多 64 个成员）

VARCHAR 和 TEXT 类型是变长类型，其存储需求取决于列值的实际长度（在前面的表格中用 L 表示），而不是取决于类型的最大可能尺寸。

例如，一个 VARCHAR(10) 列能保存一个最大长度为 10 个字符的字符串，实际存储时以字符串的长度 L 加上 1 字节来作为字符串的存储长度。对于字符"abcd"，L 是 4，而存储要求 5 个字节。

(1) CHAR 和 VARCHAR 类型

CHAR(M) 为固定长度字符串，在定义时指定字符串列长。保存时，在右侧填充空格以达到指定的长度。M 表示列的长度，范围是 0～255 个字符。

例如，CHAR(4) 定义了一个固定长度的字符串列，包含的字符个数最大为 4。当检索到 CHAR 值时，尾部的空格将被删除。

VARCHAR(M) 是长度可变的字符串，M 表示最大列的长度，M 的范围是 0～65535。VARCHAR 的最大实际长度由最长的行的大小和使用的字符集确定，而实际占用的空间为字符串的实际长度加 1。

例如，VARCHAR(50) 定义了一个最大长度为 50 的字符串，如果插入的字符串只有 10 个字符，则实际存储的字符串为 10 个字符和一个字符串结束字符。VARCHAR 在值保存和检索时尾部的空格仍保留。

下面将不同的字符串保存到 CHAR(4) 和 VARCHAR(4) 列，说明 CHAR 和 VARCHAR 之间的差别，如表 3-7 所示。

表 3-7　CHAR 与 VARCHAR 存储比较

插入值	CHAR(4)	存 储 需 求	VARCHAR(4)	存 储 需 求
''	''	4 字节	''	1 字节

插入值	CHAR(4)	存储需求	VARCHAR(4)	存 储 需 求
′ab′	′ab′	4 字节	′ab′	3 字节
′abc′	′abc′	4 字节	′abc′	4 字节
′abcd′	′abcd′	4 字节	′abcd′	5 字节
′abcdef′	′abcd′	4 字节	′abcd′	5 字节

从对比结果可以看到，CHAR(4)定义了固定长度为 4 的列，无论存入的数据长度为多少，所占用的空间均为 4 字节。VARCHAR(4)定义的列所占的字节数为实际长度加 1。

（2）TEXT 类型

TEXT 列保存非二进制字符串，如文章内容、评论等。保存或查询 TEXT 列的值时，不删除尾部空格。

TEXT 类型分为 4 种：TINYTEXT、TEXT、MEDIUMTEXT 和 LONGTEXT。不同的 TEXT 类型的存储空间和数据长度不同。

- TINYTEXT：表示长度为 $255(2^8-1)$字符的 TEXT 列。
- TEXT：表示长度为 $65535(2^{16}-1)$字符的 TEXT 列。
- MEDIUMTEXT：表示长度为 $16777215(2^{24}-1)$字符的 TEXT 列。
- LONGTEXT：表示长度为 4294967295 或 $4GB(2^{32}-1)$字符的 TEXT 列。

（3）ENUM 类型

ENUM 是一个字符串对象，其值为表创建时列规定中枚举的一列值，其语法格式如下：

＜字段名＞ ENUM(′值1′,′值1′,…,′值n′)

字段名指将要定义的字段，值 n 指枚举列表中第 n 个值。ENUM 类型的字段在取值时，能在指定的枚举列表中获取，而且一次只能取一个。如果创建的成员中有空格，尾部的空格将自动被删除。ENUM 值在内部用整数表示，每个枚举值均有一个索引值；列表值所允许的成员值从 1 开始编号，MySQL 存储的就是这个索引编号，枚举最多可以有65535 个元素。

例如，定义 ENUM 类型的列(′first′,′second′,′third′)，该列可以取的值和每个值的索引如表 3-8 所示。

表 3-8 ENUM 类型

值	索 引
NULL	NULL
′′	0
first	1
second	2
third	3

ENUM 值依照列索引顺序排列，并且空字符串排在非空字符串前，NULL 值排在其他所有枚举值前。

提示：ENUM 列总有一个默认值。如果将 ENUM 列声明为 NULL，NULL 值为该列的一个有效值，并且默认值为 NULL。如果 ENUM 列被声明为 NOT NULL，其默认值为允许的值列表的第 1 个元素。

(4)SET 类型

SET 是一个字符串对象，可以有零或多个值，SET 列最多可以有 64 个成员，值为表创建时规定的一列值。指定包括多个 SET 成员的 SET 列值时，各成员之间用逗号隔开，语法格式如下：

SET('值 1','值 2',…,'值 n')

与 ENUM 类型相同，SET 值在内部用整数表示，列表中每个值都有一个索引编号。创建表时，SET 成员值的尾部空格将自动删除。

与 ENUM 类型不同的是，ENUM 类型的字段只能从定义的列值中选择一个值插入，而 SET 类型的列可从定义的列值中选择多个字符的联合。

提示：如果插入 SET 字段中的列值有重复，则 MySQL 自动删除重复的值；插入 SET 字段的值的顺序并不重要，MySQL 会在存入数据库时按照定义的顺序显示；如果插入了不正确的值，默认情况下，MySQL 将忽视这些值，给出警告。

▶ 5. 二进制类型

MySQL 支持两类字符型数据：文本字符串和二进制字符串。

二进制字符串类型有时候也称为二进制类型。

MySQL 中的二进制字符串有 BIT、BINARY、VARBINARY、TINYBLOB、BLOB、MEDIUMBLOB 和 LONGBLOB。

表 3-9 中列出了 MySQL 中的二进制数据类型，括号中的 M 表示可以为其指定长度。

表 3-9 MySQL 二进制类型

类 型 名 称	说 明	存 储 需 求
BIT(M)	位字段类型	大约(M+7)/8 字节
BINARY(M)	固定长度二进制字符串	M 字节
VARBINARY(M)	可变长度二进制字符串	M+1 字节
TINYBLOB(M)	非常小的 BLOB	L+1 字节，在此，$L<2^8$
BLOB(M)	小 BLOB	L+2 字节，在此，$L<2^{16}$
MEDIUMBLOB(M)	中等大小的 BLOB	L+3 字节，在此，$L<2^{24}$
LONGBLOB(M)	非常大的 BLOB	L+4 字节，在此，$L<2^{32}$

(1) BIT 类型

位字段类型。M 表示每个值的位数，范围为 1~64。如果 M 被省略，默认值为 1。如果为 BIT(M)列分配的值的长度小于 M 位，在值的左边用 0 填充。例如，为 BIT(6)列分配一个值 b'101'，其效果与分配 b'000101'相同。

BIT 数据类型用来保存位字段值，例如以二进制的形式保存数据 13，13 的二进制形式为 1101，这里需要位数至少为 4 位的 BIT 类型，即可以定义列类型为 BIT(4)。大于二进制 1111 的数据不能插入 BIT(4)类型的字段中。

提示：默认情况下，MySQL 不可以插入超出该列允许范围的值，因而插入数据时要确保插入的值在指定的范围内。

（2）BINARY 和 VARBINARY 类型

BINARY 和 VARBINARY 类型类似于 CHAR 和 VARCHAR，不同的是它们包含二进制字节字符串。语法格式如下：

列名称 BINARY(M)或者 VARBINARY(M)

BINARY 类型的长度是固定的，指定长度后，不足最大长度的，将在它们右边填充"\0"补齐，以达到指定长度。例如，指定列数据类型为 BINARY(3)，当插入 a 时，存储的内容实际为"a\0\0"；当插入 ab 时，实际存储的内容为"ab\0"，无论存储的内容是否达到指定的长度，存储空间均为指定的值 M。

VARBINARY 类型的长度是可变的，指定长度之后，长度可以在 0 到最大值之间。例如，指定列数据类型为 VARBINARY(20)，如果插入的值长度只有 10，则实际存储空间为 10 加 1，实际占用的空间为字符串的实际长度加 1。

（3）BLOB 类型

BLOB 是一个二进制的对象，用来存储可变数量的数据。BLOB 类型分为 4 种：TINYBLOB、BLOB、MEDIUMBLOB 和 LONGBLOB，它们可容纳值的最大长度不同，如表 3-10 所示。

表 3-10　BLOB 的存储范围

数 据 类 型	存 储 范 围
TINYBLOB	最大长度为 255(2^8-1)字节
BLOB	最大长度为 65535($2^{16}-1$)字节
MEDIUMBLOB	最大长度为 16777215($2^{24}-1$)字节
LONGBLOB	最大长度为 4294967295 或 4GB($2^{31}-1$)字节

BLOB 列存储的是二进制字符串（字节字符串），TEXT 列存储的是非进制字符串（字符字符串）。BLOB 列是字符集，并且排序和比较基于列值字节的数值；TEXT 列有一个字符集，并且根据字符集对值进行排序和比较。

3.6.2　数据类型的选择

MySQL 提供了大量的数据类型，为了优化存储和提高数据库性能，在任何情况下都应该使用最精确的数据类型。

前面主要对 MySQL 中的数据类型及其基本特性进行了描述，包括它们能够存放的值的类型和占用空间等。本节主要讨论创建数据库表时如何选择数据类型。

可以说字符串类型是通用的数据类型，任何内容都可以保存在字符串中，数字和日期都可以表示成字符串形式。但是也不能把所有的列都定义为字符串类型。对于数值类型，如果把它们设置为字符串类型，会使用很多空间。在这种情况下，使用数值类型列来存储数字，比使用字符串类型更有效率。

需要注意的是，由于对数字和字符串的处理方式不同，查询结果也会存在差异。例如，对数字的排序与对字符串的排序是不一样的。

例如，数字 2 小于数字 11，但字符串 '2' 却比字符串 '11' 大。此问题可以通过把列放到数字上下文中来解决，如下面的 SQL 语句：

```
SELECT course + 0 as num ... ORDER BY num;
```

让 course 列加上 0，可以强制列按数字方式来排序，但这么做很明显是不合理的。

如果让 MySQL 把一个字符串列当作一个数字列来对待，会引发很严重的问题。这样做会迫使列里的每一个值都执行从字符串到数字的转换，操作效率低。在计算过程中使用这样的列，会导致 MySQL 不会使用这些列上的任何索引，从而进一步降低查询速度。所以我们在选择数据类型时要考虑存储、查询和整体性能等方面的问题。

在选择数据类型时，首先要考虑这个列存放的值是什么类型。一般来说，用数值类型列存储数字、用字符类型列存储字符串、用时间类型列存储日期和时间。

▶ 1. 数值类型

对于数值类型列，如果要存储的数字是整数（没有小数部分），则使用整数类型；如果要存储的数字是小数（带有小数部分），则可以选用 DECIMAL 或浮点类型，一般选择 FLOAT 类型（浮点类型的一种）。例如，如果列的取值范围是 1～99 999 之间的整数，则 MEDIUMINT UNSIGNED 类型是最好的选择。

MEDIUMINT 是整数类型，UNSIGNED 用来将数字类型无符号化。比如 INT 类型的取值范围是 -2 147 483 648～2 147 483 647，那么 INT UNSIGNED 类型的取值范围就是 0～4 294 967 295。

如果需要存储某些整数值，则值的范围决定了可选用的数据类型。如果取值范围是 0～1 000，那么可以选择 SMALLINT 到 BIGINT 之间的任何一种类型。如果取值范围超过了 200 万，则不能使用 SMALLINT，可以选择的类型变为从 MEDIUMINT 到 BIGINT 之间的某一种。

当然，完全可以为要存储的值选择一种最"大"的数据类型。但是，正确选择数据类型不仅可以使表的存储空间变小，也会提高性能。因为与较长的列相比，较短的列的处理速度更快。当读取较短的值时，所需的磁盘读写操作会更少，并且可以把更多的键值放入内存索引缓冲区里。

如果无法获知各种可能值的范围，则只能靠猜测，或者使用 BIGINT 以满足最坏情况的需要。如果猜测的类型偏小，也不是无药可救，将来还可以使用 ALTER TABLE 让该列变得更大些。

如果数值类型需要存储的数据为货币，在计算时使用的值常带有元和分两个部分。它们看起来像是浮点值，但 FLOAT 和 DOUBLE 类型都存在四舍五入的误差问题，因此不太适合。因为人们对自己的金钱都很敏感，所以需要一个可以提供完美精度的数据类型。

可以把货币表示成 DECIMAL(M，2)类型，其中 M 为所需取值范围的最大宽度。这种类型的数值可以精确到小数点后 2 位。DECIMAL 的优点在于不存在舍入误差，计算是精确的。

对于电话号码、信用卡号和社会保险号都会使用非数字字符。因为空格和短划线不能直接存储到数字类型列里，除非去掉其中的非数字字符。即使去掉了其中的非数字字符，也不能把它们存储成数值类型，以避免丢失开头的"零"。

▶ **2. 日期和时间类型**

MySQL 对不同种类的日期和时间都提供了数据类型，比如 YEAR 和 TIME。如果只需要记录年份，则使用 YEAR 类型即可；如果只记录时间，可以使用 TIME 类型。

如果需要同时记录日期和时间，则可以使用 TIMESTAMP 或者 DATETIME 类型。由于 TIMESTAMP 列的取值范围小于 DATETIME 的取值范围，因此存储较大的日期最好使用 DATETIME。

TIMESTAMP 也有一个 DATETIME 不具备的属性。默认情况下，当插入一条记录但并没有指定 TIMESTAMP 列值时，MySQL 会把 TIMESTAMP 列设为当前的时间。因此当需要插入和记录当前时间时，使用 TIMESTAMP 是方便的，另外 TIMESTAMP 在空间上比 DATETIME 更有效。

MySQL 没有提供时间部分为可选的日期类型。DATE 没有时间部分，DATETIME 必须有时间部分。如果时间部分是可选的，那么可以使用 DATE 列来记录日期，再用一个单独的 TIME 列来记录时间，然后设置 TIME 列为 NULL。SQL 语句如下：

```
CREATE TABLE mytb1 (
    date DATE NOT NULL,    ♯日期是必需的
    time TIME NULL    ♯时间可选(可能为 NULL)
    );
```

▶ **3. 字符串类型**

字符串类型没有数字类型列那样的"取值范围"，但它们都有长度的概念。如果需要存储的字符串少于 256 个字符，那么可以使用 CHAR、VARCHAR 或 TINYTEXT；如果需要存储更长一点的字符串，则可以选用 VARCHAR 或某种更长的 TEXT 类型。

如果某个字符串列用于表示某种固定集合的值，那么可以考虑使用数据类型 ENUM 或 SET。

• CHAR 是固定长度字符，VARCHAR 是可变长度字符。

• CHAR 会自动删除插入数据的尾部空格，VARCHAR 不会删除尾部空格。

• CHAR 是固定长度，所以它的处理速度比 VARCHAR 要快，但是它的缺点就是浪费存储空间。对存储不大，但在速度上有要求时可以使用 CHAR 类型，反之可以使用 VARCHAR 类型来实现。

存储引擎对于选择 CHAR 和 VARCHAR 的影响。

• 对于 MyISAM 存储引擎，最好使用固定长度的数据列代替可变长度的数据列。这样可以使整个表静态化，从而使数据检索更快，用空间换时间。

• 对于 InnoDB 存储引擎，最好使用可变长度的数据列，因为 InnoDB 数据表的存储格式不分固定长度和可变长度，因此使用 CHAR 不一定比使用 VARCHAR 更好，但由于 VARCHAR 是按照实际长度存储，比较节省空间，所以对磁盘 I/O 和数据存储总量比

较好。

▶ 4. ENUM 和 SET

ENUM 只能取单值，它的数据列表是一个枚举集合。它的合法取值列表最多允许有 65 535 个成员。因此，在需要从多个值中选取一个时，可以使用 ENUM。比如，性别字段适合定义为 ENUM 类型，每次只能从"男"或"女"中取一个值。

SET 可取多值，它的合法取值列表最多允许有 64 个成员。空字符串也是一个合法的 SET 值。在需要取多个值的时候，适合使用 SET 类型。比如，要存储一个人的兴趣爱好，最好使用 SET 类型。

ENUM 和 SET 的值是以字符串形式出现的，但 MySQL 以数值的形式存储它们。

▶ 5. 二进制类型

BLOB 是二进制字符串，TEXT 是非二进制字符串，两者均可存放大容量的信息。BLOB 主要存储图片、音频信息等，而 TEXT 只能存储纯文本文件。

3.7 MySQL 转义字符

在 MySQL 中，除了常见的字符之外，我们还会遇到一些特殊的字符，如换行符、回车符等。这些符号无法用字符来表示，因此需要使用某些特殊的字符来表示其特殊的含义，这些字符就是转义字符。

转义字符一般以反斜杠符号"\"开头，用来说明后面的字符不是字符本身的含义，而是表示其它的含义。MySQL 中常见的转义字符如表 3-11 所示。

表 3-11 转 义 字 符

转 义 字 符	转义后的字符
\"	双引号
\'	单引号
\	反斜线
\ n	换行符
\ r	回车符
\ t	制表符
\ 0	ASCII 0（NUL）
\ b	退格符

转义字符区分大小写，例如′\ b′解释为退格，但′\ B′解释为′B′。有以下几点需要注意：

· 字符串的内容包含单引号时，可以用单引号或反斜杠来转义。

· 字符串的内容包含双引号时，可以用双引号或反斜杠来转义。

· 一个字符串用双引号引用时，该字符串中的单引号不需要特殊对待，也不必被重复转义。同理，一个字符串用单引号引用时，该字符串中的双引号不需要特殊对待，不必被重复转义。

【例 3.9】通过 SELECT 语句演示单引号'双引号"和反斜杠 \ 的使用。

```
mysql>SELECT'Java 程序设计','"Java 程序设计"','""Java 程序设计""','Java''程序设计','\'Java 程序
设计';
+--------------+------------------+--------------------+----------------+----------------+
| Java 程序设计 | "Java 程序设计" | ""Java 程序设计"" | Java '程序设计 | 'Java 程序设计' |
+--------------+------------------+--------------------+----------------+----------------+
1 row in set (0.07 sec)
mysql> SELECT "Java 程序设计 ", "'Java 程序设计'", "''Java 程序设计''", " Java ""程序设计", " \"Java 程
序设计";
+--------------+------------------+--------------------+----------------+----------------+
| Java 程序设计  | 'Java 程序设计' | ''Java 程序设计'' | Java "程序设计 | "Java 程序设计 |
+--------------+------------------+--------------------+----------------+----------------+
1 row in set (0.00 sec)
mysql> SELECT "This \ nIs \ n Java \ n 程序设计";
+----------------------+
| This
Is
Java
程序设计  |
+----------------------+
1 row in set (0.00 sec)
```

如果你想把二进制数据插入 BLOB 列，下列字符必须使用反斜杠转义：

- NUL：ASCII 0。可以使用"\0"表示。
- \：ASCII 92，反斜线，用"\"表示。
- '：ASCII 39，单引号，用"\'"表示。
- "：ASCII 34，双引号，用"\""表示。

3.8　MySQL 系统变量

在 MySQL 数据库中，变量分为系统变量和用户自定义变量。系统变量以@@开头，用户自定义变量以@开头。

服务器维护着两种系统变量，即全局变量(GLOBAL VARIABLES)和会话变量(SESSION VARIABLES)。全局变量影响 MySQL 服务的整体运行方式，会话变量影响具体客户端连接的操作。

每一个客户端成功连接服务器后都会产生与之对应的会话。会话期间，MySQL 服务实例会在服务器内存中生成与该会话对应的会话变量，这些会话变量的初始值是全局变量值的拷贝。

3.8.1 查看系统变量

可以使用以下命令查看 MySQL 中所有的全局变量信息：

```
SHOW GLOBAL VARIABLES;
```

可以使用以下命令查看与当前会话相关的所有会话变量以及全局变量：

```
SHOW SESSION VARIABLES;
```

其中，SESSION 关键字可以省略。

MySQL 中的系统变量以两个"@@"开头。

- @@global：仅用于标记全局变量。
- @@session：仅用于标记会话变量。
- @@：首先标记会话变量，如果会话变量不存在，则标记全局变量。

MySQL 中有一些系统变量仅仅是全局变量，例如 innodb _ data _ file _ path，可以使用以下三种方法查看：

```
SHOW GLOBAL VARIABLES LIKE ´innodb _ data _ file _ path´;
SHOW SESSION VARIABLES LIKE ´innodb _ data _ file _ path´;
SHOW VARIABLES LIKE ´innodb _ data _ file _ path´;
```

MySQL 中有一些系统变量仅仅是会话变量，例如 MySQL 连接 ID 会话变量 pseudo _ thread _ id，可以使用以下两种方法查看：

```
SHOW SESSION VARIABLES LIKE ´pseudo _ thread _ id´;
SHOW VARIABLES LIKE ´pseudo _ thread _ id´;
```

MySQL 中有一些系统变量既是全局变量又是会话变量，例如系统变量 character _ set _ client 既是全局变量，又是会话变量。

```
SHOW SESSION VARIABLES LIKE ´character _ set _ client´;
SHOW VARIABLES LIKE ´character _ set _ client´;
```

此时查看全局变量的方法如下：

```
SHOW GLOBAL VARIABLES LIKE ´character _ set _ client´;
```

3.8.2 设置系统变量

可以通过以下方法设置系统变量：

修改 MySQL 源代码，然后对 MySQL 源代码重新编译（该方法适用于 MySQL 高级用户，这里不做阐述）。

在 MySQL 配置文件（mysql. ini 或 mysql. cnf）中修改 MySQL 系统变量的值（需要重启 MySQL 服务才会生效）。

在 MySQL 服务运行期间，使用 SET 命令重新设置系统变量的值。

服务器启动时，会将所有的全局变量赋予默认值。这些默认值可以在选项文件中或命令行中对执行的选项进行更改。

更改全局变量，必须具有 SUPER 权限。设置全局变量的值的方法如下：

SET @@global. innodb ＿ file ＿ per ＿ table = default；

SET @@global. innodb ＿ file ＿ per ＿ table = ON；

SET global innodb ＿ file ＿ per ＿ table = ON；

需要注意的是，更改全局变量只影响更改后连接客户端的相应会话变量，而不会影响目前已经连接的客户端的会话变量（即使客户端执行 SET GLOBAL 语句也不影响）。也就是说，对于修改全局变量之前连接的客户端只有在客户端重新连接后，才会影响到客户端。客户端连接时，当前全局变量的值会对客户端的会话变量进行相应的初始化。设置会话变量不需要特殊权限，但客户端只能更改自己的会话变量，而不能更改其他客户端的会话变量。设置会话变量的值的方法如下：

SET @@session. pseudo ＿ thread ＿ id = 5；

SET session pseudo ＿ thread ＿ id = 5；

SET @@pseudo ＿ thread ＿ id = 5；

SET pseudo ＿ thread ＿ id = 5；

如果没有指定修改全局变量还是会话变量，服务器会当作会话变量来处理。比如：

SET @@sort ＿ buffer ＿ size = 50000；

上面语句没有指定是 GLOBAL 还是 SESSION，服务器会当作 SESSION 处理。

使用 SET 设置全局变量或会话变量成功后，如果 MySQL 服务重启，数据库的配置又会重新初始化。一切按照配置文件进行初始化，全局变量和会话变量的配置都会失效。

MySQL 中还有一些特殊的全局变量，如 log ＿ bin、tmpdir、version、datadir，在 MySQL 服务实例运行期间它们的值不能动态修改，不能使用 SET 命令进行重新设置，这种变量称为静态变量。数据库管理员可以修改源代码或更改配置文件来重新设置静态变量的值。

3.9　MySQL 存储引擎

数据库存储引擎是数据库的底层组件，数据库管理系统使用数据引擎进行创建、查询、更新和删除数据操作。简而言之，存储引擎就是指表的类型。数据库的存储引擎决定了表在计算机中的存储方式。不同的存储引擎提供不同的存储机制、索引技巧、锁定水平等功能，使用不同的存储引擎还可以获得特定的功能。

微课视频 3-2
存储引擎

现在许多数据库管理系统都支持多种不同的存储引擎。MySQL 的核心就是存储引擎。MySQL 提供了多个不同的存储引擎，包括处理事务安全表的引擎和处理非事务安全表的引擎。在 MySQL 中，不需要在整个服务器中使用同一种存储引擎，针对具体的要求，可以对每一个表使用不同的存储引擎。

MySQL 5.7 支持的存储引擎有 InnoDB、MyISAM、Memory、Merge、Archive、CSV、BLACKHOLE 等。可以使用"SHOW ENGINES；"语句查看系统所支持的引擎

类型。

```
mysql> show engines;
+-------------------+----------+------------------------------------------------------+--------------+------+-------------+
| Engine            | Support  | Comment                                              | Transactions | XA   | Savepoints  |
+-------------------+----------+------------------------------------------------------+--------------+------+-------------+
| InnoDB            | DEFAULT  | Supports transactions, row-level locking, and foreign keys | YES    | YES  | YES         |
| MRG_MYISAM        | YES      | Collection of identical MyISAM tables                | NO           | NO   | NO          |
| MEMORY            | YES      | Hash based, stored in memory, useful for temporary tables | NO      | NO   | NO          |
| BLACKHOLE         | YES      | /dev/null storage engine (anything you write to it disappears) | NO | NO   | NO          |
| MyISAM            | YES      | MyISAM storage engine                                | NO           | NO   | NO          |
| CSV               | YES      | CSV storage engine                                   | NO           | NO   | NO          |
| ARCHIVE           | YES      | Archive storage engine                               | NO           | NO   | NO          |
| PERFORMANCE_SCHEMA| YES      | Performance Schema                                   | NO           | NO   | NO          |
| FEDERATED         | NO       | Federated MySQL storage engine                       | NULL         | NULL | NULL        |
+-------------------+----------+------------------------------------------------------+--------------+------+-------------+
9 rows in set (0.00 sec)
```

Support 列的值表示某种引擎是否能使用，YES 表示可以使用，NO 表示不能使用，DEFAULT 表示该引擎为当前默认的存储引擎。

表 3-12 简要描述了几种存储引擎，后面会对其中的几种（主要是 InnoDB 和 MyISAM）进行详细讲解。像 NDB 这样的需要更多扩展性的讨论，超出了本教程的范畴，所以在教程后面对它们不会介绍太多。

表 3-12　MySQL 存储引擎

存 储 引 擎	描　　述
ARCHIVE	用于数据存档的引擎，数据被插入后就不能再修改，且不支持索引
CSV	在存储数据时，会以逗号作为数据项之间的分隔符
BLACKHOLE	会丢弃写操作，该操作会返回空内容
FEDERATED	将数据存储在远程数据库中，用来访问远程表的存储引擎
InnoDB	具备外键支持功能的事务处理引擎
MEMORY	置于内存的表
MERGE	用来管理由多个 MyISAM 表构成的表集合
MyISAM	主要的非事务处理存储引擎
NDB	MySQL 集群专用存储引擎

有几种存储引擎的名字还有同义词，例如 MRG_MyISAM 和 NDBCLUSTER 分别是 MERGE 和 NDB 的同义词。存储引擎 MEMORY 和 InnoDB 在早期分别称为 HEAP 和 Innobase。虽然后面两个名字仍能被识别，但是已经被废弃了。

3.9.1 查看和修改默认存储引擎

微课视频 3-3
常见的存储引擎
有哪些？

本节主要介绍关于默认存储引擎的操作。如果需要操作默认存储引擎，首先需要查看默认存储引擎。可以通过执行下面的语句来查看默认的存储引擎，具体 SQL 语句如下：

SHOW VARIABLES LIKE 'default_storage_engine%';

执行上面的 SQL 语句，结果如下：

```
mysql> SHOW VARIABLES LIKE 'default_storage_engine%';
+------------------------+--------+
| Variable_name          | Value  |
+------------------------+--------+
| default_storage_engine | InnoDB |
+------------------------+--------+
1 row in set, 1 warning (0.02 sec)
```

执行结果显示，InnoDB 存储引擎为默认存储引擎。

使用下面的语句可以修改数据库临时的默认存储引擎：

SET default_storage_engine = < 存储引擎名 >

例如，将 MySQL 数据库的临时默认存储引擎修改为 MyISAM，输入的 SQL 语句。

SET default_storage_engine＝MyISAM;

再查看默认引擎，输入语句：

SHOW VARIABLES LIKE 'efault_storage_engine%';

运行结果如下：

```
mysql> SET default_storage_engine = MyISAM;
Query OK, 0 rows affected (0.00 sec)

mysql> SHOW VARIABLES LIKE 'default_storage_engine%';
+------------------------+---------+
| Variable_name          | Value   |
+------------------------+---------+
| default_storage_engine | MyISAM  |
+------------------------+---------+
1 row in set, 1 warning (0.00 sec)
```

可以发现，MySQL 的默认存储引擎已经变成了 MyISAM。当再次重启客户端时，默认存储引擎仍然是 InnoDB。

下面介绍如何根据不同的应用场景选择合适的存储引擎。

在使用 MySQL 数据库管理系统时，选择一个合适的存储引擎是一个非常复杂的问题。不同的存储引擎有各自的特性、优势和使用场合，正确选择存储引擎可以提高应用的效率。

为了正确地选择存储引擎，必须掌握各种存储引擎的特性。下面重点介绍几种常用的存储引擎，它们对各种特性的支持如表 3-13 所示。

表 3-13　MySQL 存储引擎的特性对比

特　　性	MyISAM	InnoDB	MEMORY
存储限制	有	支持	有
事务安全	不支持	支持	不支持
锁机制	表锁	行锁	表锁
B 树索引	支持	支持	支持
哈希索引	不支持	不支持	支持
全文索引	支持	不支持	不支持
集群索引	不支持	支持	不支持
数据缓存		支持	支持
索引缓存	支持	支持	支持
数据可压缩	支持	不支持	不支持
空间使用	低	高	N/A
内存使用	低	高	中等
批量插入速度	高	低	高
支持外键	不支持	支持	不支持

表中主要介绍了 MyISAM、InnoDB 和 MEMORY 三种存储引擎的对比。下面详细介绍存储引擎的应用场合。

（1）MyISAM

在 MySQL 5.1 版本之前，MyISAM 是默认的存储引擎。

MyISAM 存储引擎不支持事务和外键，所以访问速度比较快。如果应用主要以读取和写入为主，只有少量的更新和删除操作，并且对事务的完整性、并发性要求不是很高，那么选择 MyISAM 存储引擎是非常适合的。

MyISAM 是 Web 数据仓储和其他应用环境下常用的存储引擎之一。

微课视频 3-4
MyISAM 存储引擎

（2）InnoDB

MySQL 5.5 版本之后默认的事务型引擎修改为 InnoDB。

InnoDB 存储引擎在事务处理上具有优势，即支持具有提交、回滚和崩溃恢复能力的事务安装，所以它比 MyISAM 存储引擎会占用更多的磁盘空间。

如果应用对事务的完整性有比较高的要求，在并发条件下要求数据的一致性，数据操作除了插入和查询以外，还包括更新、删除操作，

微课视频 3-5
InnoDB 存储引擎

那么 InnoDB 存储引擎是比较合适的选择。

　　InnoDB 存储引擎除了可以有效地降低由于删除和更新导致的锁定，还可以确保事务的完整提交(Commit)和回滚(Rollback)，对于类似计费系统或者财务系统等对数据准确性要求比较高的系统，InnoDB 都是合适的选择。

　　(3) MEMORY

　　MEMORY 存储引擎将所有数据保存在 RAM 中，所以该存储引擎的数据访问速度快，但是安全方面没有保障。

　　MEMORY 对表的大小有限制，太大的表无法缓存在内存中。由于使用 MEMORY 存储引擎没有安全保障，所以要确保数据库异常终止后表中的数据可以恢复。

　　如果应用中涉及数据比较少，且需要进行快速访问，则适合使用 MEMORY 存储引擎。不同应用的特点千差万别，选择适当的存储引擎很重要，这需要根据实际应用进行测试，从而得到最适合的结果。

3.9.2　修改数据表的存储引擎

　　前面提到，MySQL 的核心就是存储引擎。MySQL 存储引擎主要有 InnoDB、MyISAM、Memory、BDB、Merge、Archive、Federated、CSV、BLACKHOLE 等。

　　MySQL 中修改数据表的存储引擎的语法格式如下：

```
ALTER TABLE <表名> ENGINE = <存储引擎名>;
```

　　ENGINE 关键字用来指明新的存储引擎。

　　【例 3.10】将数据表 student 的存储引擎修改为 MyISAM。

　　在修改存储引擎之前，先使用 SHOW CREATE TABLE 语句查看 student 表当前的存储引擎。

```
mysql> SHOW CREATE TABLE student;
*************************** 1. row ***************************
      Table: student
Create Table: CREATE TABLE ´student´ (
  ´stuId´ int(4) DEFAULT NULL,
  ´id´ int(4) DEFAULT NULL,
  ´name´ varchar(20) DEFAULT NULL,
  ´stuno´ int(11) DEFAULT NULL,
  ´sex´ char(1) DEFAULT NULL,
  ´age´ int(4) DEFAULT NULL
) ENGINE = InnoDB DEFAULT CHARSET = latin1
1 row in set (0.01 sec)
```

　　可以看到，student 表当前的存储引擎为 InnoDB。

　　下面将 student 表的存储引擎修改为 MyISAM，SQL 语句为：

```
ALTER TABLE student ENGINE = MyISAM;
```

　　使用 SHOW CREATE TABLE 语句再次查看 student 表的存储引擎，会发现 student 表的存储引擎变成了 MyISAM，SQL 语句和运行结果如下：

```
mysql> SHOW CREATE TABLE student;
*************************** 1. row ***************************
       Table: student
Create Table: CREATE TABLE `student` (
  `stuId` int(4) DEFAULT NULL,
  `id` int(4) DEFAULT NULL,
  `name` varchar(20) DEFAULT NULL,
  `stuno` int(11) DEFAULT NULL,
  `sex` char(1) DEFAULT NULL,
  `age` int(4) DEFAULT NULL,
  `stuId2` int(4) unsigned DEFAULT NULL
) ENGINE = MyISAM DEFAULT CHARSET = latin1
1 row in set (0.00 sec)
```

以上方法适用于修改单个表的存储引擎，如果希望修改默认的存储引擎，就需要修改 my-default. ini 配置文件。在 my-default. ini 配置文件的[mysqld]后面加入以下语句

default-storage-engine = 存储引擎名称

然后保存就可以了。

3.10 小结

本章主要介绍了数据库和表的操作，讲解了创建数据库、查看数据库、选择和删除数据库，同时介绍了创建表、查看表、删除表、修改表和设置表约束等操作。对于修改表操作，主要从修改表名、增加字段、删除字段和修改字段四方面来讲解。

通过对本章的学习，读者不仅能掌握数据库和表的基本概念，还能熟练掌握数据库和表的各种操作。

| 线上课堂——训练与测试 |

在线题库1

在线题库2

第 4 章　操作 MySQL 数据表

在 MySQL 数据库中，数据表是一种很重要的数据库对象，是组成数据库的基本元素，它由若干字段组成，主要用来存储数据记录。表的操作包含创建表、查看表、删除表和修改表，这些操作是表管理的基本操作。

学习目标

通过本章的学习，可以掌握在数据库中如何操作表，内容包含：
- 表的相关概念；
- 表的基本操作，创建、查看、更新和删除；
- 表的使用策略和约束条件。

4.1　数据表

每一个数据库都是由若干个数据表组成的。换句话说，没有数据表就无法在数据库中存放数据。比如，在电脑中创建一个空文件夹，如果要把"Hello Java 程序设计"存放到文件夹中，必须把它写在 Word 文档、记事本或其它能存放文本的文档中。这里的空文件夹就相当于数据库，存放文本的文档就相当于数据表。

4.1.1　表有关的概念

- 表结构：组成表的各列的名称及数据类型，称为表结构。
- 记录：每张表包含若干行数据，它们是表的"值"，表中的一行称为一条记录。因此，表是记录的有限集合。
- 字段：每条记录由若干数据项构成，构成记录的每个数据项称为字段。例如，有表结构 XSB(学号，姓名，性别，出生时间，专业，总学分，备注)，包含 7 个字段，由 21 条记录组成。
- 空值：空值(NULL)通常表示未知、不可用或将在以后添加的数据。若某列允许为空值，则向表中输入记录值时可不为该列给出具体值；若某列不允许为空值，则在输入时必须给出具体值。
- 关键字：若表中记录的某一字段或字段组合能唯一标志记录，则称该字段或字段组合为候选关键字(Candidate key)。若表中有多个候选关键字，则选定其中一个为主关键字(Primary key)，也称为主键。当表中仅有唯一的一个候选关键字时，该候选关键字就是主关键字，记录和列如图 4-1 所示。

图 4-1 记录和列

4.1.2 设计表结构

微课视频 4-1
表的经典设计方案

创建表的实质就是定义表结构，设置表和列的属性。创建表之前，先要确定表的名字、表的属性，同时确定表所包含的列名、列的数据类型、长度、是否为空值、默认值，哪些列是主键，哪些列是外键等，这些属性构成了表结构。

下面以学生管理系统的三个表为例介绍如何设计表的结构：学生表(表名为 XSB)、课程表(表名为 KCB)和成绩表(表名为 CJB)。

对于 XSB 表，其中"学号"列的数据是学生的学号，学号值有一定的意义。例如，"0410170112"中"04"表示学生的院系编码，"10"表示所属专业代码，"17"表示学生入学年份，"01"表示学生所在班级代码，"12"表示学生所在班级流水号，所以"学号"列的数据类型可以是 10 位定长字符型数据。"姓名"列记录学生的姓名，姓名一般不超过 4 个中文字符，所以可以是 8 位定长字符型数据。"性别"列有"男""女"两种值，默认是男。"出生时间"是日期类型数据，列类型定为 DATE。"专业"列为 12 位定长字符型数据。"总学分"列是整数型数据，值在 0～160，列类型定为 INT，默认是 0。"备注"列需要存放学生的备注信息，属于文本信息，所以应该使用 TEXT 类型。在 XSB 表中，只有"学号"列能唯一标识一个学生，所以将"学号"列设为该表的主键。XSB 表的结构如表 4-1 所示。

表 4-1 XSB 表的结构

列 名	数 据 类 型	长 度	是否可空	默 认 值	说 明
学号(xh)	定长字符型(CHAR)	10	×	无	主键，第 1～2 位表学院代码，3～4 位表专业代码，5～6 位年级，7～8 位班级号，最后 2 位为流水号

续表

列 名	数据类型	长 度	是否可空	默 认 值	说 明
姓名(name)	定长字符型(CHAR)	8	×	无	
性别	定长字符型(CHAR)	2	√	男	男；女
出生时间	日期型(DATE)	系统默认	√	无	
专业	定长字符型(CHAR)	12	√	无	
总学分	整数型(INT)	4	√	0	0≤总学分≤750
备注	文本型(TEXT)	系统默认	√	无	

参照 XSB 表结构的设计方法，同样可以设计出其他两个表的结构。表 4-2 所示为 KCB 的表结构，表 4-3 所示为 CJB 的表结构。

表 4-2　KCB 表的结构

列 名	数据类型	长 度	是否可空	默 认 值	说 明
课程号	定长字符型(CHAR)	3	×	无	主键
课程名	定长字符型(CHAR)	16	×	无	
开课学期	整数型(INT)	1	√	1	能为 1~8
学时	整数型(INT)	1	√	0	
学分	整数型(INT)	1	×	0	

表 4-3　CJB 表的结构

列 名	数据类型	长 度	是否可空	默 认 值	说 明
学号	定长字符型(CHAR)	10	×	无	主键
课程号	定长字符型(CHAR)	3	×	无	主键
成绩	整数型(INT)	4	√	0	

4.2　创建表

设计完表结构，就可以根据表结构创建表了。所谓创建表，就是在数据库中建立新表，该操作是进行其他表操作的基础。

4.2.1　创建表命令 CREATE

在 MySQL 中，可以使用 CREATE TABLE 语句创建表，其语法格式为：

```
CREATE [TEMPORARY] TABLE [IF NOT EXISTS]  表名 tbl _ name
(<列名 1> <数据类型> [<列选项>],
```

微课视频 4-2
表的创建

＜列名 2＞＜数据类型＞［＜列选项＞］,

…

＜表选项＞

)

下面对创建表命令的有关参数做说明。CREATE TABLE 用于创建给定名称的表，必须拥有表 CREATE 的权限。

＜表名＞指定要创建表的名称，在 CREATE TABLE 之后给出，必须符合标识符命名规则。表名称被指定为 db_name.tbl_name，以便在特定的数据库中创建表。无论是否有当前数据库，都可以通过这种方式创建。在当前数据库中创建表时，可以省略 db-name。如果使用加引号的识别名，则应对数据库和表名称分别加引号。例如，'mydb'.'mytbl'是合法的，但'mydb.mytbl'不合法。

默认的情况是，表被创建到当前数据库中。若表已存在、没有当前数据库或者数据库不存在，则会出现错误。

TEMPORARY 关键字表示用 CREATE 命令新建的表为临时表，不加该关键字创建的表通常称为持久表。在数据库中持久表一旦创建将一直存在，多个用户或者多个应用程序可以同时使用持久表。有时需要临时存放数据，例如临时存储复杂的 SELECT 语句的结果。此后，可能要重复地使用这个结果，但这个结果不需要永久保存。这时，可以使用临时表。用户可以像操作持久表那样操作临时表。只不过临时表的生命周期较短，而且只能对创建它的用户可见，当断开与该数据库的连接时，MySQL 会自动删除它们。

建表前加上一个判断 IF NOT EXISTS，只有该表目前尚不存在时才执行 CREATE TABLE 操作。用此选项可以避免出现表已经存在无法再新建的错误。

列选项主要有以下几种。

• NULL 或 NOT NULL：表示一列是否允许为空，NULL 表示可以为空，NOT NULL 表示不可以为空，如果不指定，则默认为 NULL。

• DEFAULT default_value：为列指定默认值，默认值 default_value 必须为一个常量。

• AUTO_INCREMENT：设置自增属性，只有整型列才能设置此属性。当插入 NULL 值或 0 到一个 AUTO_INCREMENT 列中时，列被设置为 value＋1，value 是此前表中该列的最大值。AUTO_INCREMENT 的顺序从 1 开始。每个表只能有一个 AUTO_INCREMENT 列，并且它必须被索引。

默认情况下，MySQL 自增型字段的值从 1 开始递增，步长为 1。在创建表时，设置自增型字段的语法格式如下：

Create table 表名(属性名　数据类型　auto_increment, …)

UNIQUE KEY ｜ PRIMARY KEY：UNIQUE KEY 和 PRIMARY KEY 都表示字段中的值是唯一的。PRIMARY KEY 表示设置为主键，一个表只能定义一个主键，主键必须为 NOT NULL。如果一个表的主键是单个字段，直接在该字段的数据类型或者其他约束条件后加上"primary key"关键字，即可将该字段设置为主键约束，语法规则如下：

CREATE TABLE tbl_name

(

字段名 数据类型 [其他约束条件]primary key,

<列名1> <数据类型> [<列选项>],

<列名2> <数据类型> [<列选项>],

…

<表选项>

)

在定义列选项的时候，可以将某列定义为 PRIMARY KEY，但是当主键是由多个列组成的多列索引时，定义列时无法定义此主键，这时就必须在语句最后加上一个由 PRIMARY KEY(col_name，…)子句定义的表选项，格式为：

CREATE TABLE tbl_name

(<列名1> <数据类型> [<列选项>],

<列名2> <数据类型> [<列选项>],

…

<表选项>

primary key(字段名1,字段名2)

)

另外，表选项中还可以定义索引和外键。

提示：使用 CREATE TABLE 创建表时，必须指定以下信息。要创建的表的名称不区分大小写，不能使用 SQL 语言中的关键字，如 DROP、ALTER、INSERT 等作为表名。数据表中每个列(字段)都要指定名称和数据类型，如果创建多个列，每个列之间要用逗号隔开。

4.2.2　为指定数据库创建表

数据表属于数据库，在创建数据表之前，应使用语句"USE <数据库>"指定将在哪个数据库中进行，如果没有选择数据库，就会抛出 No database selected 的错误。

【例 4.1】在测试数据库 test_db 下创建员工表 tb_emp1，表结构如表 4-4 所示。

表 4-4　表 tb_emp1 结构

字 段 名 称	数 据 类 型	备　注
id	INT(11)	员工编号
name	VARCHAR(25)	员工名称
deptld	INT(11)	所在部门编号
salary	FLOAT	工资

选择要创建表的数据库 test_db，创建 tb_emp1 数据表，输入的 SQL 语句和运行结果如下：

```
mysql> USE test_db;
Database changed
mysql> CREATE TABLE tb_emp1
    -> (
```

```
    -> id INT(11),
    -> name VARCHAR(25),
    -> deptId INT(11),
    -> salary FLOAT
    -> );
Query OK, 0 rows affected (0.37 sec)
```

语句执行后，便创建了一个名称为 tb_emp1 的数据表，可以使用"SHOW TA-BLES;"语句查看数据表是否创建成功。

```
mysql> SHOW TABLES;
+---------------------+
| Tables_in_test_db   |
+---------------------+
| tb_emp1             |
| student             |
+---------------------+
1 rows in set (0.00 sec)
```

4.3 显示表结构

4.3.1 查看表结构

▶ 1. DESCRIBE：以表格的形式展示表结构

DESCRIBE/DESC 语句会以表格的形式来展示表的字段信息，包括字段名、字段数据类型，是否为主键，是否有默认值等，语法格式如下：

DESCRIBE <表名>；

或简写成

DESC <表名>；

微课视频 4-3
查看表结构以及
表中的数据

【例 4.2】分别使用 DESCRIBE 和 DESC 查看表 tb_emp1 的表结构，SQL 语句和运行结果如下：

```
mysql> DESCRIBE tb_emp1;
+--------+-------------+------+-----+---------+-------+
| Field  | Type        | Null | Key | Default | Extra |
+--------+-------------+------+-----+---------+-------+
| id     | int(11)     | YES  |     | NULL    |       |
| name   | varchar(25) | YES  |     | NULL    |       |
| deptId | int(11)     | YES  |     | NULL    |       |
| salary | float       | YES  |     | NULL    |       |
+--------+-------------+------+-----+---------+-------+
4 rows in set (0.14 sec)
```

```
mysql> DESC tb_emp1;
+--------+-------------+------+-----+---------+-------+
| Field  | Type        | Null | Key | Default | Extra |
+--------+-------------+------+-----+---------+-------+
| id     | int(11)     | YES  |     | NULL    |       |
| name   | varchar(25) | YES  |     | NULL    |       |
| deptId | int(11)     | YES  |     | NULL    |       |
| salary | float       | YES  |     | NULL    |       |
+--------+-------------+------+-----+---------+-------+
4 rows in set (0.14 sec)
```

其中，各个字段的含义如下。

· Null：表示该列是否可以存储 NULL 值。

· Key：表示该列是否已编制索引。PRI 表示该列是表主键的一部分，UNI 表示该列是 UNIQUE 索引的一部分，MUL 表示在列中某个给定值允许出现多次。

· Default：表示该列是否有默认值，如果有，值是多少。

· Extra：表示可以获取的与给定列有关的附加信息，如 AUTO_INCREMENT 等。

▶ 2. 查看指定字段的信息

查看表的指定字段的信息，其语法格式如下：

```
{ DESCRIBE | DESC } 数据表名 字段名;
```

4.3.2 查看表的详细定义

▶ 1. 展示表结构

SHOW CREATE TABLE 命令会以 SQL 语句的形式来展示表信息。和 DESCRIBE 相比，SHOW CREATE TABLE 展示的内容更加丰富，它可以查看表的存储引擎和字符编码。另外，还可以通过"\g"或者"\G"参数来控制展示格式。

微课视频 4-4
查看建表语句

SHOW CREATE TABLE 的语法格式如下：

```
SHOW CREATE TABLE <表名>;
```

在 SHOW CREATE TABLE 语句的结尾处(分号前面)添加"\g"或者"\G"参数可以改变展示形式。

【例 4.3】使用 SHOW CREATE TABLE 语句查看表 tb_emp1 的详细信息。

一次使用"\g"结尾，一次不使用。

```
mysql> SHOW CREATE TABLE tb_emp1;
+---------+----------------------------------------------------+
| Table   | Create Table                                       |
+---------+----------------------------------------------------+
| tb_emp1 | CREATE TABLE `tb_emp1` (
  `id` int(11) DEFAULT NULL,
```

```
  ´name´ varchar(25) DEFAULT NULL,
  ´salary´ float DEFAULT NULL
) ENGINE = InnoDB DEFAULT CHARSET = gb2312 |
+----------+------------------------------------------------+
1 row in set (0. 01 sec)

mysql> SHOW CREATE TABLE tb _ emp1 \ g;
+----------+------------------------------------------------+
| Table    | Create Table                                   |
+----------+------------------------------------------------+
| tb _ emp1 | CREATE TABLE ´tb _ emp1´ (
  ´id´ int(11) DEFAULT NULL,
  ´name´ varchar(25) DEFAULT NULL,
  ´salary´ float DEFAULT NULL
) ENGINE = InnoDB DEFAULT CHARSET = gb2312 |
+----------+------------------------------------------------+
1 row in set (0. 00 sec)
```

SHOW CREATE TABLE 使用"\G"结尾的 SQL 语句和运行结果如下:

```
mysql> SHOW CREATE TABLE tb _ emp1 \ G;
*************************** 1. row ***************************
      Table: tb _ emp1
Create Table: CREATE TABLE ´tb _ emp1´ (
  ´id´ int(11) DEFAULT NULL,
  ´name´ varchar(25) DEFAULT NULL,
  ´deptId´ int(11) DEFAULT NULL,
  ´salary´ float DEFAULT NULL
) ENGINE = InnoDB DEFAULT CHARSET = gb2312
1 row in set (0. 03 sec)
```

▶ 2. 两种等价格式

语法格式 1:

```
SHOW [FULL] COLUMNS  FROM 数据表名 [FROM 数据库名];
```

语法格式 2:

```
SHOW [FULL] COLUMNS  FROM 数据库名 . 数据表名;
```

省略可选项 FULL,查询结果与 DESC 语法相同。添加可选项 FULL,可额外查看字段权限、COMMENT 字段注释等。上述语法中,"´数据表名 FROM 数据库名´"与"´数据库名 . 数据表名´"等价。

4.4 修改表结构

ALTER TABLE 用于更改原有的表结构。例如,可以增加或删减列,创建或取消索

引，更改原有列的类型，重新命名列或表，还可以更改表的描述和表
的类型。成熟的数据库设计，数据库的表结构一般不会发生变化。数
据库的表结构一旦发生变化，基于该表的视图、触发器、存储过程将
直接受到影响，甚至导致应用程序的修改。

微课视频 4-5
关于表结构的修改

修改表指的是修改数据库中已经存在的数据表的结构。在 MySQL
中可以使用 ALTER TABLE 语句来改变原有表的结构，例如增加或删
减列，更改原有列类型，重新命名列或表等。其语法格式如下：

```
ALTER TABLE <表名>
{ ADD COLUMN <列名> <类型>
| CHANGE COLUMN <旧列名> <新列名> <新列类型>
| ALTER COLUMN <列名> { SET DEFAULT <默认值> | DROP DEFAULT }
| MODIFY COLUMN <列名> <类型>
| DROP COLUMN <列名>
| RENAME TO <新表名>
| CHARACTER SET <字符集名>
| COLLATE <校对规则名> };
```

下面对 ALTER TABLE 语句中的修改子句做说明。

4.4.1　修改表名

MySQL 通过 ALTER TABLE 语句来实现表名的修改，语法规则如下：

```
ALTER TABLE <旧表名> RENAME [TO] <新表名>;
```

其中，TO 为可选参数，使用与否均不影响结果。

【例 4.4】使用 ALTER TABLE 将数据库 test_db 下的数据表 student 改名为 tb_students_info，SQL 语句和运行结果如下：

```
mysql>use test_db;
mysql> ALTER TABLE student RENAME TO tb_students_info;
Query OK, 0 rows affected (0.01 sec)

mysql> SHOW TABLES;
+--------------------+
| Tables_in_test_db |
+--------------------+
| tb_students_info  |
| tb_emp1           |
+--------------------+
1 row in set (0.00 sec)
```

另一种语法格式：

```
RENAME TABLE 旧表名1 TO 新表名1[, 旧表名2 TO 新表名2]...;
```

这种方式可以同时修改多个数据表的名称。

【例 4.5】用上述语法格式将数据库 test_db 中的 new_goods 表的名称修改为 my_goods;

```
mysql>USE test_db;
mysql> RENAME TABLE  new_goods  TO  my_goods;
Query OK, 0 rows affected (0.01 sec)
mysql> SHOW TABLES;
+----------------------+
| Tables_in_test_db |
+----------------------+
| xs                   |
| my_goods             |
| tb_students_info     |
| tb_emp1              |
+----------------------+
2 rows in set (0.00 sec)
```

提示：修改表名并不修改表的结构，因此修改名称后的表和修改名称前的表的结构是相同的。用户可以使用 DESC 命令查看修改后的表结构。

4.4.2 修改表的字符集

当向数据库 test_db 中的 xs 表(学号，姓名，入学日期)中插入一条记录，其姓名字段为中文"张三"。由于当前表的字符集不兼容中文字符，执行语句：

insert into xs values('0411190101','张三','2002-09-11');

结果如下：

```
mysql> insert into xs values('0411190101','张三','2002-09-11');
ERROR 1366 <HY000>:Incorrect string value:'\xD5\xC5\xC8\xFD'for column'姓名' at row 1
```

出现这种错误提示的原因是由于不兼容中文字符，因此我们需要修改数据库与表的字符集为 utf8。

修改数据库字符集的语法格式如下：

```
alter database 数据库名  character set 字符集名;
```

修改表的字符集的语法格式如下：

```
alter table 表名 default charset  字符集名;
```

如果出现由于不兼容中文字符所导致的错误提示，只需修改数据库 test_db 和其中的 xs 表的字符集为 utf8 就可以输入中文字符了。

修改数据库 test_db 字符集为 utf8 的语句：

```
alter database test_db character set utf8;
```

执行结果如下：

```
mysql> alter database test_db character set utf8;
Query OK, 1 rows affected (0.00 sec)
```

修改 xs 表的字符集为 utf8 语句:

```
alter tabble xs default charset utf8;
```

执行结果如下:

```
mysql> alter tabble xs default charset utf8;
Query OK, 0 rows affected (0. 11 sec)
Records : 0 Duplicates : Warnngs : 0
```

字符集修改成功后,成功向表中插入带中文字符姓名为"李四"的记录,执行语句:

```
insert into xs values('0411190211','李四','2001-08-11');
```

执行结果如下:

```
mysql> insert into xs values('0411190211','李四','2001-08-11');
Query OK, 1 rows affected (0. 03 sec)
```

再查询 xs 表中记录数据,执行"select * from xs;"语句,姓名为中文字符的"李四"记录已经成功插入表中,结果如下:

```
mysql> select *    from xs;
+-----------+--------+-------------+
| 学号      | 姓名   | 出生日期     |
+-----------+--------+-------------+
| 0411190211| 李四   | 2001-08-11  |
+-----------+--------+-------------+
1 rows in set (0. 00 sec)
```

当要显示当前数据库所支持的字符集,我们可以执行语句:

```
show variables like 'character%';
```

显示出的字符集如下:

```
mysql> show variables like 'character%';
+--------------------------+-------------------------------------------------+
| Variable _ name          | Value                                           |
+--------------------------+-------------------------------------------------+
| character _ set _ client      | gbk                                        |
| character _ set _ connection  | gbk                                        |
| character _ set _ database    | utf8                                       |
| character _ set _ filesystem  | binary                                     |
| character _ set _ results     | gbk                                        |
| character _ set _ server      | utf8                                       |
| character _ set _ system      | utf8                                       |
| character _ sets _ dir        | C: \ Program Files \ MySQL \ MySQL Server 5. 7 \ share \ charsets \ |
+--------------------------+-------------------------------------------------+
8 rows in set, 1 warning (0. 01 sec)
```

MySQL 通过 ALTER TABLE 语句来实现表字符集的修改,语法规则如下:

```
ALTER TABLE 表名 [DEFAULT] CHARACTER SET <字符集名> [DEFAULT] COLLATE <校对规则名>;
```

其中，DEFAULT 为可选参数，使用与否均不影响结果。

【例 4.6】使用 ALTER TABLE 将数据表 tb_students_info 的字符集修改为 gb2312，校对规则修改为 gb2312_chinese_ci。SQL 语句和运行结果如下：

```
mysql> ALTER TABLE tb_students_info CHARACTER SET gb2312  DEFAULT COLLATE gb2312_chinese_ci;
Query OK, 0 rows affected (0.08 sec)
Records: 0   Duplicates: 0   Warnings: 0

mysql> SHOW CREATE TABLE tb_students_info \ G
*************************** 1. row ***************************
Table: tb_students_info
Create Table: CREATE TABLE ´tb_students_info´ (
  ´id´ int(11) NOT NULL,
  ´name´ varchar(20) CHARACTER SET utf8 COLLATE utf8_unicode_ci DEFAULT NULL,
  PRIMARY KEY (´id´)
) ENGINE = MyISAM DEFAULT CHARSET = gb2312
1 row in set (0.00 sec)
```

4.4.3　添加字段

为 MySQL 数据表添加字段有三种方式，可分别在表结构头部、尾部和中间位置添加。

MySQL 数据表是由行和列构成的，通常把表的"列"称为字段(Field)，把表的"行"称为记录(Record)。随着业务的变化，可能需要在已有的表中添加新的字段。MySQL 允许在表结构的开头、中间和结尾处添加字段。

▶ 1. 在表结构末尾添加字段

一个完整的字段包括字段名、数据类型和约束条件。MySQL 中添加字段的语法格式如下：

```
ALTER TABLE <表名> ADD <新字段名><数据类型>[约束条件];
```

下面对该语法格式做说明。

• <表名>：为数据表的名字；

• <新字段名>：为所要添加的字段的名字；

• <数据类型>：为所要添加的字段能存储数据的数据类型；

• [约束条件]：可选，用来对添加的字段进行约束。

这种语法格式默认在表的最后位置(最后一列的后面)添加新字段。

【例 4.7】在 test_db 数据库中新建 student 数据表，SQL 语句和运行结果如下：

```
mysql> USE test_db;
Database changed
mysql> CREATE TABLE student (
    -> id INT(4),
```

```
- > name VARCHAR(20),
- > sex CHAR(1));
Query OK, 0 rows affected (0. 09 sec)
```

使用 DESC 查看 student 表结构，SQL 语句和运行结果如下：

```
mysql> DESC student;
+-------+-------------+------+-----+---------+-------+
| Field | Type        | Null | Key | Default | Extra |
+-------+-------------+------+-----+---------+-------+
| id    | int(4)      | YES  |     | NULL    |       |
| name  | varchar(20) | YES  |     | NULL    |       |
| sex   | char(1)     | YES  |     | NULL    |       |
+-------+-------------+------+-----+---------+-------+
3 rows in set (0. 01 sec)
```

使用 ALTER TABLE 语句添加一个 INT 类型的字段 age，SQL 语句和运行结果如下：

```
mysql> ALTER TABLE student ADD age INT(4);
Query OK, 0 rows affected (0. 16 sec)
Records: 0  Duplicates: 0  Warnings: 0
```

使用 DESC 查看 student 表结构，检验 age 字段是否添加成功。SQL 语句和运行结果如下：

```
mysql> DESC student;
+-------+-------------+------+-----+---------+-------+
| Field | Type        | Null | Key | Default | Extra |
+-------+-------------+------+-----+---------+-------+
| id    | int(4)      | YES  |     | NULL    |       |
| name  | varchar(20) | YES  |     | NULL    |       |
| sex   | char(1)     | YES  |     | NULL    |       |
| age   | int(4)      | YES  |     | NULL    |       |
+-------+-------------+------+-----+---------+-------+
4 rows in set (0. 00 sec)
```

由运行结果可以看到，student 表已经添加了 age 字段，该字段在表的最后一个位置，添加字段成功。

▶ 2. 在开头添加字段

MySQL 默认在表的最后位置添加新字段，如果希望在开头位置（第一列的前面）添加新字段，那么可以使用 FIRST 关键字，语法格式如下：

ALTER TABLE <表名> ADD <新字段名> <数据类型> [约束条件] FIRST;

FIRST 关键字一般放在语句的末尾。

【例 4.8】使用 ALTER TABLE 语句在表的第一列添加 INT 类型的字段 stuId，SQL 语句和运行结果如下：

```
mysql> ALTER TABLE student ADD stuId INT(4) FIRST;
Query OK, 0 rows affected (0.14 sec)
Records: 0  Duplicates: 0  Warnings: 0


mysql> DESC student;
+--------+-------------+------+-----+---------+-------+
| Field  | Type        | Null | Key | Default | Extra |
+--------+-------------+------+-----+---------+-------+
| stuId  | int(4)      | YES  |     | NULL    |       |
| id     | int(4)      | YES  |     | NULL    |       |
| name   | varchar(20) | YES  |     | NULL    |       |
| sex    | char(1)     | YES  |     | NULL    |       |
| age    | int(4)      | YES  |     | NULL    |       |
+--------+-------------+------+-----+---------+-------+
5 rows in set (0.00 sec)
```

由运行结果可以看到，student 表中已经添加了 stuId 字段，该字段在表中的第一个位置，添加字段成功。

▶ 3. 在中间位置添加字段

MySQL 除了允许在表的开头位置和末尾位置添加字段外，还允许在中间位置（指定的字段之后）添加字段，此时需要使用 AFTER 关键字，语法格式如下：

ALTER TABLE <表名> ADD <新字段名> <数据类型> [约束条件] AFTER <已经存在的字段名>;

AFTER 的作用是将新字段添加到某个已有字段的后面。

注意：MySQL 数据库只能在某个已有字段的后面添加新字段，不能在它的前面添加新字段。

【例 4.9】使用 ALTER TABLE 语句在 student 表中添加名为 stuno，数据类型为 INT 的字段，stuno 字段位于 name 字段的后面。SQL 语句和运行结果如下：

```
mysql> ALTER TABLE student ADD stuno INT(11) AFTER name;
Query OK, 0 rows affected (0.13 sec)
Records: 0  Duplicates: 0  Warnings: 0
mysql> DESC student;
+--------+-------------+------+-----+---------+-------+
| Field  | Type        | Null | Key | Default | Extra |
+--------+-------------+------+-----+---------+-------+
| stuId  | int(4)      | YES  |     | NULL    |       |
| id     | int(4)      | YES  |     | NULL    |       |
| name   | varchar(20) | YES  |     | NULL    |       |
| stuno  | int(11)     | YES  |     | NULL    |       |
| sex    | char(1)     | YES  |     | NULL    |       |
| age    | int(4)      | YES  |     | NULL    |       |
+--------+-------------+------+-----+---------+-------+
6 rows in set (0.00 sec)
```

由运行结果可以看到，student 表中已经添加了 stuno 字段，该字段在 name 字段后面的位置，添加字段成功。

4.4.4 修改字段

▶ 1. 修改字段的顺序

在 MySQL 中，仅修改数据表中已存在字段的顺序，通常使用"ALTER TABLE 数据表名 MODIFY"语句实现。语法格式如下：

```
ALTER TABLE 数据表名 MODIFY [COLUMN] 字段名 1 数据类型 [字段属性] [FIRST | AFTER 字段名 2];
```

FIRST 表示将"字段名 1"调整为数据表的第 1 个字段。

AFTER 字段名 2 表示将"字段名 1"插入"字段名 2"的后面。

【例 4.10】将表 tb_emp1 中字段 col2 的位置修改放至字段 sname 列之后。

执行命令语句：

Alter table tb_emp1 modify col2 int after sname;

再执行"desc t1;"命令语句，可以看到 t1 表结构如下：

```
mysql> ALTER TABLE tb_emp1
    -> modify col2 int after  sname ;
Query OK, 0 rows affected (0.16 sec)
Records: 0   Duplicates: 0   Warnings: 0
mysql> DESC tb_emp1;
+--------+-------------+------+-----+---------+-------+
| Field  | Type        | Null | Key | Default | Extra |
+--------+-------------+------+-----+---------+-------+
| col1   | int(11)     | YES  |     | NULL    |       |
| id     | int(11)     | YES  |     | NULL    |       |
| sname  | varchar(26) | YES  |     | NULL    |       |
| col2   | int(11)     | YES  |     | NULL    |       |
| deptId | int(11)     | YES  |     | NULL    |       |
| salary | float       | YES  |     | NULL    |       |
+--------+-------------+------+-----+---------+-------+
6 rows in set (0.00 sec)
```

注意：字段名 1 和字段名 2 必须是表中已存在的字段名。

▶ 2. 修改字段名称

MySQL 中修改表字段名的语法规则如下：

```
ALTER TABLE <表名> CHANGE <旧字段名> <新字段名> <新数据类型>;
```

下面对命令中的各参数做说明。

• 旧字段名：指修改前的字段名；

• 新字段名：指修改后的字段名；

• 新数据类型：指修改后的数据类型，如果不需要修改字段的数据类型，可以将新数据类型设置成与原来一样，但数据类型不能为空。

【例 4.11】使用 ALTER TABLE 修改表 tb_emp1 的结构，将 col1 字段名称改为 col3，数据类型不变，SQL 语句和运行结果如下：

```
mysql> ALTER TABLE tb_emp1
    -> CHANGE col1 col3 int;
Query OK, 0 rows affected (0.76 sec)
Records: 0  Duplicates: 0  Warnings: 0
mysql> DESC tb_emp1;
```

Field	Type	Null	Key	Default	Extra
col3	int(11)	YES		NULL	
id	int(11)	YES		NULL	
name	varchar(30)	YES		NULL	
col2	int(11)	YES		NULL	
deptId	int(11)	YES		NULL	
salary	float	YES		NULL	

```
5 rows in set (0.01 sec)
```

▶ 3. 修改字段的数据类型

修改字段的数据类型就是把字段的数据类型转换成另一种数据类型。在 MySQL 中修改字段数据类型的语法规则如下：

```
ALTER TABLE <表名> MODIFY <字段名> <数据类型>
```

下面对该命令的各个参数做说明。

- 表名：指要修改数据类型的字段所在表的名称；
- 字段名：指需要修改的字段；
- 数据类型：指修改后字段的新数据类型。

【例 4.12】使用 ALTER TABLE 修改表 tb_emp1 的结构，将 name 字段的数据类型由 VARCHAR(22)修改成 VARCHAR(30)，SQL 语句和运行结果如下：

```
mysql> ALTER TABLE tb_emp1
    -> MODIFY name VARCHAR(30);
Query OK, 0 rows affected (0.15 sec)
Records: 0  Duplicates: 0  Warnings: 0
mysql> DESC tb_emp1;
```

Field	Type	Null	Key	Default	Extra
col3	int(11)	YES		NULL	
id	int(11)	YES		NULL	
name	varchar(30)	YES		NULL	
col2	int(11)	YES		NULL	
deptId	int(11)	YES		NULL	

```
| salary  | float        | YES  |     | NULL    |        |
+---------+--------------+------+-----+---------+--------+
```
6 rows in set (0.00 sec)

语句执行后，发现表 tb＿emp1 中 name 字段的数据类型已经修改成 VARCHAR(30)，修改成功。

注意：若表中该列所存数据的数据类型与将要修改的列的类型冲突，则发生错误。例如，原来 CHAR 类型的列要修改成 INT 类型，而原来列值中有字符型数据"a"，则无法修改。

若用户插入信息中含有中文数据，将出现错误提示，可以修改数据表中对应字段的字符集，语法格式如下：

ALTER TABLE…MODIFY 字段名 数据类型 CHARACTER SET utf8;
ALTER TABLE…CHANGE 字段名 数据类型 CHARACTER SET utf8;

▶ 4. 同时修改字段名字和属性

在 MySQL 中修改数据表中的字段名的同时又修改字段的数据类型，通常使用 CHANGE 实现。语法格式如下：

Alter table 表名 change 旧属性名 新属性名 新数据类型;

【例 4.13】将表 tb＿emp1 字段 name 改为字段名为 sname，同时将数据类型由原来的 varchar(30) 改为属性 varchar(26)。

执行命令语句：

Alter table tb＿emp1 change name sname varchar(26);

执行结果如下：

```
mysql> ALTER TABLE tb＿emp1
    -> change name  sname VARCHAR(26);
Query OK, 0 rows affected (0.15 sec)
Records: 0  Duplicates: 0  Warnings: 0mysql> DESC tb＿emp1;
+---------+--------------+------+-----+---------+--------+
| Field   | Type         | Null | Key | Default | Extra  |
+---------+--------------+------+-----+---------+--------+
| col3    | int(11)      | YES  |     | NULL    |        |
| id      | int(11)      | YES  |     | NULL    |        |
| sname   | varchar(26)  | YES  |     | NULL    |        |
| col2    | int(11)      | YES  |     | NULL    |        |
| deptId  | int(11)      | YES  |     | NULL    |        |
| salary  | float        | YES  |     | NULL    |        |
+---------+--------------+------+-----+---------+--------+
```
6 rows in set (0.00 sec)

4.4.5 删除字段

删除字段是将数据表中的某个字段从表中移除，语法格式如下：

```
ALTER TABLE <表名> DROP <字段名>；
```

其中，"字段名"指需要从表中删除的字段的名称。

【例 4.14】使用 ALTER TABLE 修改表 tb_emp1 的结构，删除已有的 col2 字段，SQL 语句和运行结果如下：

```
mysql> ALTER TABLE tb_emp1
    -> DROP col2；
Query OK, 0 rows affected (0.53 sec)
Records: 0  Duplicates: 0  Warnings: 0

mysql> DESC tb_emp1；
+--------+-------------+------+-----+---------+-------+
| Field  | Type        | Null | Key | Default | Extra |
+--------+-------------+------+-----+---------+-------+
| col3   | int(11)     | YES  |     | NULL    |       |
| id     | int(11)     | YES  |     | NULL    |       |
| sname  | varchar(26) | YES  |     | NULL    |       |
| deptId | int(11)     | YES  |     | NULL    |       |
| salary | float       | YES  |     | NULL    |       |
+--------+-------------+------+-----+---------+-------+
5 rows in set (0.00 sec)
```

4.5 修改和设置表的约束

在 MySQL 中，约束是指对表中数据的一种约束，能够帮助数据库管理员更好地管理数据库，并且能够确保数据库中数据的正确性和有效性。例如，在数据表中存放年龄的值时，如果存入 200、300 这些无效的值就毫无意义了。因此，使用约束来限定表中的数据范围是很有必要的。

对于已经创建的表，虽然字段的数据类型决定了所能存储的数据类型，但是表中所存储的数据是否合法并没有进行规定。在具体使用 MySQL 软件时，如果想针对表中的数据做一些完整性检查，可以通过表的约束来完成。

微课视频 4-6
约束的作用及
常见约束

在 MySQL 中，主要支持 6 种约束，下面分别做介绍。

（1）非空约束

非空约束用来约束表中的字段不能为空。例如，在学生信息表中，如果不添加学生姓名，那么这条记录是没有用的。

（2）默认值约束

默认值约束用来约束当数据表中某个字段不输入值时，自动为其添加一个已经设置好的值。例如，在注册学生信息时，如果不输入学生的性别，那么会默认设置一个性别或者输入一个"未知"。

默认值约束通常用在已经设置了非空约束的列，这样能够防止数据表在录入数据时出现错误。

（3）唯一约束

唯一约束与主键约束有一个相似的地方，就是它们都能够确保列的唯一性。与主键约束不同的是，唯一约束在一个表中可以有多个，并且设置唯一约束的列是允许为空值的，虽然只能有一个空值。例如，在用户信息表中，要避免表中的用户名重名，就可以把用户名列设置为唯一约束。

（4）主键约束

主键约束是使用最频繁的约束。在设计数据表时，一般情况下都会要求为表设置一个主键。

主键是表的一个特殊字段，该字段能唯一标识该表中的每条信息。例如，学生信息表中的学号是唯一的。

（5）外键约束

外键约束经常和主键约束一起使用，用来确保数据的一致性。例如，一个水果摊，只有苹果、桃子、李子、西瓜4种水果，那么你来到水果摊要买水果只能选择苹果、桃子、李子和西瓜，不能购买其他的水果。

（6）检查约束

检查约束是用来检查数据表中字段值是否有效的手段。例如，学生信息表中的年龄字段不能为负数，并且数值也是有限制的。如果是大学生，年龄一般应该在18～30岁。在设置字段的检查约束时要根据实际情况进行设置，这样能够减少无效数据的输入。

以上6种约束中，一个数据表中只能有一个主键约束，其他约束可以有多个。

4.5.1 设置非空约束

MySQL非空约束指字段的值不能为空。对于使用了非空约束的字段，如果用户在添加数据时没有指定值，数据库系统就会报错。可以通过CREATE TABLE或ALTER TABLE语句实现。在表中某个列的定义后加上关键字NOT NULL作为限定词来约束该列的取值不能为空。比如，在用户信息表中，如果不添加用户名，那么这条用户信息就是无效的，这时就可以为用户名字段设置非空约束。

微课视频4-7
非空约束

▶ 1. 在创建表时设置非空约束

创建表时可以使用NOT NULL关键字设置非空约束，具体的语法格式如下：

<字段名> <数据类型> NOT NULL;

【例4.15】创建数据表tb_dept1，指定部门名称(name)不能为空，SQL语句和运行结果如下：

```
mysql> CREATE TABLE tb_dept1
    -> (
    -> id INT(11) PRIMARY KEY,
    -> name VARCHAR(22) NOT NULL,
    -> location VARCHAR(50)
```

```
    - > );
Query OK, 0 rows affected (0.37 sec)

mysql> DESC tb_dept4;
+----------+-------------+------+-----+---------+-------+
| Field    | Type        | Null | Key | Default | Extra |
+----------+-------------+------+-----+---------+-------+
| id       | int(11)     | NO   | PRI | NULL    |       |
| name     | varchar(22) | NO   |     | NULL    |       |
| location | varchar(50) | YES  |     | NULL    |       |
+----------+-------------+------+-----+---------+-------+
3 rows in set (0.06 sec)
```

▶ 2. 在修改表时添加非空约束

如果在创建表时忘记了为字段设置非空约束，也可以通过修改表进行非空约束的添加。

修改表时设置非空约束的语法格式如下：

```
ALTER TABLE <数据表名>
CHANGE COLUMN <字段名>
<字段名> <数据类型> NOT NULL;
```

【例 4.16】修改数据表 tb_dept1，指定部门位置不能为空，SQL 语句和运行结果如下：

```
mysql> ALTER TABLE tb_dept1
    - > CHANGE COLUMN location
    - > location VARCHAR(50) NOT NULL;
Query OK, 0 rows affected (0.15 sec)Records: 0  Duplicates: 0  Warnings: 0

mysql> DESC tb_dept1;
+----------+-------------+------+-----+---------+-------+
| Field    | Type        | Null | Key | Default | Extra |
+----------+-------------+------+-----+---------+-------+
| id       | int(11)     | NO   | PRI | NULL    |       |
| name     | varchar(22) | NO   |     | NULL    |       |
| location | varchar(50) | NO   |     | NULL    |       |
+----------+-------------+------+-----+---------+-------+
3 rows in set (0.00 sec)
```

▶ 3. 删除非空约束

修改表时删除非空约束的语法规则如下：

```
ALTER TABLE <数据表名>
CHANGE COLUMN <字段名> <字段名> <数据类型> NULL;
```

【例 4.17】修改数据表 tb_dept1，将部门位置的非空约束删除，SQL 语句和运行结果如下：

```
mysql> ALTER TABLE tb_dept1
    -> CHANGE COLUMN location
    -> location VARCHAR(50) NULL;
Query OK, 0 rows affected (0.15 sec)
Records: 0  Duplicates: 0  Warnings: 0


mysql> DESC tb_dept4;
+----------+-------------+------+-----+---------+-------+
| Field    | Type        | Null | Key | Default | Extra |
+----------+-------------+------+-----+---------+-------+
| id       | int(11)     | NO   | PRI | NULL    |       |
| name     | varchar(22) | NO   |     | NULL    |       |
| location | varchar(50) | YES  |     | NULL    |       |
+----------+-------------+------+-----+---------+-------+
3 rows in set (0.00 sec)
```

4.5.2 设置字段的默认值

为数据库表中插入一条新记录时,如果没有为某个字段赋值,那么数据库系统会自动为这个字段插入默认值。为了达到这种效果,可以通过 SQL 语句的关键字 DEFAULT 来设置。

▶ 1. 在创建表时设置默认值约束

创建表时可以使用 DEFAULT 关键字设置默认值约束,具体的语法格式如下:

<字段名> <数据类型> DEFAULT <默认值>;

其中,"默认值"为该字段设置的默认值,如果是字符类型,要用单引号括起来。

【例 4.18】创建数据表 tb_dept2,指定部门位置(location)默认为 Beijing,SQL 语句和运行结果如下:

```
mysql> CREATE TABLE tb_dept2
    ->( -> id INT(11) PRIMARY KEY,
    -> name VARCHAR(22),
    -> location VARCHAR(50) DEFAULT ´Beijing´
    -> );
Query OK, 0 rows affected (0.37 sec)


mysql> DESC tb_dept2;
+----------+-------------+------+-----+---------+-------+
| Field    | Type        | Null | Key | Default | Extra |
+----------+-------------+------+-----+---------+-------+
| id       | int(11)     | NO   | PRI | NULL    |       |
| name     | varchar(22) | YES  |     | NULL    |       |
| location | varchar(50) | YES  |     | Beijing |       |
+----------+-------------+------+-----+---------+-------+
3 rows in set (0.06 sec)
```

以上语句执行成功之后，表 tb_dept3 上的字段 location 拥有了默认值 Beijing，新插入的记录如果没有指定部门位置，则默认都为 Beijing。

注意：在创建表时为列添加默认值，可以一次为多个列添加默认值，需要注意不同列的数据类型。

▶ 2. 在修改表时添加默认值约束

修改表时添加默认值约束的语法格式如下：

```
ALTER TABLE <数据表名>
CHANGE COLUMN <字段名>
<字段名> <数据类型> DEFAULT <默认值>;
```

【例 4.19】修改数据表 tb_dept2，将部门位置的默认值修改为 Chongqing，SQL 语句和运行结果如下：

```
mysql> ALTER TABLE tb_dept2
    -> CHANGE COLUMN location
    -> location VARCHAR(50) DEFAULT ´Chongqing´;
Query OK, 0 rows affected (0.15 sec)
Records: 0  Duplicates: 0  Warnings: 0


mysql> DESC tb_dept2;
+----------+-------------+------+-----+-----------+-------+
| Field    | Type        | Null | Key | Default   | Extra |
+----------+-------------+------+-----+-----------+-------+
| id       | int(11)     | NO   | PRI | NULL      |       |
| name     | varchar(22) | YES  |     | NULL      |       |
| location | varchar(50) | YES  |     | Chongqing |       |
+----------+-------------+------+-----+-----------+-------+
3 rows in set (0.00 sec)
```

▶ 3. 删除默认值约束

当一个表中的列不需要设置默认值时，就需要从表中将其删除。

修改表时删除默认值约束的语法格式如下：

```
ALTER TABLE <数据表名>
CHANGE COLUMN <字段名> <字段名> <数据类型> DEFAULT NULL;
```

【例 4.20】修改数据表 tb_dept2，将部门位置的默认值约束删除，SQL 语句和运行结果如下：

```
mysql> ALTER TABLE tb_dept2
    -> CHANGE COLUMN location
    -> location VARCHAR(50) DEFAULT NULL;
Query OK, 0 rows affected (0.15 sec)
Records: 0  Duplicates: 0  Warnings: 0


mysql> DESC tb_dept2;
+----------+-------------+------+-----+-----------+-------+
```

```
| Field    | Type        | Null | Key | Default | Extra |
+----------+-------------+------+-----+---------+-------+
| id       | int(11)     | NO   | PRI | NULL    |       |
| name     | varchar(22) | YES  |     | NULL    |       |
| location | varchar(50) | YES  |     | NULL    |       |
+----------+-------------+------+-----+---------+-------+
3 rows in set (0.00 sec)
```

4.5.3　设置唯一约束

MySQL 唯一约束（Unique Key）是指所有记录中字段的值不能重复出现。例如，为 id 字段加上唯一性约束后，每条记录的 id 值都是唯一的，不能出现重复的情况。如果其中一条记录的 id 值为 0001，那么该表中就不能再出现另一条记录的 id 值也为 0001。

微课视频 4-8
唯一约束

唯一约束与主键约束相似，它们都可以确保列的唯一性。不同的是，唯一约束在一个表中可有多个，并且设置唯一约束的列允许有空值，但是只能有一个空值。而主键约束在一个表中只能有一个，且不允许有空值。比如，在用户信息表中，为了避免表中用户名重名，可以把用户名设置为唯一约束。

▶ 1. 在创建表时设置唯一约束

唯一约束可以在创建表时直接设置，通常设置在除了主键以外的其他列上。

在定义完列之后直接使用 UNIQUE 关键字指定唯一约束，语法格式如下：

＜字段名＞ ＜数据类型＞ UNIQUE

【例 4.21】创建数据表 tb_dept3，指定部门的名称唯一，SQL 语句和运行结果如下：

```
mysql> CREATE TABLE tb_dept3
    -> (
    -> id INT(11) PRIMARY KEY,
    -> name VARCHAR(22) UNIQUE,
    -> location VARCHAR(50)
    -> );
Query OK, 0 rows affected (0.37 sec)

mysql> DESC tb_dept3;
+----------+-------------+------+-----+---------+-------+
| Field    | Type        | Null | Key | Default | Extra |
+----------+-------------+------+-----+---------+-------+
| id       | int(11)     | NO   | PRI | NULL    |       |
| name     | varchar(40) | YES  | UNI | NULL    |       |
| location | varchar(50) | YES  |     | NULL    |       |
+----------+-------------+------+-----+---------+-------+
3 rows in set (0.08 sec)
```

▶ 2. 在修改表时添加唯一约束

在修改表时添加唯一约束的语法格式为：

ALTER TABLE <数据表名> ADD CONSTRAINT <唯一约束名> UNIQUE(<列名>);

【例 4.22】在 test_db 数据库中创建一个部门表 tb_dep4，表结构如表 4-5 所示。

表 4-5 部 门 表

字 段 名 称	数 据 类 型	备 注
id	INT(11)	部门编号
name	VARCHAR(22)	部门名称
location	VARCHAR(22)	部门位置

创建 tb_dept4 的 SQL 语句和运行结果如下：

```
mysql> CREATE TABLE tb_dept4
   -> (
   -> id INT(11) PRIMARY KEY,
   -> name VARCHAR(22) NOT NULL,
   -> location VARCHAR(50)
   -> );
Query OK, 0 rows affected (0.37 sec)
```

修改数据表 tb_dept4，指定部门的名称唯一，SQL 语句和运行结果如下：

```
mysql> ALTER TABLE tb_dept4
   -> ADD CONSTRAINT unique_name UNIQUE (name);Query OK, 0 rows affected (0.63 sec)
Records: 0  Duplicates: 0  Warnings: 0


mysql> DESC tb_dept1;
+----------+-------------+------+-----+---------+-------+
| Field    | Type        | Null | Key | Default | Extra |
+----------+-------------+------+-----+---------+-------+
| id       | int(11)     | NO   | PRI | NULL    |       |
| name     | varchar(22) | NO   | UNI | NULL    |       |
| location | varchar(50) | YES  |     | NULL    |       |
+----------+-------------+------+-----+---------+-------+
3 rows in set (0.00 sec)
```

▶ 3. 删除唯一约束

在 MySQL 中删除唯一约束的语法格式如下：

ALTER TABLE <表名> DROP INDEX <唯一约束名>;

【例 4.23】删除数据表 tb_dept4 中的唯一约束 unique_name，SQL 语句和运行结果如下：

```
mysql> ALTER TABLE tb_dept4
```

```
    - > DROP INDEX unique _ name;
Query OK, 0 rows affected (0.20 sec)
Records: 0  Duplicates: 0  Warnings: 0

mysql> DESC tb _ dept4;
+----------+-------------+------+-----+---------+-------+
| Field    | Type        | Null | Key | Default | Extra |
+----------+-------------+------+-----+---------+-------+
| id       | int(11)     | NO   | PRI | NULL    |       |
| name     | varchar(22) | NO   |     | NULL    |       |
| location | varchar(50) | YES  |     | NULL    |       |
+----------+-------------+------+-----+---------+-------+
3 rows in set (0.00 sec)
```

4.5.4 设置主键约束

主键(PRIMARY KEY)的完整称呼是"主键约束",是 MySQL 中使用最为频繁的约束。一般情况下,为了便于 DBMS 更快地查找到表中的记录,都会在表中设置主键。主键分为单字段主键和多字段联合主键,本节将分别讲解这两种主键约束的创建、修改和删除方法。使用主键应注意以下几点。

微课视频 4-9
主键约束

• 每个表只能定义一个主键。

• 主键值必须唯一标识表中的每一行,且不能为 NULL,即表中不可能存在有相同主键值的两行数据。这是唯一性原则。

• 一个字段名只能在联合主键字段表中出现一次。

• 联合主键不能包含不必要的多余字段。当把联合主键的某一字段删除后,如果剩下的字段构成的主键仍然满足唯一性原则,那么这个联合主键是不正确的。这是最小化原则。

▶ 1. 在创建表时设置主键约束

在创建数据表时设置主键约束,既可以为表中的一个字段设置主键,也可以为表中多个字段设置联合主键。但是不论使用哪种方法,在一个表中主键只能有一个。下面分别讲解设置单字段主键和多字段联合主键的方法。

(1)设置单字段主键

在 CREATE TABLE 语句中,通过 PRIMARY KEY 关键字来指定主键。

在定义字段的同时指定主键,语法格式如下:

<字段名> <数据类型> PRIMARY KEY [默认值]

【例 4.24】在 test _ db 数据库中创建 tb _ emp2 数据表,其主键为 id,SQL 语句和运行结果如下:

```
mysql> CREATE TABLE tb _ emp2
    -> (
    -> id INT(11) PRIMARY KEY,
```

```
    -> name VARCHAR(25),
    -> deptId INT(11),
    -> salary FLOAT
    -> );
Query OK, 0 rows affected (0.37 sec)
mysql> DESC tb_emp2;
```

```
+----------+-------------+------+-----+---------+-------+
| Field    | Type        | Null | Key | Default | Extra |
+----------+-------------+------+-----+---------+-------+
| id       | int(11)     | NO   | PRI | NULL    |       |
| name     | varchar(25) | YES  |     | NULL    |       |
| deptId   | int(11)     | YES  |     | NULL    |       |
| salary   | float       | YES  |     | NULL    |       |
+----------+-------------+------+-----+---------+-------+
4 rows in set (0.14 sec)
```

也可以在定义完所有字段之后指定主键，语法格式如下：

[CONSTRAINT <约束名>] PRIMARY KEY [字段名]

【例 4.25】在 test_db 数据库中创建 tb_emp3 数据表，其主键为 id，SQL 语句和运行结果如下：

```
mysql> CREATE TABLE tb_emp3
    -> (
    -> id INT(11),
    -> name VARCHAR(25),
    -> deptId INT(11),
    -> salary FLOAT,
    -> PRIMARY KEY(id)
    -> );
Query OK, 0 rows affected (0.37 sec)
mysql> DESC tb_emp3;
```

```
+----------+-------------+------+-----+---------+-------+
| Field    | Type        | Null | Key | Default | Extra |
+----------+-------------+------+-----+---------+-------+
| id       | int(11)     | NO   | PRI | NULL    |       |
| name     | varchar(25) | YES  |     | NULL    |       |
| deptId   | int(11)     | YES  |     | NULL    |       |
| salary   | float       | YES  |     | NULL    |       |
+----------+-------------+------+-----+---------+-------+
4 rows in set (0.14 sec)
```

（2）在创建表时设置联合主键

联合主键由一张表中多个字段组成。设置学生选课数据表时，使用学生编号做主键还是用课程编号做主键呢？如果用学生编号做主键，那么一个学生就只能选择一门课程。如果用课程编号做主键，那么一门课程只能有一个学生来选。显然，这两种情况都是不符合实际情况的。

　　　设计学生选课表，要限定一个学生只能选择同一课程一次。因此，学生编号和课程编号可以放在一起共同作为主键，即联合主键。

　　　主键由多个字段联合组成，语法格式如下：

PRIMARY KEY [字段 1,字段 2,…,字段 n]

　　　注意：当主键是由多个字段组成时，不能直接在字段名后面声明主键约束。

　　　【例 4.26】创建数据表 tb _ emp4，假设表中没有主键 id，为了唯一确定一个员工，可以把 name、deptId 联合起来作为主键，SQL 语句和运行结果如下：

```
mysql> CREATE TABLE tb _ emp4
    -> (
    -> name VARCHAR(25),
    -> deptId INT(11),
    -> salary FLOAT,
    -> PRIMARY KEY(id,deptId)
    -> );
Query OK, 0 rows affected (0.37 sec)
mysql> DESC tb _ emp4;
```

Field	Type	Null	Key	Default	Extra
name	varchar(25)	NO	PRI	NULL	
deptId	int(11)	NO	PRI	NULL	
salary	float	YES		NULL	

```
3 rows in set (0.14 sec)
```

▶ 2. 在修改表时添加主键约束

　　　主键约束不仅可以在创建表的同时创建，也可以在修改表时添加。需要注意的是，设置成主键约束的字段不允许有空值。

　　　在修改数据表时添加主键约束的语法格式如下：

ALTER TABLE <数据表名> ADD PRIMARY KEY(<字段名>);

　　　假设数据表 tb _ emp5 已建好，查看 tb _ emp5 数据表的表结构，SQL 语句和运行结果如下：

```
mysql> DESC tb _ emp5;
```

Field	Type	Null	Key	Default	Extra
id	int(11)	NO		NULL	
name	varchar(30)	YES		NULL	
deptId	int(11)	YES		NULL	
salary	float	YES		NULL	

4 rows in set (0.14 sec)

【例 4.27】修改数据表 tb＿emp5，将字段 id 设置为主键，SQL 语句和运行结果如下：

mysql＞ ALTER TABLE tb＿emp5

－＞ ADD PRIMARY KEY(id);

Query OK, 0 rows affected (0.94 sec)

Records: 0 Duplicates: 0 Warnings: 0

mysql＞ DESC tb＿emp5;

Field	Type	Null	Key	Default	Extra
id	int(11)	NO	PRI	NULL	
name	varchar(30)	YES		NULL	
deptId	int(11)	YES		NULL	
salary	float	YES		NULL	

4 rows in set (0.12 sec)

通常情况下，当在修改表时设置表中某个字段的主键约束，要确保设置成主键约束的字段中值不能够有重复的，并且要保证是非空的，否则无法设置主键约束。

▶ 3. 删除主键约束

当一个表中不需要主键约束时，就需要从表中将其删除。删除主键约束的方法要比创建主键约束容易得多。

删除主键约束的语法格式如下：

ALTER TABLE ＜数据表名＞ DROP PRIMARY KEY;

【例 4.28】删除 tb＿emp5 表中的主键约束，SQL 语句和运行结果如下：

mysql＞ ALTER TABLE tb＿emp5

－＞ DROP PRIMARY KEY;

Query OK, 0 rows affected (0.94 sec)

Records: 0 Duplicates: 0 Warnings: 0

由于主键约束在一个表中只能有一个，因此不需要指定主键名就可以删除一个表中的主键约束。

4.5.5　设置外键约束

MySQL 外键约束（FOREIGN KEY）是表的一个特殊字段，经常与主键约束一起使用。对于两个具有关联关系的表而言，相关联字段中主键所在的表就是主表（父表），外键所在的表就是从表（子表）。

外键用来建立主表与从表的关联，为两个表的数据建立连接，约束两个表中数据的一致性和完整性。比如，一个水果摊，只有苹果、桃子、李子、西瓜等 4 种水果，那么你来到水果摊要买水果就只能选择苹果、桃子、李子和西瓜，其他的水果都不能购买。

微课视频 4-10
外键约束

主表删除某条记录时，从表中与之对应的记录也必须有相应的改变。一个表可以有一个或多个外键，外键可以为空值，若不为空值，则每一个外键的值都必须等于主表中主键的某个值。

定义外键时，需要遵守下列规则：

• 主表必须已经存在于数据库中，或者是当前正在创建的表。如果是后一种情况，则主表与从表是同一个表，这样的表称为自参照表，这种结构称为自参照完整性。

• 必须为主表定义主键。

• 主键不能包含空值，但允许在外键中出现空值。也就是说，只要外键的每个非空值出现在指定的主键中，这个外键的内容就是正确的。

• 在主表的表名后面指定列名或列名的组合。这个列或列的组合必须是主表的主键或候选键。

• 外键中列的数目必须和主表的主键中列的数目相同。

• 外键中列的数据类型必须和主表主键对应列的数据类型相同。

▶ 1. 在创建表时设置外键约束

在 CREATE TABLE 语句中，通过 FOREIGN KEY 关键字来指定外键，具体的语法格式如下：

```
[CONSTRAINT <外键名>] FOREIGN KEY 字段名 [,字段名 2,…]
REFERENCES <主表名> 主键列 1 [,主键列 2,…]
```

【例 4.29】为了展现表与表之间的外键关系，本例在 test_db 数据库中创建一个部门表 tb_emp6，并在表 tb_emp6 上创建外键约束，让它的键 deptId 作为外键关联到表 tb_dept4 的主键 id，SQL 语句和运行结果如下：

```
mysql> CREATE TABLE tb_emp6
    -> (
    -> id INT(11) PRIMARY KEY,
    -> name VARCHAR(25),
    -> deptId INT(11),
    -> salary FLOAT,
    -> CONSTRAINT fk_emp_dept4
    -> FOREIGN KEY(deptId) REFERENCES tb_dept4(id)
    -> );
Query OK, 0 rows affected (0.37 sec)

mysql> DESC tb_emp6;
+--------+-------------+------+-----+---------+-------+
| Field  | Type        | Null | Key | Default | Extra |
+--------+-------------+------+-----+---------+-------+
| id     | int(11)     | NO   | PRI | NULL    |       |
| name   | varchar(25) | YES  |     | NULL    |       |
| deptId | int(11)     | YES  | MUL | NULL    |       |
| salary | float       | YES  |     | NULL    |       |
+--------+-------------+------+-----+---------+-------+
```

4 rows in set (1. 33 sec)

以上语句执行成功之后，在表 tb_emp6 上添加了名称为 fk_emp_dept4 的外键约束，外键名称为 deptId，其依赖于表 tb_dept4 的主键 id。

注意： 从表的外键关联的必须是主表的主键，且主键和外键的数据类型必须一致。例如，两者都是 INT 类型，或者都是 CHAR 类型。如果不满足这样的要求，在创建从表时，就会出现"ERROR 1005(HY000)：Can't create table"错误。

▶ 2. 在修改表时添加外键约束

外键约束也可以在修改表时添加，但是添加外键约束的前提是，从表中外键列中的数据必须与主表中主键列中的数据一致或者没有数据。

在修改数据表时添加外键约束的语法格式如下：

```
ALTER TABLE <数据表名> ADD CONSTRAINT <外键名>
FOREIGN KEY(<列名>) REFERENCES <主表名> (<列名>);
```

【例 4.30】修改数据表 tb_emp5，将字段 deptId 设置为外键，与数据表 tb_dept4 的主键 id 进行关联，SQL 语句和运行结果如下：

```
mysql> ALTER TABLE tb_emp5
    -> ADD CONSTRAINT fk_tb_dept4
    -> FOREIGN KEY(deptId)  -> REFERENCES tb_dept4(id);
Query OK, 0 rows affected (1. 38 sec)
Records: 0  Duplicates: 0  Warnings: 0

mysql> SHOW CREATE TABLE tb_emp5 \ G
*************************** 1. row ***************************
       Table: tb_emp5
Create Table: CREATE TABLE `tb_emp5` (
  `id` int(11) NOT NULL,
  `name` varchar(30) DEFAULT NULL,
  `deptId` int(11) DEFAULT NULL,
  `salary` float DEFAULT NULL,
  PRIMARY KEY (`id`),
  KEY `fk_tb_dept6` (`deptId`),
  CONSTRAINT `fk_tb_dept4` FOREIGN KEY (`deptId`) REFERENCES `tb_dept4` (`id`)
) ENGINE = InnoDB DEFAULT CHARSET = gb2312
1 row in set (0. 12 sec)
```

注意： 在为已经创建的数据表添加外键约束时，要确保添加外键约束的列的值全部来源于主键列，并且外键列不能为空。

▶ 3. 删除外键约束

当一个表中不需要外键约束时，就需要从表中将其删除。外键一旦删除，就会解除主表和从表间的关联关系。

删除外键约束的语法格式如下：

```
ALTER TABLE <表名> DROP FOREIGN KEY <外键约束名>;
```

【例 4.31】删除数据表 tb _ emp5 中的外键约束 fk _ tb _ dept4，SQL 语句和运行结果如下：

```
mysql> ALTER TABLE tb _ emp5
  -> DROP FOREIGN KEY fk _ tb _ dept4;
Query OK, 0 rows affected (0. 19 sec)
Records: 0  Duplicates: 0  Warnings: 0

mysql> SHOW CREATE TABLE tb _ emp5 \ G
***************************** 1. row *****************************
      Table: tb _ emp5
Create Table: CREATE TABLE ´tb _ emp5´ (
  ´id´ int(11) NOT NULL,
  ´name´ varchar(30) DEFAULT NULL,
  ´deptId´ int(11) DEFAULT NULL,
  ´salary´ float DEFAULT NULL,
  PRIMARY KEY (´id´),
  KEY ´fk _ tb _ dept4´ (´deptId´)) ENGINE = InnoDB DEFAULT CHARSET = gb2312
1 row in set (0. 00 sec)
```

可以看到，tb _ emp5 中已经不存在 FOREIGN KEY，原有的名称为 fk _ emp _ dept4 的外键约束删除成功。

4.5.6　MySQL 检查约束

MySQL 检查约束(CHECK)是用来检查数据表中字段值有效性的一种手段，可以通过 CREATE TABLE 或 ALTER TABLE 语句实现。设置检查约束时要根据实际情况进行设置，这样能够减少无效数据的输入。前面讲解的默认值约束和非空约束也可看作是特殊的检查约束。

检查约束使用 CHECK 关键字，具体的语法格式如下：

CHECK ＜表达式＞

其中，"表达式"指的就是 SQL 表达式，用于指定需要检查的限定条件。若将 CHECK 约束子句置于表中某个列的定义之后，则这种约束也称为基于列的 CHECK 约束。在更新表数据的时候，系统会检查更新后的数据行是否满足 CHECK 约束中的限定条件。MySQL 可以使用简单的表达式来实现 CHECK 约束，也允许使用复杂的表达式作为限定条件，例如在限定条件中加入子查询。

注意：若将 CHECK 约束子句置于所有列的定义以及主键约束和外键定义之后，则这种约束也称为基于表的 CHECK 约束。该约束可以同时对表中多个列设置限定条件。

▶ 1. 在创建表时设置检查约束

一般情况下，如果系统的表结构已经设计完成，那么在创建表时就可以为字段设置检查约束了。创建表时设置检查约束的语法格式如下：

CHECK(＜检查约束＞)

【例4.32】在 test_db 数据库中创建 tb_emp6 数据表，要求 salary 字段值大于0且小于10000，SQL 语句和运行结果如下：

```
mysql> CREATE TABLE tb_emp6
  -> (
  -> id INT(11) PRIMARY KEY,
  -> name VARCHAR(25),
  -> deptId INT(11),
  -> salary FLOAT,
  -> CHECK(salary>0 AND salary<100),
  -> FOREIGN KEY(deptId) REFERENCES tb_dept4(id)
  -> );
Query OK, 0 rows affected (0.37 sec)
```

▶ 2. 在修改表时添加检查约束

如果一个表创建完成，可以通过修改表的方式为表添加检查约束。修改表时设置检查约束的语法格式如下：

```
ALTER TABLE <表名> ADD CONSTRAINT <检查约束名> CHECK(<检查约束>)
```

【例4.33】修改 tb_emp6 数据表，要求 id 字段值大于0，SQL 语句和运行结果如下：

```
mysql> ALTER TABLE tb_emp6
  -> ADD CONSTRAINT check_id
  -> CHECK(id>0);
Query OK, 0 rows affected (0.19 sec)
Records: 0  Duplicates: 0  Warnings: 0
```

▶ 3. 删除检查约束

修改表时删除检查约束的语法格式如下：

```
ALTER TABLE <数据表名> DROP CONSTRAINT <检查约束名>;
```

【例4.34】删除 tb_emp6 表中的 check_id 检查约束，SQL 语句和运行结果如下：

```
mysql> ALTER TABLE tb_emp6
  -> DROP CONSTRAINT check_id;
Query OK, 0 rows affected (0.19 sec)
Records: 0  Duplicates: 0  Warnings: 0
```

4.5.7 设置字段值自动增加

▶ 1. 主键自增长

在 MySQL 中，当主键定义为自增长后，这个主键的值就不再需要用户输入数据了，而由数据库系统根据定义自动赋值。每增加一条记录，主键会自动以相同的步长进行增长。

通过给字段添加 AUTO_INCREMENT 属性来实现主键自增长。语法格式如下：

微课视频4-11
主键值自增

字段名 数据类型 AUTO ＿ INCREMENT

下面对该命令中的参数做说明。

·默认情况下，AUTO ＿ INCREMENT 的初始值是 1，每新增一条记录，字段值自动加 1。

·一个表中只能有一个字段使用 AUTO ＿ INCREMENT 约束，且该字段必须有唯一索引，以避免序号重复（即为主键或主键的一部分）。

·AUTO ＿ INCREMENT 约束的字段必须具备 NOT NULL 属性。

·AUTO ＿ INCREMENT 约束的字段只能是整数类型（TINYINT、SMALLINT、INT、BIGINT 等）。

·AUTO ＿ INCREMENT 约束字段的最大值受该字段的数据类型约束，如果达到上限，AUTO ＿ INCREMENT 就会失效。

【例 4.35】定义数据表 tb ＿ student，指定表中 id 字段递增，SQL 语句和运行结果如下：

```
mysql> CREATE TABLE tb _ student(
   -> id INT(4) PRIMARY KEY AUTO _ INCREMENT,
   -> name VARCHAR(25) NOT NULL
   -> );
Query OK, 0 rows affected (0.07 sec)
```

上述语句执行成功后，会创建名为 tb ＿ kc 的数据表。其中，id 为主键，每插入一条新记录，id 的值就会在前一条记录的基础上自动加 1。name 为非空字段，该字段的值不能为空值（NULL）。

向 tb ＿ kc 表中插入数据，SQL 语句如下：

```
INSERT INTO tb _ kc(name) VALUES('Java')('MySQL')('Python');
```

语句执行完后，tb ＿ kc 表中增加了 3 条记录，在这里并没有输入 id 的值，但系统已经自动添加该值。使用 SELECT 命令查看记录：

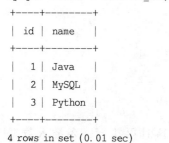

```
mysql> SELECT * FROM tb _ kc;
+----+--------+
| id | name   |
+----+--------+
|  1 | Java   |
|  2 | MySQL  |
|  3 | Python |
+----+--------+
4 rows in set (0.01 sec)
```

加上 AUTO ＿ INCREMENT 约束条件后，字段中的每个值都是自动增加的。因此，这个字段不可能出现相同的值。通常情况下，AUTO ＿ INCREMENT 都是作为 id 字段的约束条件，并且将 id 字段作为表的主键。

▶ 2. 指定自增字段初始值

如果第一条记录设置了该字段的初始值，那么新增加的记录就从这个初始值开始自增。例如，如果表中插入的第一条记录的id值设置为5，那么再插入记录时，id值就会从5开始往上增加。

【例4.36】创建表tb_kc2，指定主键从100开始自增长。SQL语句和运行结果如下：

```
mysql> CREATE TABLE tb_kc2 (
    -> id INT NOT NULL AUTO_INCREMENT,
    -> name VARCHAR(20) NOT NULL,
    -> PRIMARY KEY(ID)
    -> )AUTO_INCREMENT = 100;
Query OK, 0 rows affected (0.03 sec)
```

向tb_kc2表中插入数据，并使用SELECT命令查询表中记录。

```
mysql> INSERT INTO tb_kc2 (name)VALUES('Java');
Query OK, 1 row affected (0.07 sec)

mysql> SELECT * FROM tb_kc2;
+-----+------+
| id  | name |
+-----+------+
| 100 | Java |
+-----+------+
```

可以看出，id值从100开始自动增长。

▶ 3. 自增字段值不连续

下面我们通过一个实例来分析自增字段的值为什么不连续。

【例4.37】创建表tb_student，其中id是自增主键字段，name是唯一索引，SQL语句和执行结果如下：

```
mysql> CREATE TABLE tb_student (
    -> id INT PRIMARY KEY AUTO_INCREMENT,
    -> name VARCHAR(20) UNIQUE KEY,
    -> age INT DEFAULT NULL
    -> );
Query OK, 0 rows affected (0.04 sec)
```

向tb_student表中插入数据，SQL语句如下：

```
INSERT INTO tb_student VALUES(1,1,1);
```

此时，表tb_student中已经有了(1，1，1)这条记录，这时再执行一条插入数据命令：

```
mysql> INSERT INTO tb_student VALUES(null,1,1);
ERROR 1062 (23000): Duplicate entry '1' for key 'name'
```

由于表中已经存在name=1的记录，所以报Duplicate key error(唯一键冲突)。在这之后，再插入新的数据，自增id就是3，这样就出现了自增字段值不连续的情况。

4.6 向表中添加数据

4.6.1 添加数据(INSERT)

数据库与表创建成功以后，需要向数据库的表中插入数据。在 MySQL 中可以使用 INSERT 语句向数据表中插入一行或者多行元组数据。

▶ 1. 基本语法

INSERT 语句有两种语法形式，分别是 INSERT…VALUES 语句和 INSERT…SET 语句。

(1) INSERT…VALUES 语句

INSERT VALUES 的语法格式为：

```
INSERT INTO <表名> [ <列名1> [, … <列名n>] ]
VALUES (值1) […, (值n)];
```

其中，<表名>指定被操作的表名。<列名>指定需要插入数据的列名。若向表中的所有列插入数据，则全部的列名均可以省略，直接采用 INSERT<表名>VALUES(…)即可。VALUES 或 VALUE 子句包含要插入的数据清单。数据清单中数据的顺序要和列的顺序相对应。

(2) INSERT…SET 语句

语法格式为：

```
INSERT INTO <表名>
SET <列名1> = <值1>,
<列名2> = <值2>,
        …
```

此语句用于直接给表中的某些列指定对应的列值，即要插入数据的列名在 SET 子句中指定，col_name 为指定的列名，等号后面为指定的数据。对于未指定的列，列值会指定为该列的默认值。

由 INSERT 语句的两种形式可以看出：

• 使用 INSERT…VALUES 语句可以向表中插入一行数据，也可以插入多行数据；

• 使用 INSERT…SET 语句可以指定插入行中每列的值，也可以指定部分列的值；

• INSERT…SELECT 语句向表中插入其他表的数据；

• 采用 INSERT…SET 语句可以向表中插入部分列的值，这种方式更为灵活；

• INSERT…VALUES 语句可以一次插入多条数据。

在 MySQL 中，用单条 INSERT 语句处理多个插入要比使用多条 INSERT 语句更快。当使用单条 INSERT 语句插入多行数据的时候，只需要将每行数据用圆括号括起来即可。

▶ 2. 为表中的全部字段添加值

在 test_db 数据库中创建一个课程信息表 tb_courses，包含课程编号 course_id、课程名称 course _ name、课程学分 course _ grade 和课程备注 course _ info，输入的 SQL 语句和执行结果如下：

```
mysql> CREATE TABLE tb _ courses
    -> (
    -> course _ id INT NOT NULL AUTO _ INCREMENT,
    -> course _ name CHAR(40) NOT NULL,
    -> course _ grade FLOAT NOT NULL,
    -> course _ info CHAR(100) NULL,
    -> PRIMARY KEY(course _ id)
    -> );
Query OK, 0 rows affected (0.00 sec)
```

向表中所有字段插入值的方法有两种：一种是指定所有字段名；另一种是完全不指定字段名。

【例 4.38】在 tb _ courses 表中插入一条新记录，course _ id 值为 1，course _ name 值为"Network"，course _ grade 值为 3，info 值为"Computer Network"。

在执行插入操作之前，查看 tb _ courses 表的 SQL 语句和执行结果如下：

```
mysql> SELECT * FROM tb _ courses;
Empty set (0.00 sec)
```

查询结果显示当前表的内容为空，没有数据，接下来执行插入数据的操作，输入的 SQL 语句和执行过程如下：

```
mysql> INSERT INTO tb _ courses
    ->.(course _ id,course _ name,course _ grade,course _ info)
    -> VALUES(1,'Network',3,'Computer Network');
Query OK, 1 rows affected (0.08 sec)
mysql> SELECT * FROM tb _ courses;
+-----------+-------------+--------------+------------------+
| course _ id| course _ name| course _ grade| course _ info     |
+-----------+-------------+--------------+------------------+
|         1 | Network     |            3 | Computer Network |
+-----------+-------------+--------------+------------------+
1 row in set (0.00 sec)
```

可以看到插入记录成功。在插入数据时，指定了 tb _ courses 表的所有字段，因此将为每一个字段插入新的值。

INSERT 语句后面的列名称顺序可以不是 tb _ courses 表定义时的顺序，即在插入数据时，不需要按照表定义的顺序插入，只要保证值的顺序与列字段的顺序相同就可以了。

【例 4.39】在 tb _ courses 表中插入一条新记录，course _ id 值为 2，course _ name 值为"Database"，course _ grade 值为 3，info 值为"MySQL"。输入的 SQL 语句和执行结果如下：

```
mysql> INSERT INTO tb _ courses
    -> (course _ name,course _ info,course _ id,course _ grade)
```

```
  -> VALUES('Database','MySQL',2,3);
Query OK, 1 rows affected (0.08 sec)
mysql> SELECT * FROM tb_courses;
+-----------+-------------+--------------+------------------+
| course_id | course_name | course_grade | course_info      |
+-----------+-------------+--------------+------------------+
|         1 | Network     |            3 | Computer Network |
|         2 | Database    |            3 | MySQL            |
+-----------+-------------+--------------+------------------+
2 rows in set (0.00 sec)
```

使用 INSERT 插入数据时，允许列名称列表 column_list 为空，此时值列表中需要为表的每一个字段指定值，并且值的顺序必须和数据表中字段定义时的顺序相同。

【例 4.40】在 tb_courses 表中插入一条新记录，course_id 值为 3，course_name 值为"Java"，course_grade 值为 4，info 值为"JaveEE"。输入的 SQL 语句和执行结果如下：

```
mysql> INSERT INTO tb_courses
  -> VLAUES(3,'Java',4,'Java EE');
Query OK, 1 rows affected (0.08 sec)
mysql> SELECT * FROM tb_courses;
+-----------+-------------+--------------+------------------+
| course_id | course_name | course_grade | course_info      |
+-----------+-------------+--------------+------------------+
|         1 | Network     |            3 | Computer Network |
|         2 | Database    |            3 | MySQL            |
|         3 | Java        |            4 | Java EE          |
+-----------+-------------+--------------+------------------+
3 rows in set (0.00 sec)
```

INSERT 语句中没有指定插入列表，只有一个值列表。在这种情况下，值列表为每一个字段列指定插入的值，并且这些值的顺序必须和 tb_courses 表中字段定义的顺序相同。

注意：虽然使用 INSERT 插入数据时可以忽略插入数据的列名称，若值不包含列名称，则 VALUES 关键字后面的值不仅要求完整，而且顺序必须和表定义时列的顺序相同。如果表的结构被修改，对列进行增加、删除或者位置改变操作，这些操作将使得用这种方式插入数据时的顺序改变。如果指定列名称，就不会受到表结构改变的影响。

▶ 3. 给表中指定的字段添加值

为表的指定字段插入数据，就是在 INSERT 语句中只向部分字段插入值，而其他字段的值为表定义时的默认值。

【例 4.41】在 tb_courses 表中插入一条新记录，course_name 值为"System"，course_grade 值为 3，course_info 值为"OperatingSystem"，输入的 SQL 语句和执行结果如下：

```
mysql> INSERT INTO tb_courses
  -> (course_name,course_grade,course_info)
  -> VALUES('System',3,'Operation System');
Query OK, 1 rows affected (0.08 sec)
```

```
mysql> SELECT * FROM tb_courses;
+-----------+-------------+--------------+------------------+
| course_id | course_name | course_grade | course_info      |
+-----------+-------------+--------------+------------------+
|         1 | Network     |            3 | Computer Network |
|         2 | Database    |            3 | MySQL            |
|         3 | Java        |            4 | Java EE          |
|         4 | System      |            3 | Operating System |
+-----------+-------------+--------------+------------------+
4 rows in set (0.00 sec)
```

可以看到插入记录成功。如查询结果显示,这里的 course_id 字段自动添加了一个整数值 4。这时的 course_id 字段为表的主键,不能为空,系统自动为该字段插入自增的序列值。在插入记录时,如果某些字段没有指定插入值,MySQL 将插入该字段定义时的默认值。

▶ 4. 使用 INSERT INTO…FROM 语句复制表数据

INSERT INTO…SELECT…FROM 语句用于快速地从一个或多个表中取出数据,并将这些数据作为行数据插入另一个表中。

SELECT 子句返回的是一个查询到的结果集,INSERT 语句将这个结果集插入指定表中,结果集中的每行数据的字段数、字段的数据类型都必须与被操作的表完全一致。

在数据库 test_db 中创建一个与 tb_courses 表结构相同的数据表 tb_courses_new,创建表的 SQL 语句和执行过程如下:

```
mysql> CREATE TABLE tb_courses_new
    -> (
    -> course_id INT NOT NULL AUTO_INCREMENT,
    -> course_name CHAR(40) NOT NULL,
    -> course_grade FLOAT NOT NULL,
    -> course_info CHAR(100) NULL,
    -> PRIMARY KEY(course_id)
    -> );
Query OK, 0 rows affected (0.00 sec)
mysql> SELECT * FROM tb_courses_new;
Empty set (0.00 sec)
```

【例 4.42】从 tb_courses 表中查询所有的记录,并将其插入 tb_courses_new 表中。输入的 SQL 语句和执行结果如下:

```
mysql> INSERT INTO tb_courses_new
    -> (course_id,course_name,course_grade,course_info)
    -> SELECT course_id,course_name,course_grade,course_info
    -> FROM tb_courses;
Query OK, 4 rows affected (0.17 sec)
Records: 4  Duplicates: 0  Warnings: 0
mysql> SELECT * FROM tb_courses_new;
```

```
+-----------+-------------+--------------+------------------+
| course_id | course_name | course_grade | course_info      |
+-----------+-------------+--------------+------------------+
|         1 | Network     |            3 | Computer Network |
|         2 | Database    |            3 | MySQL            |
|         3 | Java        |            4 | Java EE          |
|         4 | System      |            3 | Operating System |
+-----------+-------------+--------------+------------------+
4 rows in set (0.00 sec)
```

4.6.2 插入多条数据记录

在具体插入数据记录时，除了可以一次插入一条数据记录外，还可以一次插入多条数据记录。在具体实现一次插入多条数据记录时，同样可以分一次插入多条完整记录和一次插入多条部分记录。

▶ 1. 插入多条完整数据记录

语法格式：

微课视频 4-13
向表中插入数据（二）

```
INSERT  INTO  数据表名（字段列 1, 字段列 2, 字段列 3, …, 字段列 n）
VALUES （列值 11, 列值 21, 列值 31, …, 列值 n1），
       （列值 12, 列值 22, 列值 32, …, 列值 n2），
       （列值 13, 列值 23, 列值 33, …, 列值 n3），
        …
       （列值 1m, 列值 2m, 列值 3m, …, 列值 nm）；
```

除了上述语法外，还有另一种语法形式：

```
INSERT  INTO  数据表名
VALUES （列值 11, 列值 21, 列值 31, …, 列值 n1），
       （列值 12, 列值 22, 列值 32, …, 列值 n2），
       （列值 13, 列值 23, 列值 33, …, 列值 n3），
        …
       （列值 1m, 列值 2m, 列值 3m, …, 列值 nm）；
```

在上述语句中，虽然没有给出原表的字段列，但是仍然可以正确插入多条完整数据记录，不过每条数据记录中的数值顺序必须与表中字段的顺序一致。

▶ 2. 插入多条部分数据记录

语法格式：

```
INSERT  INTO  数据表名（选中字段列 1, 选中字段列 2, 选中字段列 3, …, 选中字段列 n）
VALUES （选中列值 11, 选中列值 21, 选中列值 31, …, 选中列值 n1），
       （选中列值 12, 选中列值 22, 选中列值 32, …, 选中列值 n2），
       （选中列值 13, 选中列值 23, 选中列值 33, …, 选中列值 n3），
        …
       （选中列值 1m, 选中列值 2m, 选中列值 3m, …, 选中列值 nm）；
```

在上述语句中，记录（选中列值 11, 选中列值 21, 选中列值 31, …, 选中列值 n1）表

示所要插入第一条记录选中部分列所对应数值,记录(选中列值 1m,选中列值 2m,选中列值 3m,…,选中列值 nm)表示所要插入第 m 条记录选中部分列数值。在具体应用时,参数字段列 n 与列值 n 需要一一对应。

4.6.3　插入查询结果

在 MySQL 中,还可以使用 INSERT…SELECT 语句将源表的查询结果添加到目标表中,其语法格式如下:

insert into 目标表名 (字段列 1,字段列 2,字段列 3,…,字段列 n)
select(列 1,列 2,列 3,…,列 n)from 源表 where 条件表达式;

微课视频 4-14
表的复制以及
批量插入

注意:目标表中的列数与 SELECT 后的字段个数必须相同,且对应字段的数据类型必须保持一致。如果源表与目标表的表结构完全相同,目标表名后的列名可以省略。

4.7　更新数据(UPDATE)

在 MySQL 中,可以使用 UPDATE 语句来修改、更新一个或多个表的数据。

微课视频 4-15
修改表中的数据

使用 UPDATE 语句修改单个表,语法格式为:

UPDATE <表名> SET 字段 1 = 值 1 [,字段 2 = 值 2…] [WHERE 子句]
[ORDER BY 子句] [LIMIT 子句]

下面对该命令的各个参数做说明。
- <表名>:用于指定要更新的表名称。
- SET 子句:用于指定表中要修改的列名及其列值。其中,每个指定的列值可以是表达式,也可以是该列对应的默认值。如果指定的是默认值,可用关键字 DEFAULT 表示列值。
- WHERE 子句:可选项,用于限定表中要修改的行。若不指定,则修改表中所有的行。
- ORDER BY 子句:可选项,用于限定表中的行被修改的次序。
- LIMIT 子句,可选项。用于限定被修改的行数。

注意:修改一行数据的多个列值时,SET 子句的每个值用逗号分开即可。

4.7.1　修改表的所有行数据

【例 4.43】在 tb_courses_new 表中更新所有行的 course_grade 字段值为 4,输入的 SQL 语句和执行结果如下:

```
mysql> UPDATE tb_courses_new
    -> SET course_grade = 4;
Query OK, 3 rows affected (0.11 sec)
```

```
Rows matched: 4   Changed: 3   Warnings: 0
mysql> SELECT * FROM tb_courses_new;
+-----------+-------------+--------------+------------------+
| course_id | course_name | course_grade | course_info      |
+-----------+-------------+--------------+------------------+
|         1 | Network     |            4 | Computer Network |
|         2 | Database    |            4 | MySQL            |
|         3 | Java        |            4 | Java EE          |
|         4 | System      |            4 | Operating System |
+-----------+-------------+--------------+------------------+
4 rows in set (0.00 sec)
```

4.7.2 根据条件修改表中数据

【例4.44】在 tb_courses_new 表中，更新 course_id 值为 2 的记录，将 course_grade 字段值改为 3.5，将 course_name 字段值改为"DB"，输入的 SQL 语句和执行结果如下：

```
mysql> UPDATE tb_courses_new
    -> SET course_name='DB',course_grade=3.5
    -> WHERE course_id=2;
Query OK, 1 row affected (0.13 sec)
Rows matched: 1   Changed: 1   Warnings: 0
mysql> SELECT * FROM tb_courses_new;
+-----------+-------------+--------------+------------------+
| course_id | course_name | course_grade | course_info      |
+-----------+-------------+--------------+------------------+
|         1 | Network     |            4 | Computer Network |
|         2 | DB          |          3.5 | MySQL            |
|         3 | Java        |            4 | Java EE          |
|         4 | System      |            4 | Operating System |
+-----------+-------------+--------------+------------------+
4 rows in set (0.00 sec)
```

注意：保证 UPDATE 以 WHERE 子句结束，通过 WHERE 子句指定被更新的记录所需要满足的条件，如果忽略 WHERE 子句，MySQL 将更新表中所有的行。

4.8 删除数据(DELETE)

在 MySQL 中，可以使用 DELETE 语句来删除表的一行或者多行数据。

4.8.1 删除单个表中的数据

使用 DELETE 语句从单个表中删除数据，语法格式为：

微课视频4-16
删除表中的数据

123

```
DELETE FROM <表名> [WHERE 子句] [ORDER BY 子句] [LIMIT 子句]
```

下面对该命令的各个参数做说明。

- <表名>：指定要删除数据的表名。
- ORDER BY 子句：可选项。表示删除时，表中各行将按照子句中指定的顺序进行删除。
- WHERE 子句：可选项。表示为删除操作限定删除条件，若省略该子句，则代表删除该表中的所有行。
- LIMIT 子句：可选项，用于告知服务器在控制命令返回到客户端前被删除行的最大值。

注意：在不使用 WHERE 条件的时候，将删除所有数据。

4.8.2 删除表中的全部数据

【例4.45】删除 tb_courses_new 表中的全部数据，输入的 SQL 语句和执行结果如下：

```
mysql> DELETE FROM tb_courses_new;
Query OK, 3 rows affected (0.12 sec)
mysql> SELECT * FROM tb_courses_new;
Empty set (0.00 sec)
```

4.8.3 根据条件删除表中的数据

【例4.46】在 tb_courses_new 表中，删除 course_id 为 4 的记录，输入的 SQL 语句和执行结果如下：

```
mysql> DELETE FROM tb_courses
    -> WHERE course_id = 4;
Query OK, 1 row affected (0.00 sec)
mysql> SELECT * FROM tb_courses;
+-----------+-------------+--------------+------------------+
| course_id | course_name | course_grade | course_info      |
+-----------+-------------+--------------+------------------+
|         1 | Network     |            3 | Computer Network |
|         2 | Database    |            3 | MySQL            |
|         3 | Java        |            4 | Java EE          |
+-----------+-------------+--------------+------------------+
3 rows in set (0.00 sec)
```

可以看出，course_id 为 4 的记录已经被删除。

4.8.4 清空表记录(TRUNCATE)

MySQL 提供了 DELETE 和 TRUNCATE 关键字来删除表中的数据。本节主要讲解 TRUNCATE 关键字的使用。

TRUNCATE 关键字用于完全清空一个表，其语法格式如下：

```
TRUNCATE [TABLE] 表名
```

其中，TABLE 关键字可省略。

【例 4.47】新建表 tb _ student _ course，插入数据并查询，SQL 语句和运行结果如下：

```
mysql> CREATE TABLE tb _ student _ course (
    -> id int(4) NOT NULL AUTO _ INCREMENT,
    -> name varchar(25) NOT NULL,
    -> PRIMARY KEY (id)
    -> );
Query OK, 0 rows affected (0.04 sec)

mysql> INSERT INTO tb _ student _ course(name) VALUES ('Java'),('MySQL'),('Python');
Query OK, 3 rows affected (0.05 sec)
Records: 3  Duplicates: 0  Warnings: 0

mysql> SELECT * FROM tb _ student _ course;
+----+--------+
| id | name   |
+----+--------+
|  1 | Java   |
|  2 | MySQL  |
|  3 | Python |
+----+--------+
3 rows in set (0.00 sec)
```

使用 TRUNCATE 语句清空 tb _ student _ course 表中的记录，SQL 语句和运行结果如下：

```
mysql> TRUNCATE TABLE tb _ student _ course;
Query OK, 0 rows affected (0.04 sec)

mysql> SELECT * FROM tb _ student _ course;
Empty set (0.00 sec)
```

下面讲一下 TRUNCATE 和 DELETE 的区别。

从逻辑上说，TRUNCATE 语句与 DELETE 语句的作用相同，但是在某些情况下，两者还是有所区别的。

• DELETE 是 DML 类型的语句，TRUNCATE 是 DDL 类型的语句。它们都用来清空表中的数据。

• DELETE 是逐行一条条地删除记录，TRUNCATE 则是直接删除原来的表，再重新创建一个一模一样的新表，而不是逐行删除表中的数据，执行数据比 DELETE 快。因此需要删除表中全部的数据行时，尽量使用 TRUNCATE 语句，可以缩短执行时间。

• DELETE 删除数据后，配合事件回滚可以找回数据；TRUNCATE 不支持事务回滚，数据删除后无法找回。

• DELETE 删除数据后，系统不会重新设置自增字段的计数器；TRUNCATE 清空表记录后，系统会重新设置自增字段的计数器。

• DELETE 的使用范围更广，因为它可以通过 WHERE 子句指定条件来删除部分数据；而 TRUNCATE 不支持 WHERE 子句，只能删除整体。

• DELETE 会返回删除数据的行数，但是 TRUNCATE 只会返回 0，没有任何意义。

4.9　删除数据表(TABLE)

在 MySQL 数据库中，对于不再需要的数据表，我们可以将其从数据库中删除。

在删除表的同时，表的结构和表中所有的数据都会被删除，因此在删除数据表之前最好先备份，以免造成无法挽回的损失。

下面我们来了解一下 MySQL 数据库中数据表的删除方法。

使用 DROP TABLE 语句可以删除一个或多个数据表，语法格式如下：

DROP TABLE [IF EXISTS] 表名 1 [,表名 2，表名 3…]

下面对该语法格式做说明。

• 表名 1，表名 2，表名 3… 表示要被删除的数据表的名称。DROP TABLE 可以同时删除多个表，只要将表名依次写在后面，相互之间用逗号隔开即可。

• IF EXISTS 用于在删除数据表之前判断该表是否存在。如果不加 IF EXISTS，当数据表不存在时 MySQL 将提示错误，中断 SQL 语句的执行；加上 IF EXISTS 后，当数据表不存在时 SQL 语句可以顺利执行，但是会发出警告。

有两点注意：

• 用户必须拥有执行 DROP TABLE 命令的权限，否则数据表不会被删除。

• 表被删除时，用户在该表上的权限不会自动删除。

▶ 1. 删除表的实例

【例 4.48】选择数据库 test_db，创建 tb_emp3 数据表，输入的 SQL 语句和运行结果如下：

```
mysql> USE test_db;
Database changed
mysql> CREATE TABLE tb_emp3
    -> (
    -> id INT(11),
    -> name VARCHAR(25),
    -> deptId INT(11),
    -> salary FLOAT
    -> );
Query OK, 0 rows affected (0.27 sec)
mysql> SHOW TABLES;
+----------------------+
| Tables_in_test_db |
+----------------------+
```

```
|  tb _ emp2              |
|  tb _ emp3              |
+----------------------+
2 rows in set (0. 00 sec)
```

可以看出，test _ tb 数据库中有 tb _ emp2 和 tb _ emp3 两张数据表。

我们来删除数据表 tb _ emp3，输入的 SQL 语句和运行结果如下：

```
mysql> DROP TABLE tb _ emp3;
Query OK, 0 rows affected (0. 22 sec)
mysql> SHOW TABLES;
+----------------------+
| Tables _ in _ test _ db |
+----------------------+
|  tb _ emp2              |
+----------------------+
1 rows in set (0. 00 sec)
```

可以看到，test _ db 数据库的数据表列表中已经不存在名称为 tb _ emp3 的表，删除操作成功。

▶ 2. 删除被其他表关联的主表

数据表之间经常存在外键关联的情况，这时如果直接删除父表，会破坏数据表的完整性，删除也会操作失败。

删除父表有以下两种方法：

· 先删除与它关联的子表，再删除父表。这样会同时删除两个表中的数据。

· 将关联表的外键约束取消，再删除父表。适用于需要保留子表的数据，只删除父表的情况。

下面介绍如何取消关联表的外键约束并删除主表，也就是上面所说的删除父表的第二种方法。

【例 4.49】在数据库 test _ db 中创建两个关联表。创建表 tb _ eemmp1 的 SQL 语句如下：

```
CREATE TABLE tb _ eemmp1
(
id INT(11) PRIMARY KEY,
name VARCHAR(22),
location VARCHAR (50)
);
```

接下来创建表 tb _ eemmp2，SQL 语句如下：

```
CREATE TABLE tb _ eemmp2
(
id INT(11) PRIMARY KEY,
name VARCHAR(25),
deptId INT(11),
```

salary FLOAT,CONSTRAINT fk _ eemmp1 _ eemmp2 FOREIGN KEY (deptId) REFERENCES tb _ eemmp1(id)
);

使用 SHOW CREATE TABLE 命令查看表 tb _ eemmp2 的外键约束，SQL 语句和运行结果如下：

```
mysql> SHOW CREATE TABLE tb _ eemmp2 \ G;
*************************** 1. row ***************************
       Table: tb _ eemmp2
Create Table: CREATE TABLE tb _ eemmp2 (
  id int(11) NOT NULL,
  name varchar(25) DEFAULT NULL,
  deptId int(11) DEFAULT NULL,
  salary float DEFAULT NULL,
  PRIMARY KEY (id),
  KEY fk _ emp4 _ emp5 (deptId),
  CONSTRAINT fk _ eemmp1 _ eemmp2  FOREIGN KEY (deptId) REFERENCES tb _ eemmp1 (id)
) ENGINE = InnoDB DEFAULT CHARSET = latin1
1 row in set (0. 00 sec)
```

可以看出，tb _ eemmp2 表为子表，具有名称为 fk _ eemmp1 _ eemmp2 的外键约束；tb _ eemmp1 为父表，其主键 id 被子表 tb _ eemmp2 所关联。

删除被数据表 tb _ eemmp2 关联的数据表 tb _ eemmp1，SQL 语句如下：

```
mysql> DROP TABLE tb _ eemmp1;
ERROR 1217 (23000): Cannot delete or update a parent row: a foreign key constraint fails
```

可以看出，当主表存在外键约束时，不能被直接删除。

下面解除子表 tb _ eemmp2 的外键约束，SQL 语句和运行结果如下：

```
mysql> ALTER TABLE tb _ eemmp2 DROP FOREIGN KEY fk _ eemmp1 _ eemmp2;
Query OK, 0 rows affected (0. 03 sec)
Records: 0   Duplicates: 0   Warnings: 0
```

语句成功执行后，会取消表 tb _ eemmp1 和表 tb _ eemmp2 之间的关联关系。解除关联关系后，可以使用 DROP TABLE 语句直接删除父表 tb _ eemmp1，SQL 语句如下：

```
DROP TABLE tb _ eemmp1;
```

最后通过 SHOW TABLES 命令查看数据表列表：

```
mysql> show tables;
+----------------------+
| Tables _ in _ test _ db |
+----------------------+
| tb _ eemmp2          |
| temp                 |
+----------------------+
2 rows in set (0. 00 sec)
```

可以发现，数据库列表中已经不存在名称为 tb_eemmp1 的表，删除成功。我们可以总结结论：当不需要该表时，用 DROP；当仍要保留该表，但要删除所有记录时，用 TRUNCATE；当要删除部分记录时，用 DELETE。

微课视频 4-17
navicat 工具简单介绍

4.10　小结

　　本章主要介绍了表的操作，分别从数据库对象表的基本概念和操作两方面介绍。前者主要介绍表的构成和表中的数据对象，后者主要介绍了创建表操作、查看表操作、删除表操作、修改表操作和设置表约束操作。对于表的创建和删除操作，主要通过 SQL 语句 CREATE TABLE 和 DROP TABLE 语句实现，对于查看操作主要介绍了通过 DESCRIBE 语句查看表定义信息，通过 SHOW CREATE TABLE 语句查看表详细信息；对于表的修改操作，主要从修改表名、增加字段、删除字段和修改字段四方面来讲解，并详细介绍了这些操作的 SQL 语句；对于设置表的约束条件，主要讲解了如何设置非空约束、默认值、唯一约束、主键约束、检查约束、外键约束和自动增加完整性约束；对于表中数据的操作，主要讲解了数据的插入、删除和修改等。

　　通过本章的学习，读者不仅能掌握数据库和表的基本概念，还能熟练掌握数据库和表的各种操作以及对表中数据的灵活增删。

▎线上课堂——训练与测试▎

扫描封底刮刮卡　获取答题权限

在线题库

第5章　数据查询

数据查询是 MySQL 数据库管理系统的一个最重要的功能，它不仅可以将数据库中的数据查询出来，还可以根据特定条件对数据进行筛选，并确定查询结果的显示格式。简单来说，可以将数据查询分为单表查询和多表查询两大类。本章主要讲解如何灵活运用功能强大的 SELECT 查询语句实现数据记录查询。

学习目标

通过本章的学习，可以掌握在数据表中如何查询记录，内容包含：
- 了解基本查询语句；
- 简单数据记录查询；
- 条件数据记录查询；
- 排序数据记录查询；
- 限制数据记录查询；
- 统计函数和分组数据记录查询。

5.1　数据表查询

在 MySQL 中，可以使用 SELECT 语句来查询数据。查询数据是指从数据库中根据需求，使用不同的查询方式来获取不同的数据，是使用频率最高、最重要的操作。

SELECT 的语法格式如下：

```
SELECT
{ * | <字段列名>}
[
FROM <表 1>, <表 2>…
[WHERE <表达式>
[GROUP BY <group by definition>
[HAVING <expression> [{<operator> <expression>}…]]
[ORDER BY <order by definition>]
[LIMIT[<offset>,] <row count>]
]
```

其中，各条子句的含义如下：
- { * | <字段列名>}包含星号通配符的字段列表，表示所要查询字段的名称。

- <表1>，<表2>…，表1和表2表示查询数据的来源，可以是单个或多个。
- WHERE<表达式>是可选项，如果选择该项，将限定查询数据必须满足该查询条件。
- GROUP BY<字段>，子句告诉 MySQL 如何显示查询结果，并按照指定的字段分组。
- [ORDER BY<字段>]，子句告诉 MySQL 按什么样的顺序显示查询结果，可以进行的排序有升序(ASC)和降序(DESC)，默认情况是升序。
- [LIMIT[<offset>,]<row count>]，子句告诉 MySQL 每次显示查询结果的条数。

下面先介绍一些简单的 SELECT 语句，关于 WHERE、GROUP BY、ORDER BY 和 LIMIT 等限制条件，后面我们会一一讲解。

5.1.1　查询表中所有字段

查询所有字段是指查询表中所有字段的数据。MySQL 提供了以下两种方式查询表中的所有字段。

微课视频 5-1
简单查询

- 使用"*"通配符查询所有字段；
- 列出表的所有字段。

▶ 1. 使用"*"查询表的所有字段

SELECT 可以使用"*"查找表中所有字段的数据，语法格式如下：

```
SELECT * FROM 表名；
```

使用"*"查询时，只能按照数据表中字段的顺序进行排列，不能改变字段的排列顺序。

【例 5.1】从 tb_students_info 表中查询所有字段的数据，SQL 语句和运行结果如下：

```
mysql> use test_db;
Database changed
mysql> SELECT * FROM tb_students_info;
+----+--------+---------+------+------+--------+------------+
| id | name   | dept_id | age  | sex  | height | login_date |
+----+--------+---------+------+------+--------+------------+
|  1 | Dany   |       1 |   25 | F    |    160 | 2015-09-10 |
|  2 | Green  |       3 |   23 | F    |    158 | 2016-10-22 |
|  3 | Henry  |       2 |   23 | M    |    185 | 2015-05-31 |
|  4 | Jane   |       1 |   22 | F    |    162 | 2016-12-20 |
|  5 | Jim    |       1 |   24 | M    |    175 | 2016-01-15 |
|  6 | John   |       2 |   21 | M    |    172 | 2015-11-11 |
|  7 | Lily   |       6 |   22 | F    |    165 | 2016-02-26 |
|  8 | Susan  |       4 |   23 | F    |    170 | 2015-10-01 |
|  9 | Thomas |       3 |   22 | M    |    178 | 2016-06-07 |
| 10 | Tom    |       4 |   23 | M    |    165 | 2016-08-05 |
```

```
+----+--------+--------+------+------+--------+-----------+
```

10 rows in set (0.26 sec)

结果显示，使用"＊"通配符时，将返回所有列，数据列按照创建表的顺序显示。

注意：一般情况下，除非需要使用表中所有的数据，否则最好不要使用通配符"＊"。虽然使用通配符可以节省输入查询语句的时间，但是获取不需要的数据通常会降低查询和所使用的应用程序的效率。使用"＊"的优势是，当不知道所需列的名称时，可以通过"＊"获取它们。

▶ 2. 列出表的所有字段

SELECT 关键字后面的字段名为需要查找的字段，因此可以将表中所有字段的名称跟在 SELECT 关键字后面。如果忘记了字段名称，可以使用 DESC 命令查看表的结构。

有时，由于表的字段比较多，不一定能记得所有字段的名称，因此该方法很不方便，不建议使用。

【例 5.2】查询 tb_students_info 表中的所有数据，SQL 语句还可以书写如下：

SELECT id,name,dept_id,age,sex,height,login_date FROM tb_students_info;

运行结果和【例 5.1】相同。这种查询方式比较灵活，如果需要改变字段显示的顺序，只需调整 SELECT 关键字后面的字段列表顺序即可。虽然列出表的所有字段比较灵活，但是查询所有字段时通常使用"＊"通配符。使用"＊"比较简单，尤其是表中的字段很多的时候，这种方式的优势更加明显。当然，如果需要改变字段显示的顺序，可以选择列出表的所有字段。

5.1.2　查询表中指定的字段

查询表中的某一个字段的语法格式为：

SELECT < 列名 > FROM < 表名 >;

【例 5.3】查询 tb_students_info 表中 name 列所有学生的姓名，SQL 语句和运行结果如下：

```
mysql> SELECT name FROM tb_students_info;
+--------+
| name   |
+--------+
| Dany   |
| Green  |
| Henry  |
| Jane   |
| Jim    |
| John   |
| Lily   |
| Susan  |
| Thomas |
| Tom    |
```

```
+--------+
```

10 rows in set (0.00 sec)

输出结果显示了 tb_students_info 表中 name 字段下的所有数据。

使用 SELECT 声明可以获取多个字段的数据，只需要在关键字 SELECT 后面指定要查找的字段名称，不同字段名称之间用逗号","分隔开，最后一个字段后面不需要加逗号，语法格式如下：

SELECT <字段名 1>,<字段名 2>,…,<字段名 n> FROM <表名>;

【例 5.4】从 tb_students_info 表中获取 id、name 和 height 三列，SQL 语句和运行结果如下：

```
mysql> SELECT id,name,height
    -> FROM tb_students_info;
+----+--------+--------+
| id | name   | height |
+----+--------+--------+
|  1 | Dany   |    160 |
|  2 | Green  |    158 |
|  3 | Henry  |    185 |
|  4 | Jane   |    162 |
|  5 | Jim    |    175 |
|  6 | John   |    172 |
|  7 | Lily   |    165 |
|  8 | Susan  |    170 |
|  9 | Thomas |    178 |
| 10 | Tom    |    165 |
+----+--------+--------+
```

10 rows in set (0.00 sec)

输出结果显示了 tb_students_info 表中 id、name 和 height 三个字段的所有数据。

5.1.3　使用 DISTINCT 过滤重复数据

在 MySQL 中使用 SELECT 语句执行简单的数据查询时，返回的是所有匹配的记录。如果表中的某些字段没有唯一性约束，那么这些字段就可能存在重复值。为了实现查询不重复的数据，MySQL 提供了 DIS-TINCT 关键字。DISTINCT 关键字的主要作用就是对数据表中一个或多个字段重复的数据进行过滤，只返回其中的一条数据给用户。

微课视频 5-2
去除重复记录

DISTINCT 关键字的语法格式为：

SELECT DISTINCT <字段名> FROM <表名>;

其中，"字段名"为需要消除重复记录的字段名称，多个字段用逗号隔开。

使用 DISTINCT 关键字时需要注意以下几点：

• DISTINCT 关键字只能在 SELECT 语句中使用。

- 在对一个或多个字段去重时，DISTINCT 关键字必须在所有字段的最前面。
- 如果 DISTINCT 关键字后有多个字段，则会对多个字段进行组合去重，也就是说，只有多个字段组合起来完全一样时才会被去重。

【例 5.5】通过一个具体的实例来说明如何实现查询不重复数据。

test_db 数据库中 student 表的结构和数据如下：

```
mysql>USE test_db;
mysql> SELECT * FROM student;
+----+----------+------+--------+
| id | name     | age  | stuno  |
+----+----------+------+--------+
|  1 | zhangsan |  18  |   23   |
|  2 | lisi     |  19  |   24   |
|  3 | wangwu   |  18  |   25   |
|  4 | zhaoliu  |  18  |   26   |
|  5 | zhangsan |  18  |   27   |
|  6 | wangwu   |  20  |   28   |
+----+----------+------+--------+
6 rows in set (0.00 sec)
```

结果显示，student 表中存在 6 条记录。

下面对 student 表的 age 字段进行去重，SQL 语句和运行结果如下：

```
mysql> SELECT DISTINCT age FROM student;
+------+
| age  |
+------+
|  18  |
|  19  |
|  20  |
+------+
3 rows in set (0.00 sec)
```

对 student 表的 name 和 age 字段进行去重，SQL 语句和运行结果如下：

```
mysql> SELECT DISTINCT name,age FROM student;
+----------+------+
| name     | age  |
+----------+------+
| zhangsan |  18  |
| lisi     |  19  |
| wangwu   |  18  |
| zhaoliu  |  18  |
| wangwu   |  20  |
+----------+------+
5 rows in set (0.00 sec)
```

对 student 表中的所有字段进行去重，SQL 语句和运行结果如下：

```
mysql> SELECT DISTINCT * FROM student;
+----+----------+------+-------+
| id | name     | age  | stuno |
+----+----------+------+-------+
|  1 | zhangsan |   18 |    23 |
|  2 | lisi     |   19 |    24 |
|  3 | wangwu   |   18 |    25 |
|  4 | zhaoliu  |   18 |    26 |
|  5 | zhangsan |   18 |    27 |
|  6 | wangwu   |   20 |    28 |
+----+----------+------+-------+
6 rows in set (0.00 sec)
```

因为 DISTINCT 只能返回它的目标字段，而无法返回其他字段，实际应用中，我们经常使用 DISTINCT 关键字来返回不重复字段的条数。

查询 student 表中对 name 和 age 字段去重之后记录的条数，SQL 语句和运行结果如下：

```
mysql> SELECT COUNT(DISTINCT name,age) FROM student;
+--------------------------+
| COUNT(DISTINCT name,age) |
+--------------------------+
|                        5 |
+--------------------------+
1 row in set (0.01 sec)
```

结果显示，student 表中对 name 和 age 字段去重之后有 5 条记录。

5.2　设置别名

为了查询方便，MySQL 提供了 AS 关键字来为表和字段指定别名。本节主要讲解如何为表和字段指定一个别名。

5.2.1　为表指定别名

当表名很长或者要执行一些特殊查询的时候，为了方便操作，可以为表指定一个别名，用这个别名代替表原来的名称。

为表指定别名的基本语法格式为：

＜表名＞ [AS] ＜别名＞

其中各子句的含义如下。

• ＜表名＞：数据库中存储的数据表的名称。

• ＜别名＞：查询时指定的表的新名称。

• AS 关键字可以省略，省略后需要将表名和别名用空格隔开。

注意：表的别名不能与该数据库的其他表同名。字段的别名不能与该表的其他字段同名。在条件表达式中不能使用字段的别名，否则会出现"ERROR 1054（42S22）：Unknown column"错误提示信息。

【例 5.6】为 tb_students_info 表指定别名 stu，SQL 语句和运行结果如下：

```
mysql> SELECT stu.name,stu.height FROM tb_students_info AS stu;
+--------+--------+
| name   | height |
+--------+--------+
| Dany   |    160 |
| Green  |    158 |
| Henry  |    185 |
| Jane   |    162 |
| Jim    |    175 |
| John   |    172 |
| Lily   |    165 |
| Susan  |    170 |
| Thomas |    178 |
| Tom    |    165 |
+--------+--------+
10 rows in set (0.04 sec)
```

5.2.2 为字段指定别名

在使用 SELECT 语句查询数据时，MySQL 会显示每个 SELECT 后面指定输出的字段。有时为了显示结果更加直观，我们可以为字段指定一个别名。

为字段指定别名的基本语法格式为：

<字段名> [AS] <别名>

其中，各子句的语法含义如下。

• <字段名>：为数据表中字段定义的名称。

• <字段别名>：字段新的名称。

• AS 关键字可以省略，省略后需要将字段名和别名用空格隔开。

【例 5.7】查询 tb_students_info 表，为 name 指定别名 student_name，为 age 指定别名 student_age，SQL 语句和运行结果如下：

```
mysql> SELECT name AS student_name, age AS student_age FROM tb_students_info;
+--------------+-------------+
| student_name | student_age |
+--------------+-------------+
| Dany         |          25 |
| Green        |          23 |
| Henry        |          23 |
| Jane         |          22 |
```

```
| Jim          |          24 |
| John         |          21 |
| Lily         |          22 |
| Susan        |          23 |
| Thomas       |          22 |
| Tom          |          23 |
+--------------+-------------+
10 rows in set (0.00 sec)
```

　　注意：表别名只在执行查询时使用，并不在返回结果中显示。为字段定义别名之后，会返回给客户端显示，显示的字段为字段的别名。

5.3　限制查询结果的条数

　　当数据表中有成千上万条数据时，一次性查询出表中的全部数据会降低数据返回的速度，同时给数据库服务器造成很大的压力。这时就可以用 LIMIT 关键字来限制查询结果返回的条数。

　　LIMIT 是 MySQL 中的一个特殊关键字，用于指定查询结果从哪条记录开始显示，一共显示多少条记录。

　　LIMIT 关键字有三种使用方式，即指定初始位置、不指定初始位置以及与 OFFSET 组合使用。

微课视频 5-3
LIMIT 以及通用
分页 SQL

5.3.1　指定初始位置

　　LIMIT 关键字可以指定查询结果从哪条记录开始显示，显示多少条记录。

　　LIMIT 指定初始位置的基本语法格式如下：

LIMIT 初始位置,记录数

　　其中，"初始位置"表示从哪条记录开始显示，"记录数"表示显示记录的条数。第一条记录的位置是 0，第二条记录的位置是 1。后面的记录依次类推。

　　注意：LIMIT 后的两个参数必须都是正整数。

　　【例 5.8】 在 tb_students_info 表中，使用 LIMIT 子句返回从第 4 条记录开始的行数为 5 的记录，SQL 语句和运行结果如下。

```
mysql> SELECT * FROM tb_students_info LIMIT 3,5;
+----+--------+---------+------+------+--------+-------------+
| id | name   | dept_id | age  | sex  | height | login_date  |
+----+--------+---------+------+------+--------+-------------+
|  4 | Jane   |       1 |   22 | F    |    162 | 2016-12-20  |
|  5 | Jim    |       1 |   24 | M    |    175 | 2016-01-15  |
|  6 | John   |       2 |   21 | M    |    172 | 2015-11-11  |
|  7 | Lily   |       6 |   22 | F    |    165 | 2016-02-26  |
|  8 | Susan  |       4 |   23 | F    |    170 | 2015-10-01  |
```

```
+----+--------+---------+-------+-------+---------+-------------+
```

5 rows in set (0.00 sec)

可以看到，该语句返回的是从第 4 条记录开始的 5 条记录。LIMIT 关键字后的第一个数字"3"表示从第 4 行开始(记录的位置从 0 开始，第 4 行的位置为 3)，第二个数字 5 表示返回的行数。

5.3.2 不指定初始位置

LIMIT 关键字不指定初始位置时，记录从第一条记录开始显示。显示记录的条数由 LIMIT 关键字指定。

LIMIT 不指定初始位置的基本语法格式如下：

LIMIT 记录数

其中，"记录数"表示显示记录的条数。如果"记录数"的值小于查询结果的总数，则会从第一条记录开始，显示指定条数的记录。如果"记录数"的值大于查询结果的总数，则会直接显示查询出来的所有记录。

【例 5.9】显示 tb_students_info 表查询结果的前 4 行，SQL 语句和运行结果如下：

```
mysql> SELECT * FROM tb_students_info LIMIT 4;
+----+--------+---------+-------+-------+---------+-------------+
| id | name   | dept_id | age   | sex   | height  | login_date  |
+----+--------+---------+-------+-------+---------+-------------+
|  1 | Dany   |       1 |    25 | F     |     160 | 2015-09-10  |
|  2 | Green  |       3 |    23 | F     |     158 | 2016-10-22  |
|  3 | Henry  |       2 |    23 | M     |     185 | 2015-05-31  |
|  4 | Jane   |       1 |    22 | F     |     162 | 2016-12-20  |
+----+--------+---------+-------+-------+---------+-------------+
```

4 rows in set (0.00 sec)

结果中只显示了 4 条记录，说明"LIMIT 4"限制了显示条数为 4。

【例 5.10】显示 tb_students_info 表查询结果的前 15 行，SQL 语句和运行结果如下：

```
mysql> SELECT * FROM tb_students_info LIMIT 15;
+----+--------+---------+-------+-------+---------+-------------+
| id | name   | dept_id | age   | sex   | height  | login_date  |
+----+--------+---------+-------+-------+---------+-------------+
|  1 | Dany   |       1 |    25 | F     |     160 | 2015-09-10  |
|  2 | Green  |       3 |    23 | F     |     158 | 2016-10-22  |
|  3 | Henry  |       2 |    23 | M     |     185 | 2015-05-31  |
|  4 | Jane   |       1 |    22 | F     |     162 | 2016-12-20  |
|  5 | Jim    |       1 |    24 | M     |     175 | 2016-01-15  |
|  6 | John   |       2 |    21 | M     |     172 | 2015-11-11  |
|  7 | Lily   |       6 |    22 | F     |     165 | 2016-02-26  |
|  8 | Susan  |       4 |    23 | F     |     170 | 2015-10-01  |
```

```
|  9 | Thomas  |      3 |   22 | M     |    178 | 2016-06-07  |
| 10 | Tom     |      4 |   23 | M     |    165 | 2016-08-05  |
+----+---------+--------+------+-------+--------+-------------+
```
10 rows in set (0.26 sec)

结果中只显示了 10 条记录。虽然 LIMIT 关键字指定了显示 15 条记录，但是查询结果中只有 10 条记录。因此，数据库系统就将这 10 条记录全部显示出来。

带一个参数的 LIMIT 指定从查询结果的首行开始，唯一的参数表示返回的行数，即"LIMIT n"与"LIMIT 0，n"返回结果相同。带两个参数的 LIMIT 可返回从任何位置开始指定行数的数据。

5.3.3　LIMIT 和 OFFSET 组合使用

LIMIT 可以和 OFFSET 组合使用，语法格式如下：

LIMIT 记录数 OFFSET 初始位置

参数和 LIMIT 语法中参数含义相同，"初始位置"指定从哪条记录开始显示，"记录数"表示显示记录的条数。

【例 5.11】在 tb_students_info 表中，使用 LIMIT OFFSET 返回从第 4 条记录开始的行数为 5 的记录，SQL 语句和运行结果如下：

mysql> SELECT * FROM tb_students_info LIMIT 5 OFFSET 3;
```
+----+--------+---------+------+------+--------+-------------+
| id | name   | dept_id | age  | sex  | height | login_date  |
+----+--------+---------+------+------+--------+-------------+
|  4 | Jane   |       1 |   22 | F    |    162 | 2016-12-20  |
|  5 | Jim    |       1 |   24 | M    |    175 | 2016-01-15  |
|  6 | John   |       2 |   21 | M    |    172 | 2015-11-11  |
|  7 | Lily   |       6 |   22 | F    |    165 | 2016-02-26  |
|  8 | Susan  |       4 |   23 | F    |    170 | 2015-10-01  |
+----+--------+---------+------+------+--------+-------------+
```
5 rows in set (0.00 sec)

可以看到，该语句返回的是从第 4 条记录开始的之后的 5 条记录。即"LIMIT5 OFFSET 3"意思是获取从第 4 条记录开始的后面的 5 条记录，和"LIMIT 3,5"返回的结果相同。

5.4　条件查询

在 MySQL 中，如果需要有条件地从数据表中查询数据，可以使用 WHERE 关键字来指定查询条件。

使用 WHERE 关键字的语法格式如下：

WHERE 查询条件

查询条件可以是：

- 带比较运算符和逻辑运算符的查询条件；
- 带 BETWEEN AND 关键字的查询条件；
- 带 IS NULL 关键字的查询条件；
- 带 IN 关键字的查询条件；
- 带 LIKE 关键字的查询条件。

5.4.1　单一条件的查询语句

微课视频 5-4
条件查询

单一条件指的是在 WHERE 关键字后只有一个查询条件。

【例 5.12】在 tb_students_info 数据表中查询身高为 170cm 的学生姓名，SQL 语句和运行结果如下：

```
mysql> SELECT name,height FROM tb_students_info
    -> WHERE height = 170;
+-------+--------+
| name  | height |
+-------+--------+
| Susan |    170 |
+-------+--------+
1 row in set (0.17 sec)
```

可以看到，查询结果中记录的 height 字段的值等于 170。根据指定的条件进行查询时，数据表中没有符合查询条件的记录，系统会提示"Empty set(0.00sec)"。

【例 5.13】在 tb_students_info 数据表中查询年龄小于 22 的学生姓名，SQL 语句和运行结果如下：

```
mysql> SELECT name,age FROM tb_students_info
    -> WHERE age<22;
+------+------+
| name | age  |
+------+------+
| John |   21 |
+------+------+
1 row in set (0.05 sec)
```

可以看到，查询结果中所有记录的 age 字段的值均小于 22 岁，而大于或等于 22 岁的记录没有被返回。

5.4.2　多条件查询语句

微课视频 5-5
AND 和 OR 的
优先级问题

在 WHERE 关键词后可以有多个查询条件，这样能够使查询结果更加精确。多个查询条件用逻辑运算符 AND（&&）、OR（‖）或 XOR 隔开。

- AND：记录满足所有查询条件时，才会被查询出来。
- OR：记录满足任意一个查询条件，就会查询出来。

- XOR：记录满足其中一个条件，并且不满足另一个条件时，才会被查询出来。

【例 5.14】在 tb _ students _ info 表中查询 age 大于 21，并且 height 大于等于 175 的学生信息，SQL 语句和运行结果如下：

```
mysql> SELECT name,age,height FROM tb _ students _ info
    -> WHERE age>21 AND height> = 175;
+--------+------+--------+
| name   | age  | height |
+--------+------+--------+
| Henry  |   23 |    185 |
| Jim    |   24 |    175 |
| Thomas |   22 |    178 |
+--------+------+--------+
3 rows in set (0.00 sec)
```

可以看到，查询结果中所有记录的 age 字段都大于 21 且 height 字段值都大于或等于 175。

【例 5.15】在 tb _ students _ info 表中查询 age 大于 21，或者 height 大于或等于 175 的学生信息，SQL 语句和运行结果如下：

```
mysql> SELECT name,age,height FROM tb _ students _ info
    -> WHERE age>21 OR height> = 175;
+--------+------+--------+
| name   | age  | height |
+--------+------+--------+
| Dany   |   25 |    160 |
| Green  |   23 |    158 |
| Henry  |   23 |    185 |
| Jane   |   22 |    162 |
| Jim    |   24 |    175 |
| Lily   |   22 |    165 |
| Susan  |   23 |    170 |
| Thomas |   22 |    178 |
| Tom    |   23 |    165 |
+--------+------+--------+
9 rows in set (0.00 sec)
```

可以看到，查询结果中所有记录的 age 字段都大于 21 或者 height 字段都大于或等于 175。

【例 5.16】在 tb _ students _ info 表中查询 age 大于 21，并且 height 小于 175 的学生信息和 age 小于 21，并且 height 大于或等于 175 的学生信息，SQL 语句和运行结果如下：

```
mysql> SELECT name,age,height FROM tb _ students _ info
    -> WHERE age>21 XOR height> = 175;
+--------+------+--------+
| name   | age  | height |
```

```
+--------+-------+---------+
| Dany   |   25  |    160  |
| Green  |   23  |    158  |
| Jane   |   22  |    162  |
| Lily   |   22  |    165  |
| Susan  |   23  |    170  |
| Tom    |   23  |    165  |
+--------+-------+---------+
```

7 rows in set (0.00 sec)

可以看到，查询结果中所有记录的 age 字段都大于 21 且 height 字段都小于 175。tb_students_info 数据表中没有 age 字段小于 21 且 height 字段大于或等于 175 的记录。

OR、AND 和 XOR 可以一起使用，在使用时要注意运算符的优先级。关于 MySQL 中运算符的优先级可阅读学习本书第 8 章的内容。

查询条件越多，查询出来的记录就会越少。因为设置的条件越多，查询语句的限制就更多，能够满足所有条件的记录就更少。为了使查询出来的记录正是自己想要的，可以在 WHERE 语句中将查询条件设置得更加具体。

5.5   模糊查询

在 MySQL 中，LIKE 关键字主要用于搜索匹配字段中的指定内容，其语法格式如下：

[NOT] LIKE ´字符串´

下面对该命令的参数做介绍。

微课视频 5-6
模糊查询 LIKE

• NOT：可选参数，字段中的内容与指定的字符串不匹配时满足条件。

• 字符串：指定用来匹配的字符串。"字符串"可以是一个很完整的字符串，也可以包含通配符。

5.5.1   带通配符的查询

LIKE 关键字支持百分号"％"和下划线"_"通配符。

通配符是一种特殊语句，主要用来模糊查询。当不知道真正字符或者懒得输入完整名称时，可以使用通配符来代替一个或多个真正的字符。

▶ 1. 带有"％"通配符的查询

"％"是 MySQL 中最常用的通配符，它能代表任何长度的字符串，字符串的长度可以为 0。例如，a％b 表示以字母 a 开头，以字母 b 结尾的任意长度的字符串。该字符串可以代表 ab、acb、accb、accrb 等字符串。

【例 5.17】在 tb_students_info 表中查找所有以字母"T"开头的学生姓名，SQL 语句和运行结果如下：

```
mysql> SELECT name FROM tb_students_info
    -> WHERE name LIKE 'T%';
+--------+
| name   |
+--------+
| Thomas |
| Tom    |
+--------+
2 rows in set (0.12 sec)
```

可以看到，查询结果中只返回了以字母"T"开头的学生姓名。

注意： 匹配的字符串必须加单引号或双引号。

NOT LIKE 表示字符串不匹配时满足条件。

【例 5.18】在 tb_students_info 表中查找所有不以字母"T"开头的学生姓名，SQL 语句和运行结果如下：

```
mysql> SELECT NAME FROM tb_students_info
    -> WHERE NAME NOT LIKE 'T%';
+-------+
| NAME  |
+-------+
| Dany  |
| Green |
| Henry |
| Jane  |
| Jim   |
| John  |
| Lily  |
| Susan |
+-------+
8 rows in set (0.00 sec)
```

可以看到，查询结果中返回了不以字母"T"开头的学生姓名。

【例 5.19】在 tb_students_info 表中查找所有包含字母"e"的学生姓名，SQL 语句和运行结果如下：

```
mysql> SELECT name FROM tb_students_info
    -> WHERE name LIKE '%e%';
+-------+
| name  |
+-------+
| Green |
| Henry |
| Jane  |
+-------+
3 rows in set (0.00 sec)
```

可以看到，查询结果中返回了所有包含字母"e"的学生姓名。

▶ 2. 带有"_"通配符的查询

"_"只能代表单个字符，字符的长度不能为 0。例如，a _ b 可以代表 acb、adb、aub 等字符串。

【例 5.20】在 tb _ students _ info 表中查找所有以字母"y"结尾，且"y"前面只有 4 个字母的学生姓名，SQL 语句和运行结果如下：

```
mysql> SELECT name FROM tb _ students _ info
    -> WHERE name LIKE '____y';
+--------+
| name   |
+--------+
| Henry  |
+--------+
1 row in set (0.00 sec)
```

5.5.2　LIKE 区分大小写

默认情况下，LIKE 关键字匹配字符的时候不区分大小写。如果需要区分大小写，可以加入 BINARY 关键字。

【例 5.21】在 tb _ students _ info 表中查找所有以字母"t"开头的学生姓名，区分大小写和不区分大小写的 SQL 语句和运行结果如下：

```
mysql> SELECT name FROM tb _ students _ info WHERE name LIKE 't%';
+---------+
| name    |
+---------+
| Thomas  |
| Tom     |
+---------+
2 rows in set (0.00 sec)

mysql> SELECT name FROM tb _ students _ info WHERE name LIKE BINARY 't%';
Empty set (0.01 sec)
```

可以看到，区分大小写后，"Tom"和"Thomas"等记录就不会被匹配到。

下面是使用通配符的一些注意事项：

• 注意大小写。MySQL 默认是不区分大小写的，如果区分大小写，像"Tom"这样的数据就不能被"t%"所匹配。

• 注意尾部空格，尾部空格会干扰通配符的匹配。例如，"T%"就不能匹配到"Tom"。

• 注意 NULL。"%"通配符可以匹配任意字符，但是不能匹配 NULL。也就是说"%"匹配不到 tb _ students _ info 数据表中值为 NULL 的记录。

下面是一些使用通配符要记住的技巧：

• 不要过度使用通配符，如果其他操作符能达到相同的目的，应该使用其他操作符。

因为 MySQL 对通配符的处理一般会比其他操作符花费更长的时间。

　　·在确定使用通配符后，除非绝对有必要，否则不要把它们用在字符串的开始处。把通配符置于搜索模式的开始处，搜索起来是最慢的。

　　·注意通配符的位置。如果放错地方，可能不会返回想要的数据。

　　总之，通配符是一种极其重要和有用的搜索工具，以后我们会经常用到它。如果查询内容中包含通配符，可以使用"\"转义符。例如，在 tb_students_info 表中，将学生姓名"Dany"修改为"Dany％"后，查询以"％"结尾的学生姓名，SQL 语句和运行结果如下：

```
mysql> SELECT NAME FROM test.`tb_students_info` WHERE NAME LIKE '%\%';
+--------+
| NAME   |
+--------+
| Dany%  |
+--------+
1 row in set (0.00 sec)
```

5.6　范围查询

　　MySQL 提供了 BETWEEN AND 关键字，用来判断字段的数值是否在指定范围内。

　　BETWEEN AND 需要两个参数，即范围的起始值和终止值。如果字段值在指定的范围内，则这些记录被返回；如果不在指定范围内，则不会被返回。

　　使用 BETWEEN AND 的基本语法格式如下：

[NOT] BETWEEN 取值 1 AND 取值 2

　　下面对该命令的参数做介绍。

　　·NOT：可选参数，表示指定范围之外的值。如果字段值不满足指定范围内的值，则这些记录被返回。

　　·取值 1：表示范围的起始值。

　　·取值 2：表示范围的终止值。

微课视频 5-7
条件查询
BETWEEN AND

微课视频 5-8
条件查询 IN

　　BETWEEN AND 和 NOT BETWEEN AND 关键字在查询指定范围内的记录时很有用。例如，查询学生的年龄段、出生日期，以及员工的工资水平等。

　　【例 5.22】在表 tb_students_info 中查询年龄在 20～23 岁的学生姓名和年龄，SQL 语句和运行结果如下：

```
mysql> SELECT name,age FROM tb_students_info
    -> WHERE age BETWEEN 20 AND 23;
+---------+------+
| name    | age  |
+---------+------+
```

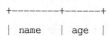

145

```
+--------+------+
| Green  |  23  |
| Henry  |  23  |
| Jane   |  22  |
| John   |  21  |
| Lily   |  22  |
| Susan  |  23  |
| Thomas |  22  |
| Tom    |  23  |
+--------+------+
8 rows in set (0.00 sec)
```

查询结果中包含学生年龄为 20 岁和 23 岁的记录，这就说明，在 MySQL 中 BE-TWEEN AND 能匹配指定范围内的所有值，包括起始值和终止值。

【例 5.23】在表 tb_students_info 中查询年龄不在 20～23 岁的学生姓名和年龄，SQL 语句和运行结果如下：

```
mysql> SELECT name,age FROM tb_students_info
    -> WHERE age NOT BETWEEN 20 AND 23;
+-------+------+
| name  | age  |
+-------+------+
| Dany  |  25  |
| Jim   |  24  |
+-------+------+
2 rows in set (0.00 sec)
```

【例 5.24】在表 tb_students_info 中查询注册日期在 2015-10-01 和 2016-05-01 之间的学生信息。SQL 语句和运行结果如下：

```
mysql> SELECT name,login_date FROM tb_students_info
    -> WHERE login_date BETWEEN ´2015-10-01´ AND ´2016-05-01´;
+-------+------------+
| name  | login_date |
+-------+------------+
| Jim   | 2016-01-15 |
| John  | 2015-11-11 |
| Lily  | 2016-02-26 |
| Susan | 2015-10-01 |
+-------+------------+
4 rows in set (0.00 sec)
```

5.7 空值查询

MySQL 提供了 IS NULL 关键字，用来判断字段的值是否为空值（NULL）。如果字段的值是空值，则满足查询条件，该记录将被查询出来；如果字段的值不是空值，则不满足查询条件。空值不同于 0，也不同于空字符串。

微课视频 5-9
条件查询 IS NULL
和 IS NOT NULL

5.7.1　空值查询

使用 IS NULL 的基本语法格式如下：

```
IS [NOT] NULL
```

其中，"NOT"是可选参数，表示字段值不是空值时满足条件。

【例 5.25】使用 IS NULL 关键字来查询 tb＿students＿info 表中 login＿date 字段是 NULL 的记录。

```
mysql> SELECT ´name´,´login＿date´ FROM tb＿students＿info
    -> WHERE login＿date IS NULL;
+--------+------------+
| NAME   | login＿date |
+--------+------------+
| Dany   | NULL       |
| Green  | NULL       |
| Henry  | NULL       |
| Jane   | NULL       |
| Thomas | NULL       |
| Tom    | NULL       |
+--------+------------+
6 rows in set (0.01 sec)
```

注意：IS NULL 是一个整体，不能将 IS 换成"="。如果将 IS 换成"="将不能查询出任何结果，数据库系统会出现"Empty set(0.00 sec)"这样的提示。同理，IS NOT NULL 中的 IS NOT 不能换成"！="或"<>"。

5.7.2　非空值查询

IS NOT NULL 表示查询字段值不为空的记录。

【例 5.26】使用 IS NOT NULL 关键字来查询 tb＿students＿info 表中 login＿date 字段不为空的记录。

```
mysql> SELECT ´name´,login＿date FROM tb＿students＿info
    -> WHERE login＿date IS NOT NULL;
+--------+------------+
| name   | login＿date |
+--------+------------+
| Jim    | 2016-01-15 |
| John   | 2015-11-11 |
| Lily   | 2016-02-26 |
| Susan  | 2015-10-01 |
+--------+------------+
4 rows in set (0.00 sec)
```

5.8 分组查询

在 MySQL 中，GROUP BY 关键字可以根据一个或多个字段对查询结果进行分组。

使用 GROUP BY 关键字的语法格式如下：

GROUP BY <字段名>

其中，"字段名"表示需要分组的字段名称，多个字段用逗号隔开。

微课视频 5-10
分组查询
GROUP BY

5.8.1 单独使用分组

单独使用 GROUP BY 关键字时，查询结果只显示每个分组的第一条记录。

【例 5.27】根据 tb_students_info 表中的 sex 字段进行分组查询，SQL 语句和运行结果如下：

```
mysql> SELECT ´name´,´sex´ FROM tb_students_info
    -> GROUP BY sex;
+--------+------+
| name   | sex  |
+--------+------+
| Henry  | 女   |
| Dany   | 男   |
+--------+------+
2 rows in set (0.01 sec)
```

结果中只显示了两条记录，这两条记录的 sex 字段的值分别为"女"和"男"。

5.8.2 分组函数查询

GROUP BY 关键字可以和 GROUP_CONCAT()函数一起使用。GROUP_CONCAT()函数会把每个分组的字段值都显示出来。

微课视频 5-11
多字段分组查询

【例 5.28】根据 tb_students_info 表中的 sex 字段进行分组查询，使用 GROUP_CONCAT()函数将每个分组的 name 字段的值都显示出来。SQL 语句和运行结果如下：

```
mysql> SELECT ´sex´, GROUP_CONCAT(name) FROM tb_students_info
    -> GROUP BY sex;
+------+----------------------------+
| sex  | GROUP_CONCAT(name)         |
+------+----------------------------+
| 女   | Henry,Jim,John,Thomas,Tom  |
| 男   | Dany,Green,Jane,Lily,Susan |
+------+----------------------------+
2 rows in set (0.00 sec)
```

可以看到，查询结果分为两组，sex 字段值为"女"的是一组，值为"男"的是一组，且每组的学生姓名都显示出来了。

【例 5.29】根据 tb_students_info 表中的 age 和 sex 字段进行分组查询。SQL 语句和运行结果如下：

```
mysql> SELECT age,sex,GROUP_CONCAT(name) FROM tb_students_info
    -> GROUP BY age,sex;
+------+------+--------------------+
| age  | sex  | GROUP_CONCAT(name) |
+------+------+--------------------+
|  21  | 女   | John               |
|  22  | 女   | Thomas             |
|  22  | 男   | Jane,Lily          |
|  23  | 女   | Henry,Tom          |
|  23  | 男   | Green,Susan        |
|  24  | 女   | Jim                |
|  25  | 男   | Dany               |
+------+------+--------------------+
7 rows in set (0.00 sec)
```

微课视频 5-12
分组函数

上面实例在分组过程中先按照 age 字段进行分组，当 age 字段值相等时，再把 age 字段值相等的记录按照 sex 字段进行分组。

多个字段分组查询时，会先按照第一个字段进行分组。如果第一个字段中有相同的值，MySQL 才会按照第二个字段进行分组。如果第一个字段中的数据都是唯一的，那么 MySQL 不再对第二个字段进行分组。

微课视频 5-13
COUNT 所有和
COUNT 具体某个
字段的区别

5.8.3 聚合函数查询

在数据统计时，GROUP BY 关键字经常和聚合函数一起使用。

聚合函数包括 COUNT()、SUM()、AVG()、MAX() 和 MIN()。其作用如表 5-1 所示。

表 5-1 常用聚合函数

函 数 名 称	作 用
MAX()	查询指定列的最大值
MIN()	查询指定列的最小值
COUNT()	统计查询结果的行数
SUM()	求和，返回指定列的总和
AVG()	求平均值，返回指定列数据的平均值

【例 5.30】根据 tb_students_info 表的 sex 字段进行分组查询，使用 COUNT() 函数计算每一组的记录数。SQL 语句和运行结果如下：

```
mysql> SELECT sex,COUNT(sex) FROM tb_students_info
    -> GROUP BY sex;
+------+------------+
| sex  | COUNT(sex) |
+------+------------+
| 女   |          5 |
| 男   |          5 |
+------+------------+
2 rows in set (0.00 sec)
```

结果显示，sex 字段值为"女"的记录是一组，有 5 条记录；sex 字段值为"男"的记录是一组，有 5 条记录。

5.8.4　统计查询

WITH POLLUP 关键字用来在所有记录的最后加上一条记录，这条记录是上面所有记录的总和，即统计记录数量。

【例 5.31】根据 tb_students_info 表中的 sex 字段进行分组查询，并使用 WITH ROLLUP 显示记录的总和。

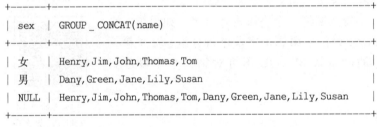

```
mysql> SELECT sex,GROUP_CONCAT(name) FROM tb_students_info
    -> GROUP BY sex WITH ROLLUP;
+------+---------------------------------------------------------+
| sex  | GROUP_CONCAT(name)                                      |
+------+---------------------------------------------------------+
| 女   | Henry,Jim,John,Thomas,Tom                               |
| 男   | Dany,Green,Jane,Lily,Susan                              |
| NULL | Henry,Jim,John,Thomas,Tom,Dany,Green,Jane,Lily,Susan   |
+------+---------------------------------------------------------+
3 rows in set (0.00 sec)
```

查询结果显示，GROUP_CONCAT(name)显示了每个分组的 name 字段值。同时，最后一条记录的 GROUP_CONCAT(name)字段的值刚好是上面分组 name 字段值的总和。

5.8.5　过滤分组

在 MySQL 中，可以使用 HAVING 关键字对分组后的数据进行过滤。使用 HAVING 关键字的语法格式如下：

HAVING <查询条件>

HAVING 关键字和 WHERE 关键字都可以用来过滤数据，而且 HAVING 支持 WHERE 关键字中所有的操作符和语法。但是 WHERE 和 HAVING 关键字也存在以下几点差异。

微课视频 5-14
HAVING 和
WHERE 的选择

- 一般情况下，WHERE 用于过滤数据行，而 HAVING 用于过滤分组。
- WHERE 查询条件中不可以使用聚合函数，而 HAVING 查询条件中可以使用聚合函数。

　　· WHERE 在数据分组前进行过滤，而 HAVING 在数据分组后进行过滤。

　　· WHERE 针对数据库文件进行过滤，而 HAVING 针对查询结果进行过滤。也就是说，WHERE 根据数据表中的字段直接进行过滤，而 HAVING 是根据前面已经查询到的字段进行过滤。

　　· WHERE 查询条件中不可以使用字段别名，而 HAVING 查询条件中可以使用字段别名。

　　下面通过实例让大家更直观地了解 WHERE 和 HAVING 关键字的相同点和不同点。

　　【例 5.32】分别使用 HAVING 和 WHERE 关键字查询出 tb_students_info 表中身高大于 150cm 的学生姓名、性别和身高。SQL 语句和运行结果如下：

```
mysql> SELECT name,sex,height FROM tb_students_info
    -> HAVING height>150;
+--------+------+--------+
| name   | sex  | height |
+--------+------+--------+
| Dany   | 男   |    160 |
| Green  | 男   |    158 |
| Henry  | 女   |    185 |
| Jane   | 男   |    162 |
| Jim    | 女   |    175 |
| John   | 女   |    172 |
| Lily   | 男   |    165 |
| Susan  | 男   |    170 |
| Thomas | 女   |    178 |
| Tom    | 女   |    165 |
+--------+------+--------+
10 rows in set (0.00 sec)

mysql> SELECT name,sex,height FROM tb_students_info
    -> WHERE height>150;
+--------+------+--------+
| name   | sex  | height |
+--------+------+--------+
| Dany   | 男   |    160 |
| Green  | 男   |    158 |
| Henry  | 女   |    185 |
| Jane   | 男   |    162 |
| Jim    | 女   |    175 |
| John   | 女   |    172 |
| Lily   | 男   |    165 |
| Susan  | 男   |    170 |
| Thomas | 女   |    178 |
| Tom    | 女   |    165 |
```

```
+---------+------+--------+
```

10 rows in set (0.00 sec)

上述实例中，因为在 SELECT 关键字后已经查询出了 height 字段，所以 HAVING 和 WHERE 都可以使用。但是如果 SELECT 关键字后没有查询出 height 字段，MySQL 就会报错。

【例 5.33】 使用 HAVING 和 WHERE 关键字分别查询出 tb_students_info 表中身高大于 150cm 的学生姓名和性别（与例 5.32 相比，这次没有查询 height 字段）。SQL 语句和运行结果如下：

```
mysql> SELECT name,sex FROM tb_students_info
    -> WHERE height>150;
+--------+------+
| name   | sex  |
+--------+------+
| Dany   | 男   |
| Green  | 男   |
| Henry  | 女   |
| Jane   | 男   |
| Jim    | 女   |
| John   | 女   |
| Lily   | 男   |
| Susan  | 男   |
| Thomas | 女   |
| Tom    | 女   |
+--------+------+
```

10 rows in set (0.00 sec)

```
mysql> SELECT name,sex FROM tb_students_info HAVING height>150;
ERROR 1054 (42S22): Unknown column 'height' in 'having clause'
```

可以看出，如果 SELECT 关键字后没有查询出 HAVING 查询条件中使用的 height 字段，MySQL 会提示错误信息：“'having 子句'中的列'height'未知”。

【例 5.34】 根据 height 字段对 tb_students_info 表中的数据进行分组，并使用 HAVING 和 WHERE 关键字分别查询出分组后平均身高大于 170cm 的学生姓名、性别和身高。SQL 语句和运行结果如下：

```
mysql> SELECT GROUP_CONCAT(name),sex,height FROM tb_students_info
    -> GROUP BY height
    -> HAVING AVG(height)>170;
+--------------------+------+--------+
| GROUP_CONCAT(name) | sex  | height |
+--------------------+------+--------+
| John               | 女   |    172 |
| Jim                | 女   |    175 |
| Thomas             | 女   |    178 |
```

```
| Henry              | 女   | 185    |
+--------------------+------+--------+
```

4 rows in set (0.00 sec)

```
mysql> SELECT GROUP _ CONCAT(name),sex,height FROM tb _ students _ info WHERE AVG(height)>170 GROUP
BY height;
ERROR 1111 (HY000): Invalid use of group function
```

可以看出，如果在 WHERE 查询条件中使用聚合函数，MySQL 会提示错误信息：无效使用组函数。

5.9　查询结果排序

通过条件查询语句可以查询到符合用户需求的数据，但是查询到的数据一般都是按照数据最初被添加到表中的顺序来显示。为了使查询结果的顺序满足用户的要求，MySQL 提供了 ORDER BY 关键字来对查询结果进行排序。

在实际应用中经常需要对查询结果进行排序。比如，在网上购物时，可以将商品按照价格进行排序；在医院的挂号系统中，可以按照挂号时间的先后顺序进行排序等。

微课视频 5-15
数据排序

ORDER BY 关键字主要用来将查询结果中的数据按照一定的顺序进行排序，其语法格式如下：

```
ORDER BY <字段名> [ASC | DESC]
```

下面对该语法做说明。

- 字段名：表示需要排序的字段名称，多个字段之间用逗号隔开。
- ASC｜DESC：ASC 表示字段按升序排序，DESC 表示字段按降序排序。其中 ASC 为默认值。

使用 ORDER BY 关键字应该注意以下几个方面：

- ORDER BY 关键字后可以跟子查询（关于子查询后面教程会详细讲解，这里了解即可）。
- 当排序的字段中存在空值时，ORDER BY 会将该空值作为最小值来对待。
- ORDER BY 指定多个字段进行排序时，MySQL 会按照字段的顺序从左到右依次进行排序。

5.9.1　单字段排序

下面通过一个具体的实例来说明当 ORDER BY 指定单个字段时，MySQL 如何对查询结果进行排序。

【例 5.35】查询 tb _ students _ info 表的所有记录，并对 height 字段进行排序，SQL 语句和运行结果如下：

```
mysql> SELECT * FROM tb _ students _ info ORDER BY height;
+----+--------+---------+-----+-----+--------+------------+
| id | name   | dept _ id | age | sex | height | login _ date |
+----+--------+---------+-----+-----+--------+------------+
|  2 | Green  |       3 |  23 | F   |    158 | 2016-10-22 |
|  1 | Dany   |       1 |  25 | F   |    160 | 2015-09-10 |
|  4 | Jane   |       1 |  22 | F   |    162 | 2016-12-20 |
|  7 | Lily   |       6 |  22 | F   |    165 | 2016-02-26 |
| 10 | Tom    |       4 |  23 | M   |    165 | 2016-08-05 |
|  8 | Susan  |       4 |  23 | F   |    170 | 2015-10-01 |
|  6 | John   |       2 |  21 | M   |    172 | 2015-11-11 |
|  5 | Jim    |       1 |  24 | M   |    175 | 2016-01-15 |
|  9 | Thomas |       3 |  22 | M   |    178 | 2016-06-07 |
|  3 | Henry  |       2 |  23 | M   |    185 | 2015-05-31 |
+----+--------+---------+-----+-----+--------+------------+
10 rows in set (0. 08 sec)
```

可以看到，MySQL 对查询的 height 字段的数据按数值的大小进行了升序排序。

5.9.2 多字段排序

下面通过一个具体的实例来说明当 ORDER BY 指定多个字段时，MySQL 如何对查询结果进行排序。

【例 5.36】查询 tb _ students _ info 表中的 name 和 height 字段，先按 height 排序，再按 name 排序，SQL 语句和运行结果如下：

```
mysql> SELECT name,height FROM tb _ students _ info ORDER BY height,name;
+--------+--------+
| name   | height |
+--------+--------+
| Green  |    158 |
| Dany   |    160 |
| Jane   |    162 |
| Lily   |    165 |
| Tom    |    165 |
| Susan  |    170 |
| John   |    172 |
| Jim    |    175 |
| Thomas |    178 |
| Henry  |    185 |
+--------+--------+
10 rows in set (0. 09 sec)
```

注意：在对多个字段进行排序时，排序的第一个字段必须有相同的值，才会对第二个字段进行排序。如果第一个字段的数据中所有的值都是唯一的，MySQL 将不再对第二个字段进行排序。

默认情况下，查询数据按字母升序进行排序(A~Z)，但数据的排序并不仅限于此，还可以使用 ORDER BY 中的 DESC 对查询结果进行降序排序(Z~A)。

【例 5.37】查询 tb_students_info 表，先按 height 降序排序，再按 name 升序排序，SQL 语句和运行结果如下：

```
mysql> SELECT name,height FROM tb_student_info ORDER BY height DESC,name ASC;
+--------+--------+
| name   | height |
+--------+--------+
| Henry  |    185 |
| Thomas |    178 |
| Jim    |    175 |
| John   |    172 |
| Susan  |    170 |
| Lily   |    165 |
| Tom    |    165 |
| Jane   |    162 |
| Dany   |    160 |
| Green  |    158 |
+--------+--------+
10 rows in set (0.00 sec)
```

DESC 关键字只对前面的列进行降序排列，在这里只对 height 字段进行降序排序。因此，height 按降序排序，而 name 仍按升序排序。如果想在多个列上进行降序排序，必须对每个列指定 DESC 关键字。

5.10　小结

本章主要介绍了 MySQL 软件中关于单表数据的查询操作，包括简单数据记录查询、条件数据记录查询、排序数据记录查询、限制数据记录查询数量，以及统计函数和分组数据记录查询等方面。对于简单数据记录查询，详细讲解了简单数据查询操作、避免重复数据查询、实现数学四则运算数据查询和设置显示格式数据查询操作；对于条件数据记录查询，详细讲解了带关系运算符和逻辑运算符的条件数据查询、带 BETWEEN AND 关键字的范围查询、带 IS NULL 关键字的空值查询、带 IN 关键字的集合查询和带 LIKE 关键字的模糊查询操作；对于排序数据记录查询，详细介绍了按照单字段排序和按照多字段排序操作；对于限制数据记录查询数量，详细介绍了不指定初始位置和指定初始位置的查询操作；对于统计函数和分组数据记录查询，详细介绍了 MySQL 软件所支持的统计函数和各种分组数据记录查询，主要包括简单分组查询、统计功能分组查询、多个字段分组查询和 HAVING 子句限定分组查询。

通过本章的学习，读者能够熟练掌握 MySQL 软件中对单表数据的各种查询操作。下一章将介绍 MySQL 软件中具有关联关系的多表数据操作。

线上课堂——训练与测试

扫描封底刮刮卡　　获取答题权限

在线题库1

扫描封底刮刮卡　　获取答题权限

在线题库2

第6章 多表关联查询

前一章详细介绍了单表查询，即在关键字 WHERE 子句中只涉及一张表。在具体应用中，经常需要实现在一个查询语句中显示多张表的数据，这就是所谓的多表数据记录关联查询，简称关联查询。

MySQL 软件也支持关联查询，在具体实现关联查询操作时，首先将两张或两张以上的表按照某个条件连接起来，然后再查询所要求的数据记录。查看帮助文档可以发现，关联查询分为内连接和外连接。

在具体应用中，如果需要实现多表数据记录查询，一般不使用关联查询，因为该操作的效率比较低。于是 MySQL 软件又提供了关联查询的替代操作——子查询操作。

> ## 学习目标
>
> 通过本章的学习，读者可以掌握在 MySQL 中如何通过 SQL 语句实现多表的关联查询，具体包括：
> - 交叉连接查询；
> - 内连接查询；
> - 外连接查询；
> - 子查询。

6.1 关联数据操作

在关联查询中，首先需要对两张或两张以上的表进行连接操作。连接操作是关系数据操作中专门用于数据库操作的关系运算。本节将详细介绍关系数据库操作中传统的运算——并（UNION）、笛卡儿积（Cartesian Product）和连接运算（Join）。

微课视频 6-1
连接查询原理以及
笛卡儿积现象

6.1.1 并（UNION）

在 SQL 语言中存在一种关联数据操作，叫作并操作。"并"就是把具有相同字段数目和字段类型的表合并到一起。

6.1.2 笛卡儿积

笛卡儿积是指两个集合 X 和 Y 的乘积。

例如，有 A 和 B 两个集合，它们的值如下：

```
A = {1,2}
B = {3,4,5}
```

集合 A×B 和 B×A 的结果集分别表示为

```
A×B={(1,3),(1,4),(1,5),(2,3),(2,4),(2,5)};
B×A={(3,1),(3,2),(4,1),(4,2),(5,1),(5,2)};
```

以上 A×B 和 B×A 的结果就叫作两个集合的笛卡儿积。从以上结果我们可以看出
- 两个集合相乘，不满足交换率，即 A×B≠B×A。
- A 集合和 B 集合的笛卡儿积是 A 集合的元素个数×B 集合的元素个数。

多表查询遵循的算法就是以上提到的笛卡儿积，表与表之间的关联可以看成是在做乘法运算。在实际应用中，应避免使用笛卡儿积，因为笛卡儿积中容易存在大量的不合理数据，简单来说就是容易导致查询结果重复、混乱。

6.1.3　连接

为了便于用户操作，专门提供了一种针对数据库操作的运算——连接(JOIN)。所谓连接就是在表关系的笛卡儿积数据记录中，按照相应字段值的比较条件进行选择生成一个新的关系。连接又分为内连接(INNER JOIN)、外连接(OUTER JOIN)和交叉连接(CROSS JOIN)。

所谓内连接，就是在表关系的笛卡儿积数据记录中，保留关系中所有匹配的数据记录，舍弃不匹配的数据记录。按照匹配的条件可以分成自然连接、等值连接和不等连接。

微课视频 6-2
连接查询概率

6.2　交叉连接

前面所讲的查询语句都是针对一个表的，但是在关系型数据库中，表与表之间是有联系的，所以在实际应用中，经常使用多表查询。多表查询就是同时查询两个或两个以上的表。

在 MySQL 中，多表查询主要有交叉连接、内连接和外连接。

交叉连接(CROSS JOIN)一般用来返回连接表的笛卡儿积。

交叉连接的语法格式如下：

微课视频 6-3
连接查询的分类

```
SELECT <字段名> FROM <表1> CROSS JOIN <表2> [WHERE 子句]
```

或

```
SELECT <字段名> FROM <表1>,<表2> [WHERE 子句]
```

下面对该语法做说明。
- 字段名：需要查询的字段名称。
- <表1><表2>：需要交叉连接的表名。

• WHERE 子句：用来设置交叉连接的查询条件。

注意：多个表交叉连接时，在 FROM 后连续使用 CROSS JOIN 或逗号。以上两种语法的返回结果是相同的，但是第一种语法才是官方建议的标准写法。

当连接的表之间没有关系时，我们会省略掉 WHERE 子句，这时返回结果就是两个表的笛卡尔积，返回记录结果数量就是两个表的数据行记录数之乘积。需要注意的是，如果每个表有 1000 行，那么返回结果的数量就有 $1000 \times 1000 = 1000000$ 行，数据量是非常巨大的。

交叉连接可以查询两个或两个以上的表，为了更好地理解，下面先讲解两个表的交叉连接查询。

【例 6.1】查询学生信息表和科目信息表，得到一个笛卡儿积。

为了方便观察学生信息表和科目表交叉连接后的运行结果，我们先分别查询这两个表的数据，再进行交叉连接查询。

查询 tb_students_info 表中的数据，SQL 语句和运行结果如下：

```
mysql> SELECT * FROM tb_students_info;
+----+--------+------+------+--------+-----------+
| id | name   | age  | sex  | height | course_id |
+----+--------+------+------+--------+-----------+
|  1 | Dany   |  25  | 男   |   160  |        1  |
|  2 | Green  |  23  | 男   |   158  |        2  |
|  3 | Henry  |  23  | 女   |   185  |        1  |
|  4 | Jane   |  22  | 男   |   162  |        3  |
|  5 | Jim    |  24  | 女   |   175  |        2  |
|  6 | John   |  21  | 女   |   172  |        4  |
|  7 | Lily   |  22  | 男   |   165  |        4  |
|  8 | Susan  |  23  | 男   |   170  |        5  |
|  9 | Thomas |  22  | 女   |   178  |        5  |
| 10 | Tom    |  23  | 女   |   165  |        5  |
+----+--------+------+------+--------+-----------+
10 rows in set (0.00 sec)
```

查询 tb_course 表中的数据，SQL 语句和运行结果如下：

```
mysql> SELECT * FROM tb_course;
+----+-------------+
| id | course_name |
+----+-------------+
|  1 | Java        |
|  2 | MySQL       |
|  3 | Python      |
|  4 | Go          |
|  5 | C++         |
+----+-------------+
5 rows in set (0.00 sec)
```

使用 CROSS JOIN 查询两张表中的笛卡儿积，SQL 语句和运行结果如下：

```
mysql> SELECT * FROM tb _ course CROSS JOIN tb _ students _ info;
```

id	course _ name	id	name	age	sex	height	course _ id
1	Java	1	Dany	25	男	160	1
2	MySQL	1	Dany	25	男	160	1
3	Python	1	Dany	25	男	160	1
4	Go	1	Dany	25	男	160	1
5	C + +	1	Dany	25	男	160	1
1	Java	2	Green	23	男	158	2
2	MySQL	2	Green	23	男	158	2
3	Python	2	Green	23	男	158	2
4	Go	2	Green	23	男	158	2
5	C + +	2	Green	23	男	158	2
1	Java	3	Henry	23	女	185	1
2	MySQL	3	Henry	23	女	185	1
3	Python	3	Henry	23	女	185	1
4	Go	3	Henry	23	女	185	1
5	C + +	3	Henry	23	女	185	1
1	Java	4	Jane	22	男	162	3
2	MySQL	4	Jane	22	男	162	3
3	Python	4	Jane	22	男	162	3
4	Go	4	Jane	22	男	162	3
5	C + +	4	Jane	22	男	162	3
1	Java	5	Jim	24	女	175	2
2	MySQL	5	Jim	24	女	175	2
3	Python	5	Jim	24	女	175	2
4	Go	5	Jim	24	女	175	2
5	C + +	5	Jim	24	女	175	2
1	Java	6	John	21	女	172	4
2	MySQL	6	John	21	女	172	4
3	Python	6	John	21	女	172	4
4	Go	6	John	21	女	172	4
5	C + +	6	John	21	女	172	4
1	Java	7	Lily	22	男	165	4
2	MySQL	7	Lily	22	男	165	4
3	Python	7	Lily	22	男	165	4
4	Go	7	Lily	22	男	165	4
5	C + +	7	Lily	22	男	165	4
1	Java	8	Susan	23	男	170	5
2	MySQL	8	Susan	23	男	170	5
3	Python	8	Susan	23	男	170	5
4	Go	8	Susan	23	男	170	5
5	C + +	8	Susan	23	男	170	5

```
|  1 | Java     |   9 | Thomas |   22 | 女   |    178 |          5 |
|  2 | MySQL    |   9 | Thomas |   22 | 女   |    178 |          5 |
|  3 | Python   |   9 | Thomas |   22 | 女   |    178 |          5 |
|  4 | Go       |   9 | Thomas |   22 | 女   |    178 |          5 |
|  5 | C + +    |   9 | Thomas |   22 | 女   |    178 |          5 |
|  1 | Java     |  10 | Tom    |   23 | 女   |    165 |          5 |
|  2 | MySQL    |  10 | Tom    |   23 | 女   |    165 |          5 |
|  3 | Python   |  10 | Tom    |   23 | 女   |    165 |          5 |
|  4 | Go       |  10 | Tom    |   23 | 女   |    165 |          5 |
|  5 | C + +    |  10 | Tom    |   23 | 女   |    165 |          5 |
+----+----------+-----+--------+------+------+--------+------------+
50 rows in set (0.00 sec)
```

可以看出，tb_course 和 tb_students_info 表交叉连接查询后，返回了 50 条记录。可以想象，当表中的数据较多时，得到的运行结果会非常长，而且没有太大的意义。所以，通过交叉连接的方式进行多表查询这种方法并不常用，我们应该尽量避免这种查询。

【例 6.2】查询 tb_course 表中的 id 字段和 tb_students_info 表中的 course_id 字段相等的内容，SQL 语句和运行结果如下：

```
mysql> SELECT * FROM tb_course CROSS JOIN tb_students_info
    -> WHERE tb_students_info.course_id = tb_course.id;
+----+-------------+----+--------+------+------+--------+------------+
| id | course_name | id | name   | age  | sex  | height | course_id  |
+----+-------------+----+--------+------+------+--------+------------+
|  1 | Java        |  1 | Dany   |   25 | 男   |    160 |          1 |
|  2 | MySQL       |  2 | Green  |   23 | 男   |    158 |          2 |
|  1 | Java        |  3 | Henry  |   23 | 女   |    185 |          1 |
|  3 | Python      |  4 | Jane   |   22 | 男   |    162 |          3 |
|  2 | MySQL       |  5 | Jim    |   24 | 女   |    175 |          2 |
|  4 | Go          |  6 | John   |   21 | 女   |    172 |          4 |
|  4 | Go          |  7 | Lily   |   22 | 男   |    165 |          4 |
|  5 | C + +       |  8 | Susan  |   23 | 男   |    170 |          5 |
|  5 | C + +       |  9 | Thomas |   22 | 女   |    178 |          5 |
|  5 | C + +       | 10 | Tom    |   23 | 女   |    165 |          5 |
+----+-------------+----+--------+------+------+--------+------------+
10 rows in set (0.01 sec)
```

如果在交叉连接时使用 WHERE 子句，MySQL 会先生成两个表的笛卡儿积，然后再选择满足 WHERE 条件的记录。表的数量较多时，交叉连接会变得非常慢。一般情况下不建议使用交叉连接。

在 MySQL 中，多表查询一般使用内连接和外连接，它们的效率要高于交叉连接。

6.3 内连接

在交叉连接中我们了解了 MySQL 的交叉连接查询，接下来介绍多表查询的另一种方式——内连接。

内连接（INNER JOIN）主要通过设置连接条件的方式来移除查询结果中某些数据行的交叉连接。简单来说，就是利用条件表达式来消除交叉连接的某些数据行。

内连接使用 INNER JOIN 关键字连接两张表，并使用 ON 子句来设置连接条件。如果没有连接条件，INNER JOIN 和 CROSS JOIN 在语法上是等同的，两者可以互换。

内连接的语法格式如下：

```
SELECT <字段名> FROM <表 1> INNER JOIN <表 2> [ON 子句]
```

下面对该语法做说明。

- 字段名：需要查询的字段名称。
- <表 1><表 2>：需要内连接的表名。
- INNER JOIN：内连接中可以省略 INNER 关键字，只用关键字 JOIN。
- ON 子句：用来设置内连接的连接条件。

INNER JOIN 也可以使用 WHERE 子句指定连接条件，但是 INNER JOIN … ON 语法是官方的标准写法，而且 WHERE 子句在某些时候会影响查询的性能。

多个表内连接时，在 FROM 后连续使用 INNER JOIN 或 JOIN 即可。

内连接可以查询两个或两个以上的表。为了让大家更好地理解，暂时只讲解两个表的关联查询。

【例 6.3】在 tb_students_info 表和 tb_course 表之间，使用内连接查询学生姓名和相对应的课程名称，SQL 语句和运行结果如下：

```
mysql> SELECT s.name,c.course_name FROM tb_students_info s INNER JOIN tb_course c
    -> ON s.course_id = c.id;
+--------+-------------+
| name   | course_name |
+--------+-------------+
| Dany   | Java        |
| Green  | MySQL       |
| Henry  | Java        |
| Jane   | Python      |
| Jim    | MySQL       |
| John   | Go          |
| Lily   | Go          |
| Susan  | C++         |
| Thomas | C++         |
| Tom    | C++         |
+--------+-------------+
10 rows in set (0.00 sec)
```

微课视频 6-4
等值连接

上述查询语句中，两个表之间的关系通过 INNER JOIN 指定，连接的条件使用 ON 子句给出。

注意：当对多个表进行查询时，要在 SELECT 语句后面指定字段来源于哪一张表。多表查询时，SELECT 语句后面的写法是表名.列名。

微课视频 6-5
非等值连接

另外，如果表名非常长，也可以给表设置别名，这样就可以直接在 SELECT 语句后面写上表的别名．列名。

6.4　外连接

微课视频 6-6
3 张以上表连接
查询

通过学习了解了 MySQL 的内连接后，我们知道内连接的查询结果都是符合连接条件的记录，而外连接会先将连接的表分为基表和参考表，再以基表为依据返回满足和不满足条件的记录。

外连接可以分为左外连接和右外连接，下面根据实例分别做介绍。

6.4.1　左连接

微课视频 6-7
UNION 的用法

左外连接又称为左连接，使用 LEFT OUTER JOIN 关键字连接两个表，并使用 ON 子句来设置连接条件。

左连接的语法格式如下：

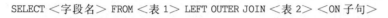

```
SELECT <字段名> FROM <表 1> LEFT OUTER JOIN <表 2> <ON 子句>
```

下面对该语法做说明。

· 字段名：需要查询的字段名称。

· <表 1><表 2>：需要左连接的表名。

· LEFT OUTER JOIN：左连接中可以省略 OUTER 关键字，只使用关键字 LEFT JOIN。

· ON 子句：用来设置左连接的连接条件，不能省略。

上述语法中，"表 1"为基表，"表 2"为参考表。左连接查询时，可以查询出"表 1"中的所有记录和"表 2"中匹配连接条件的记录。如果"表 1"的某行在"表 2"中没有匹配行，那么在返回结果中，"表 2"的字段值均为空值(NULL)。

【例 6.4】在进行左连接查询之前，我们先查看 tb_course 和 tb_students_info 两张表中的数据。SQL 语句和运行结果如下：

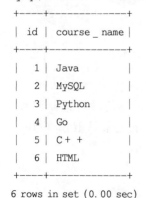

```
mysql> SELECT * FROM tb_course;
+----+-------------+
| id | course_name |
+----+-------------+
|  1 | Java        |
|  2 | MySQL       |
|  3 | Python      |
|  4 | Go          |
|  5 | C++         |
|  6 | HTML        |
+----+-------------+
6 rows in set (0.00 sec)
```

```
mysql> SELECT * FROM tb_students_info;
+----+--------+------+------+--------+-----------+
| id | name   | age  | sex  | height | course_id |
+----+--------+------+------+--------+-----------+
|  1 | Dany   |   25 | 男   |    160 |         1 |
|  2 | Green  |   23 | 男   |    158 |         2 |
|  3 | Henry  |   23 | 女   |    185 |         1 |
|  4 | Jane   |   22 | 男   |    162 |         3 |
|  5 | Jim    |   24 | 女   |    175 |         2 |
|  6 | John   |   21 | 女   |    172 |         4 |
|  7 | Lily   |   22 | 男   |    165 |         4 |
|  8 | Susan  |   23 | 男   |    170 |         5 |
|  9 | Thomas |   22 | 女   |    178 |         5 |
| 10 | Tom    |   23 | 女   |    165 |         5 |
| 11 | LiMing |   22 | 男   |    180 |         7 |
+----+--------+------+------+--------+-----------+
11 rows in set (0.00 sec)
```

在 tb_students_info 表和 tb_course 表中查询所有学生姓名和相对应的课程名称，包括没有课程的学生，SQL 语句和运行结果如下：

```
mysql> SELECT s.name,c.course_name FROM tb_students_info s LEFT OUTER JOIN tb_course c
    -> ON s.`course_id` = c.`id`;
+--------+-------------+
| name   | course_name |
+--------+-------------+
| Dany   | Java        |
| Henry  | Java        |
| NULL   | Java        |
| Green  | MySQL       |
| Jim    | MySQL       |
| Jane   | Python      |
| John   | Go          |
| Lily   | Go          |
| Susan  | C++         |
| Thomas | C++         |
| Tom    | C++         |
| LiMing | NULL        |
+--------+-------------+
12 rows in set (0.00 sec)
```

可以看到，运行结果显示了 12 条记录，name 为 LiMing 的学生目前没有选修课程，因为对应的 tb_course 表中没有该学生的选修课程信息，所以该条记录只取出了 tb_students_info 表中相应的值，而从 tb_course 表中取出的值为 NULL。

6.4.2 右连接

右外连接又称为右连接，右连接是左连接的反向连接。使用 RIGHT OUTER JOIN

关键字连接两个表，并使用 ON 子句来设置连接条件。

右连接的语法格式如下：

SELECT ＜字段名＞ FROM ＜表 1＞ RIGHT OUTER JOIN ＜表 2＞ ＜ON 子句＞

下面对该语法做说明。

• 字段名：需要查询的字段名称。

• ＜表 1＞＜表 2＞：需要右连接的表名。

• RIGHT OUTER JOIN：右连接中可以省略 OUTER 关键字，只使用关键字 RIGHT JOIN。

• ON 子句：用来设置右连接的连接条件，不能省略。

与左连接相反，右连接以"表 2"为基表，"表 1"为参考表。右连接查询时，可以查询出"表 2"中的所有记录和"表 1"中匹配连接条件的记录。如果"表 2"的某行在"表 1"中没有匹配行，那么在返回结果中，"表 1"的字段值均为空值(NULL)。

【例 6.5】在 tb_students_info 表和 tb_course 表中查询所有课程，包括没有学生的课程，SQL 语句和运行结果如下：

```
mysql> SELECT s.name,c.course_name FROM tb_students_info s RIGHT OUTER JOIN tb_course c
    ->  ON s.´course_id´ = c.´id´;
+--------+--------------+
| name   | course_name  |
+--------+--------------+
| Dany   | Java         |
| Green  | MySQL        |
| Henry  | Java         |
| Jane   | Python       |
| Jim    | MySQL        |
| John   | Go           |
| Lily   | Go           |
| Susan  | C++          |
| Thomas | C++          |
| Tom    | C++          |
| NULL   | HTML         |
+--------+--------------+
11 rows in set (0.00 sec)
```

可以看到，结果显示了 11 条记录，名称为 HTML 的课程目前没有学生选修，因为对应的 tb_students_info 表中并没有学生的信息，所以这些记录只取出了 tb_course 表中相应的值，而从 tb_students_info 表中取出的值为 NULL。

多个表左/右连接时，在 ON 子句后连续使用 LEFT/RIGHT OUTER JOIN 或 LEFT/RIGHT JOIN 即可。

使用外连接查询时，一定要分清需要查询的结果，是需要显示左表的全部记录还是右表的全部记录，然后选择相应的左连接和右连接。

微课视频 6-8
外连接

6.5　子查询

前面我们介绍了如何使用 SELECT、INSERT、UPDATE 和 DELETE 语句对 MySQL 进行简单访问和操作，下面在此基础上开始学习子查询。

子查询是 MySQL 中比较常用的查询方法，通过子查询可以实现多表查询。子查询指将一个查询语句嵌套在另一个查询语句中。子查询可以在 SELECT、UPDATE 和 DE-LETE 语句中使用，而且可以进行多层嵌套。在实际开发中，子查询经常出现在 WHERE 子句中。

子查询在 WHERE 中的语法格式如下：

WHERE ＜表达式＞ ＜操作符＞（子查询）

其中，操作符可以是比较运算符和 IN、NOT IN、EXISTS、NOT EXISTS 等关键字。

6.5.1　IN 和 NOT IN

当表达式与子查询返回的结果集中的某个值相等时，返回 TRUE，否则返回 FALSE；若使用关键字 NOT，则返回值正好相反。

微课视频 6-9
WHERE 后面
嵌套子查询

【例 6.6】使用子查询在 tb＿students＿info 表和 tb＿course 表中查询学习 Java 课程的学生姓名，SQL 语句和运行结果如下：

```
mysql> SELECT name FROM tb＿students＿info
    -> WHERE course＿id IN (SELECT id FROM tb＿course WHERE course＿name = ´Java´);
+-------+
| name  |
+-------+
| Dany  |
| Henry |
+-------+
2 rows in set (0.01 sec)
```

结果显示，学习 Java 课程的只有 Dany 和 Henry。上述查询过程也可以分为以下两步执行，实现效果是相同的。

首先单独执行内查询，查询出 tb＿course 表中课程为 Java 的 id，SQL 语句和运行结果如下：

```
mysql> SELECT id FROM tb＿course
    -> WHERE course＿name = ´Java´;
+------+
| id   |
+------+
|  1   |
+------+
1 row in set (0.00 sec)
```

可以看到，符合条件的 id 字段的值为 1。

接下来执行外层查询，在 tb＿students＿info 表中查询 course＿id 等于 1 的学生姓名。SQL 语句和运行结果如下：

```
mysql> SELECT name FROM tb_students_info
   -> WHERE course_id IN (1);
+--------+
| name   |
+--------+
| Dany   |
| Henry  |
+--------+
2 rows in set (0.00 sec)
```

习惯上，外层的 SELECT 查询称为父查询，圆括号中嵌入的查询称为子查询（子查询必须放在圆括号内）。MySQL 在处理上例的 SELECT 语句时，执行流程为：先执行子查询，再执行父查询。

【例 6.7】在 SELECT 语句中使用 NOT IN 关键字，查询没有学习 Java 课程的学生姓名，SQL 语句和运行结果如下：

```
mysql> SELECT name FROM tb_students_info
   -> WHERE course_id NOT IN (SELECT id FROM tb_course WHERE course_name = 'Java');
+--------+
| name   |
+--------+
| Green  |
| Jane   |
| Jim    |
| John   |
| Lily   |
| Susan  |
| Thomas |
| Tom    |
| LiMing |
+--------+
9 rows in set (0.01 sec)
```

可以看出，运行结果与【例 6.6】刚好相反，没有学习 Java 课程的是除了 Dany 和 Henry 之外的学生。

【例 6.8】使用"="运算符，在 tb＿course 表和 tb＿students＿info 表中查询出所有学习 Python 课程的学生姓名，SQL 语句和运行结果如下：

```
mysql> SELECT name FROM tb_students_info
   -> WHERE course_id = (SELECT id FROM tb_course WHERE course_name = 'Python');
+--------+
| name   |
```

```
+------+
| Jane |
+------+
1 row in set (0.00 sec)
```

结果显示，学习 Python 课程的学生只有 Jane。

【例 6.9】使用"<>"运算符，在 tb_course 表和 tb_students_info 表中查询出没有学习 Python 课程的学生姓名，SQL 语句和运行结果如下：

```
mysql> SELECT name FROM tb_students_info
    -> WHERE course_id <> (SELECT id FROM tb_course WHERE course_name = 'Python');
+--------+
| name   |
+--------+
| Dany   |
| Green  |
| Henry  |
| Jim    |
| John   |
| Lily   |
| Susan  |
| Thomas |
| Tom    |
| LiMing |
+--------+
10 rows in set (0.00 sec)
```

可以看出，运行结果与【例 6.8】刚好相反，没有学习 Python 课程的是除了 Jane 之外的学生。

6.5.2 EXISTS 和 NOT EXISTS

用于判断子查询的结果集是否为空，若子查询的结果集不为空，返回 TRUE，否则返回 FALSE；若使用关键字 NOT，则返回的值正好相反。

【例 6.10】查询 tb_course 表中是否存在 id=1 的课程，如果存在，就查询出 tb_students_info 表中的记录，SQL 语句和运行结果如下：

```
mysql> SELECT * FROM tb_students_info
    -> WHERE EXISTS(SELECT course_name FROM tb_course WHERE id=1);
+----+-------+-----+-----+--------+-----------+
| id | name  | age | sex | height | course_id |
+----+-------+-----+-----+--------+-----------+
|  1 | Dany  |  25 | 男  |    160 |         1 |
|  2 | Green |  23 | 男  |    158 |         2 |
|  3 | Henry |  23 | 女  |    185 |         1 |
|  4 | Jane  |  22 | 男  |    162 |         3 |
|  5 | Jim   |  24 | 女  |    175 |         2 |
```

```
|  6 | John   |  21 | 女   |    172 |          4 |
|  7 | Lily   |  22 | 男   |    165 |          4 |
|  8 | Susan  |  23 | 男   |    170 |          5 |
|  9 | Thomas |  22 | 女   |    178 |          5 |
| 10 | Tom    |  23 | 女   |    165 |          5 |
| 11 | LiMing |  22 | 男   |    180 |          7 |
+----+--------+-----+------+--------+------------+
```
11 rows in set (0.01 sec)

可以看到，tb_course 表中存在 id＝1 的记录，因此 EXISTS 表达式返回 TRUE，外层查询语句接收 TRUE 之后对表 tb_students_info 进行查询，返回所有的记录。

EXISTS 关键字可以和其他查询条件一起使用，条件表达式与 EXISTS 关键字之间用 AND 和 OR 连接。

【例 6.11】查询 tb_course 表中是否存在 id＝1 的课程，如果存在，就查询出 tb_students_info 表中 age 字段大于 24 的记录，SQL 语句和运行结果如下：

```
mysql> SELECT * FROM tb_students_info
    -> WHERE age>24 AND EXISTS(SELECT course_name FROM tb_course WHERE id=1);
+----+------+-----+------+--------+-----------+
| id | name | age | sex  | height | course_id |
+----+------+-----+------+--------+-----------+
|  1 | Dany |  25 | 男   |    160 |         1 |
+----+------+-----+------+--------+-----------+
```
1 row in set (0.01 sec)

结果显示，从 tb_students_info 表中查询出了一条记录，这条记录的 age 字段取值为 25。内层查询语句从 tb_course 表中查询到记录，返回 TRUE。外层查询语句开始进行查询。根据查询条件，从 tb_students_info 表中查询 age 大于 24 的记录。

子查询的功能也可以通过表连接完成，但是子查询会使 SQL 语句更容易阅读和编写。

一般来说，表连接（内连接和外连接等）都可以用子查询替换，反过来却不一定，有的子查询不能用表连接来替换。子查询比较灵活、方便、形式多样，适合作为查询的筛选条件，而表连接更适合于查看连接表的数据。

微课视频 6-10
自连接

6.5.3　子查询注意事项

在完成较复杂的数据查询时，经常会使用到子查询，但在编写子查询语句时，要注意如下事项。

▶ 1. 子查询语句可以嵌套在 SQL 语句中任何表达式出现的位置

在 SELECT 语句中，子查询可以被嵌套在 SELECT 语句的列、表和查询条件中，即 SELECT 子句、FROM 子句、WHERE 子句、GROUP BY 子句和 HAVING 子句。

前面已经介绍了 WHERE 子句中嵌套子查询的使用方法，下面是子查询在 SELECT 子句和 FROM 子句中的使用语法。

嵌套在 SELECT 语句的 SELECT 子句中的子查询语法格式如下：

`SELECT (子查询) FROM 表名;`

提示： 子查询结果为单行单列，但不必指定列别名。

嵌套在 SELECT 语句的 FROM 子句中的子查询语法格式如下：

`SELECT * FROM (子查询) AS 表的别名;`

微课视频 6-11
FROM 后面
嵌套子查询

注意： 必须为表指定别名。一般返回多行多列数据记录，可以当作一张临时表。

▶ 2. 只出现在子查询中而没有出现在父查询中的表不能包含在输出列中

多层嵌套子查询的最终数据集只包含父查询（即最外层的查询）的 SELECT 子句中出现的字段，而子查询的输出结果通常会作为其外层子查询数据源或用于数据判断匹配。

常见错误如下：

`SELECT * FROM (SELECT * FROM result);`

微课视频 6-12
SELECT 后面嵌套子查询

这个子查询语句产生语法错误的原因在于，主查询语句的 FROM 子句是一个子查询语句，因此应该为子查询结果集指定别名。正确代码如下：

`SELECT * FROM (SELECT * FROM result) AS Temp;`

6.6 正则表达式

正则表达式主要用来查询和替换符合某个模式（规则）的文本内容。例如，从一个文件中提取电话号码，查找一篇文章中重复的单词，替换文章中的敏感语汇等。这些地方都可以使用正则表达式。正则表达式强大且灵活，常用于非常复杂的查询。

MySQL 中使用 REGEXP 关键字指定正则表达式的字符匹配模式，其基本语法格式如下：

`属性名 REGEXP ′匹配方式′`

其中，"属性名"表示需要查询的字段名称，"匹配方式"表示以哪种方式来匹配查询。"匹配方式"中有很多的模式匹配字符，它们分别表示不同的意思。表 6-1 列出了 REGEXP 操作符中常用的匹配方式。

表 6-1 常用的模式匹配字符

选　　项	说　　明	例　　子	匹配值示例
^	匹配文本的开始字符	′^b′ 匹配以字母 b 开头的字符串	book、big、banana、bike
$	匹配文本的结束字符	′st$′ 匹配以 st 结尾的字符串	test、resist、persist

选　　项	说　　明	例　　子	匹配值示例
.	匹配任何单个字符	′b. t′匹配任何 b 和 t 之间有一个字符	bit、bat、but、bite
*	匹配零个或多个在它前面的字符	′f * n′匹配字符 n 前面有任意个字符 f	fn、fan、faan、abcn
+	匹配前面的字符 1 次或多次	′ba+′匹配以 b 开头,后面至少紧跟一个 a	ba、bay、bare、battle
<字符串>	匹配包含指定字符的文本	′fa′匹配包含‘fa’的文本	fan、afa、faad
[字符集合]	匹配字符集合中的任何一个字符	′[xz]′匹配 x 或者 z	dizzy、zebra、x-ray、extra
[^]	匹配不在括号中的任何字符	′[^abc]′匹配任何不包含 a、b 或 c 的字符串	desk、fox、f8ke
字符串{n,}	匹配前面的字符串至少 n 次	′b{2}′匹配两个或更多的 b	bbb、bbbb、bbbbbbb
字符串{n, m}	匹配前面的字符串至少 n 次,至多 m 次	′b{2, 4}′匹配最少两个,最多4个 b	bbb、bbbb

MySQL 中的正则表达式与 Java 语言、PHP 语言等编程语言中的正则表达式基本一致。

6.6.1　查询以特定字符或字符串开头的记录

字符"^"用来匹配以特定字符或字符串开头的记录。

【例 6.12】在 tb_students_info 表中查询 name 字段以"J"开头的记录,SQL 语句和执行过程如下:

```
mysql> SELECT * FROM tb_students_info
    -> WHERE name REGEXP ′^J′;
+----+-------+------+------+--------+-----------+
| id | name  | age  | sex  | height | course_id |
+----+-------+------+------+--------+-----------+
|  4 | Jane  |  22  | 男   |  162   |     3     |
|  5 | Jim   |  24  | 女   |  175   |     2     |
|  6 | John  |  21  | 女   |  172   |     4     |
+----+-------+------+------+--------+-----------+
3 rows in set (0.01 sec)
```

【例 6.13】在 tb_students_info 表中查询 name 字段以"Ji"开头的记录,SQL 语句和执行过程如下:

```
mysql> SELECT * FROM tb_students_info
```

```
    ->  WHERE name REGEXP ´^Ji´;
+----+--------+------+------+--------+-----------+
| id | name   | age  | sex  | height | course_id |
+----+--------+------+------+--------+-----------+
|  5 | Jim    |  24  | 女   |   175  |         2 |
+----+--------+------+------+--------+-----------+
```
1 row in set (0.00 sec)

6.6.2 查询以特定字符或字符串结尾的记录

字符"$"用来匹配以特定字符或字符串结尾的记录。

【例6.14】在 tb_students_info 表中查询 name 字段以"y"结尾的记录，SQL 语句和执行过程如下：

```
mysql> SELECT * FROM tb_students_info
    ->  WHERE name REGEXP ´y$´;
+----+--------+------+------+--------+-----------+
| id | name   | age  | sex  | height | course_id |
+----+--------+------+------+--------+-----------+
|  1 | Dany   |  25  | 男   |   160  |         1 |
|  3 | Henry  |  23  | 女   |   185  |         1 |
|  7 | Lily   |  22  | 男   |   165  |         4 |
+----+--------+------+------+--------+-----------+
```
3 rows in set (0.00 sec)

【例6.15】在 tb_students_info 表中查询 name 字段以"ry"结尾的记录，SQL 语句和执行过程如下：

```
mysql> SELECT * FROM tb_students_info
    ->  WHERE name REGEXP ´ry$´;
+----+--------+------+------+--------+-----------+
| id | name   | age  | sex  | height | course_id |
+----+--------+------+------+--------+-----------+
|  3 | Henry  |  23  | 女   |   185  |         1 |
+----+--------+------+------+--------+-----------+
```
1 row in set (0.00 sec)

6.6.3 替代字符串中的任意一个字符

字符"."用来替代字符串中的任意一个字符。

【例6.16】在 tb_students_info 表中查询 name 字段值包含"a"和"y"，且两个字母之间只有一个字母的记录，SQL 语句和执行过程如下：

```
mysql> SELECT * FROM tb_students_info
    ->  WHERE name REGEXP ´a.y´;
+----+--------+------+------+--------+-----------+
| id | name   | age  | sex  | height | course_id |
```

```
+----+--------+------+------+--------+-----------+
|  1 | Dany   |  25 | 男    |   160  |         1 |
+----+--------+------+------+--------+-----------+
```

1 row in set (0.00 sec)

6.6.4 匹配多个字符

字符"＊"和"＋"都可以匹配多个该符号之前的字符。不同的是，"＋"表示至少一个字符，而"＊"可以表示 0 个字符。

【例 6.17】在 tb_students_info 表中查询 name 字段值包含字母"T"，且"T"后面出现字母"h"的记录，SQL 语句和执行过程如下：

```
mysql> SELECT * FROM tb_students_info
    -> WHERE name REGEXP ´^Th*´;
+----+--------+------+------+--------+-----------+
| id | name   | age  | sex  | height | course_id |
+----+--------+------+------+--------+-----------+
|  9 | Thomas |  22  | 女   |   178  |         5 |
| 10 | Tom    |  23  | 女   |   165  |         5 |
+----+--------+------+------+--------+-----------+
```

2 rows in set (0.00 sec)

【例 6.18】在 tb_students_info 表中查询 name 字段值包含字母"T"，且"T"后面至少出现"h"一次的记录，SQL 语句和执行过程如下：

```
mysql> SELECT * FROM tb_students_info
    -> WHERE name REGEXP ´^Th+´;
+----+--------+------+------+--------+-----------+
| id | name   | age  | sex  | height | course_id |
+----+--------+------+------+--------+-----------+
|  9 | Thomas |  22  | 女   |   178  |         5 |
+----+--------+------+------+--------+-----------+
```

1 row in set (0.00 sec)

6.6.5 匹配指定字符串

正则表达式可以匹配字符串。当表中的记录包含这个字符串时，就可以将该记录查询出来。指定多个字符串时，需要用"｜"隔开。只要匹配这些字符串中的任意一个即可。

【例 6.19】在 tb_students_info 表中查询 name 字段值包含字符串"an"的记录，SQL 语句和执行过程如下：

```
mysql> SELECT * FROM tb_students_info
    -> WHERE name REGEXP ´an´;
+----+--------+------+------+--------+-----------+
| id | name   | age  | sex  | height | course_id |
+----+--------+------+------+--------+-----------+
|  1 | Dany   |  25  | 男   |   160  |         1 |
```

```
|  4 | Jane   |  22 | 男   |    162 |         3 |
|  8 | Susan  |  23 | 男   |    170 |         5 |
+----+--------+-----+------+--------+-----------+
```
3 rows in set (0.00 sec)

【例 6.20】在 tb_students_info 表中查询 name 字段值包含字符串"an"或"en"的记录，SQL 语句和执行过程如下：

```
mysql> SELECT * FROM tb_students_info
    -> WHERE name REGEXP ´an|en´;
+----+--------+-----+------+--------+-----------+
| id | name   | age | sex  | height | course_id |
+----+--------+-----+------+--------+-----------+
|  1 | Dany   |  25 | 男   |    160 |         1 |
|  2 | Green  |  23 | 男   |    158 |         2 |
|  3 | Henry  |  23 | 女   |    185 |         1 |
|  4 | Jane   |  22 | 男   |    162 |         3 |
|  8 | Susan  |  23 | 男   |    170 |         5 |
+----+--------+-----+------+--------+-----------+
```
5 rows in set (0.00 sec)

注意：字符串与"|"之间不能有空格。查询过程中，数据库系统会将空格也当作一个字符，这样就查询不出想要的结果。

6.6.6 匹配指定字符串中的任意一个

使用方括号"[ ]"可以将需要查询的字符组成一个字符集合。只要记录中包含方括号中的任意字符，该记录就会被查询出来。例如，通过"[abc]"可以查询包含 a、b 和 c 等 3 个字母中任意一个的记录。

【例 6.21】在 tb_students_info 表中查询 name 字段值包含字母"i"或"o"的记录，SQL 语句和执行过程如下：

```
mysql> SELECT * FROM tb_students_info
    -> WHERE name REGEXP ´[io]´;
+----+--------+-----+------+--------+-----------+
| id | name   | age | sex  | height | course_id |
+----+--------+-----+------+--------+-----------+
|  5 | Jim    |  24 | 女   |    175 |         2 |
|  6 | John   |  21 | 女   |    172 |         4 |
|  7 | Lily   |  22 | 男   |    165 |         4 |
|  9 | Thomas |  22 | 女   |    178 |         5 |
| 10 | Tom    |  23 | 女   |    165 |         5 |
| 11 | LiMing |  22 | 男   |    180 |         7 |
+----+--------+-----+------+--------+-----------+
```
6 rows in set (0.00 sec)

可以看到，所有返回记录的 name 字段值都包含字母 i 或 o，或者两个都有。

方括号"[ ]"还可以指定集合的区间。例如，"[a−z]"表示从a~z的所有字母；"[0−9]"表示从0~9的所有数字；"[a−z0−9]"表示包含所有的小写字母和数字；"[a−zA−Z]"表示匹配所有字符。

【例6.22】在tb_students_info表中查询name字段值中包含1、2或3的记录，SQL语句和执行过程如下：

```
mysql> SELECT * FROM tb_students_info
    -> WHERE name REGEXP ´[123]´;
Empty set (0.00 sec)
```

匹配集合"[123]"也可以写成"[1−3]"，即指定集合区间。

6.6.7 匹配指定字符以外的字符

"[^字符集合]"用来匹配不在指定集合中的任何字符。

【例6.23】在tb_students_info表中查询name字段值包含字母a~t以外的字符的记录，SQL语句和执行过程如下：

```
mysql> SELECT * FROM tb_students_info
    -> WHERE name REGEXP ´[^a−t]´;
+----+-------+------+------+--------+-----------+
| id | name  | age  | sex  | height | course_id |
+----+-------+------+------+--------+-----------+
|  1 | Dany  |   25 | 男   |    160 |         1 |
|  3 | Henry |   23 | 女   |    185 |         1 |
|  7 | Lily  |   22 | 男   |    165 |         4 |
|  8 | Susan |   23 | 男   |    170 |         5 |
+----+-------+------+------+--------+-----------+
4 rows in set (0.00 sec)
```

使用"{n,}"或者"{n，m}"来指定字符串连续出现的次数。字符串"{n,}"表示字符串连续出现n次，字符串"{n，m}"表示字符串连续出现至少n次，最多m次。例如，"a{2,}"表示字母a连续出现至少两次，也可以大于两次；"a{2，4}"表示字母a连续出现最少两次，最多不能超过4次。

【例6.24】在tb_students_info表中查询name字段值出现字母"e"至少两次的记录，SQL语句如下：

```
mysql> SELECT * FROM tb_students_info WHERE name REGEXP ´e{2,}´;
+----+-------+------+------+--------+-----------+
| id | name  | age  | sex  | height | course_id |
+----+-------+------+------+--------+-----------+
|  2 | Green |   23 | 男   |    158 |         2 |
+----+-------+------+------+--------+-----------+
1 row in set (0.00 sec)
```

【例6.25】在tb_students_info表中查询name字段值出现字符"i"最少一次，最多3次的记录，SQL语句如下：

```
mysql> SELECT * FROM tb_students_info WHERE name REGEXP ´i{1,3}´;
+----+--------+------+------+--------+-----------+
| id | name   | age  | sex  | height | course_id |
+----+--------+------+------+--------+-----------+
|  5 | Jim    |  24  | 女   |   175  |      2    |
|  7 | Lily   |  22  | 男   |   165  |      4    |
| 11 | LiMing |  22  | 男   |   180  |      7    |
+----+--------+------+------+--------+-----------+
3 rows in set (0.00 sec)
```

6.7　小结

本章主要介绍了在 MySQL 软件中关于表数据记录的各种查询，分别从关系数据操作中的传统运算和多表关联查询操作两方面介绍。前者主要介绍了并运算、笛卡儿积运算、内连接和外连接运算基本原理，后者主要介绍了内连接查询、外连接查询和子查询的 SQL 语句实现。对于内连接查询，详细介绍了等值连接查询和不等值连接查询；对于外连接查询，详细介绍了左外连接查询和右外连接查询。

通过本章的学习，读者不仅掌握了关系数据操作中的传统运算，还能通过 SQL 语句实现多表关联查询。

▌线上课堂——训练与测试▐

扫描封底刮刮卡

获取答题权限

在线题库

第 7 章　数据索引和视图

数据库技术经历了多年的发展，其功能已经不仅仅是存储和管理数据，还可以通过很多易用的特性来提高用户体验和帮助企业节约资源。本章详细介绍 MySQL 提供的视图（view）和索引（Index），通过对视图的操作，不但可以实现查询的简化，而且还会提高安全性。通过索引，可以快速查询数据表中某一特定的记录。

学习目标

通过本章学习，可以掌握数据查询中视图和索引的操作方法和技巧，具体内容如下：

- 视图的相关概念；
- 视图的基本操作，如创建、查看、更新和删除；
- 索引的相关概念；
- 索引的基本操作，创建、查看和删除。

7.1　索引

7.1.1　索引概述

索引是一种特殊的数据库结构，由数据表中的一列或多列组合而成，可以用来快速查询数据表中有某一特定值的记录。通过索引，查询数据时不用读完记录的所有信息，只是查询索引列。否则，数据库系统将读取每条记录的所有信息进行匹配。可以把索引比作新华字典的音序表。例如，要查"库"字，如果不使用音序，就需要从字典的 400 页中逐页来找。如果提取拼音出来，构成音序表，就只需要从 10 多页的音序表中直接查找。这样就可以大大节省时间。因此，使用索引可以很大程度上提高数据库的查询速度，有效地提高了数据库系统的性能。本节将详细讲解索引的含义、作用和优缺点。

微课视频 7-1
索引

7.1.2　为什么使用索引

索引就是根据表中的一列或若干列按照一定顺序建立的列值与记录行之间的对应关系表，实质上是一张描述索引列的列值与原表中记录行之间一一对应关系的有序表。索引是 MySQL 中十分重要的数据库对象，是数据库性能调优技术的基础，常用于实现数据的快速检索。

在 MySQL 中，通常有以下两种方式访问数据库表的方法。

▶ 1. 顺序访问

顺序访问是在表中实行全表扫描，从头到尾逐行遍历，直到在无序的行数据中找到符合条件的目标数据。顺序访问实现起来比较简单，但是当表中有大量数据的时候，效率非常低下。例如，在几千万条数据中查找少量的数据时，使用顺序访问方式将会遍历所有的数据，花费大量的时间，显然会影响数据库的处理性能。

▶ 2. 索引访问

索引访问是通过遍历索引来直接访问表中记录行的方式。使用这种方式的前提是对表建立一个索引，在列上创建了索引之后，查找数据时可以直接根据该列上的索引找到对应记录行的位置，从而快捷地查找到数据。索引存储了指定列数据值的指针，根据指定的排序顺序对这些指针排序。例如，在学生基本信息表 tb_students 中，如果基于 student_id 建立了索引，系统就建立了一张索引列到实际记录的映射表。当用户需要查找 student_id 为 12022 的数据的时候，系统先在 student_id 索引上找到该记录，然后通过映射表直接找到数据行，并返回该行数据。因为扫描索引的速度一般远远大于扫描实际数据行的速度，所以采用索引的方式查找可以大大提高数据库的工作效率。

简而言之，不使用索引，MySQL 就必须从第一条记录开始读完整个表，直到找出相关的行。表越大，查询数据所花费的时间就越多。如果表中查询的列有一个索引，MySQL 就能快速到达指定位置去搜索数据文件，而不必查看所有数据，这样将会节省很多的时间。

索引有其明显的优势，但也有其不可避免的缺点。

7.1.2　索引的优缺点

索引的优点如下：

• 通过创建唯一索引可以保证数据表中每一行数据的唯一性。

• 可以给所有的 MySQL 列类型设置索引。

• 可以大大加快数据的查询速度，这是使用索引最主要的原因。

• 在实现数据的参考完整性方面可以加速表与表之间的连接。

• 在使用分组和排序子句进行数据查询时，也可以显著地减少查询中分组和排序的时间。

增加索引也有许多不利的方面，主要如下：

• 创建和维护索引组要耗费时间，并且随着数据量的增加所耗费的时间也会增加。

• 索引需要占用磁盘空间，除了数据表占用数据空间以外，每一个索引还要占用一定的物理空间。如果有大量的索引，索引文件可能比数据文件还要大。

• 当对表中的数据进行增加、删除和修改的时候，索引也要动态维护，这样就降低了数据的维护速度。

使用索引时，需要综合考虑索引的优点和缺点。索引可以提高查询速度，但是会影响插入记录的速度。因为，向有索引的表中插入记录时，数据库系统会按照索引进行排序，这样就降低了插入记录的速度，插入大量记录时的速度影响会更加明显。这种情况下，最好的办法是先删除表中的索引，然后插入数据，插入完成后，再创建索引。

MySQL 索引可以分为哪些类型？在 MySQL 中，索引可分为普通索引、唯一索引、主键索引、全文索引和多列索引。

7.2 创建索引

创建索引是指在某个表的一列或多列上建立一个索引，以提高对表的访问速度。创建索引对 MySQL 数据库的高效运行来说是很重要的。

7.2.1 三种基本语法

MySQL 提供了三种创建索引的方法：CREAT INDEX、CREAT TABLE 和 ALTER TABLE。

▶ 1. 使用 CREATE INDEX 语句

可以使用专门用于创建索引的 CREATE INDEX 语句在一个已有的表上创建索引，但该语句不能创建主键。

语法格式如下：

```
CREATE INDEX <索引名> ON <表名> (<列名> [<长度>] [ ASC | DESC])
```

下面对该语法做说明。

• <索引名>：指定索引名。一个表可以创建多个索引，但每个索引在该表中的名称是唯一的。

• <表名>：指定要创建索引的表名。

• <列名>：指定要创建索引的列名。通常可以考虑将查询语句中在 JOIN 子句和 WHERE 子句里经常出现的列作为索引列。

• <长度>：可选项。指定使用列前的 length 个字符来创建索引。使用列的一部分创建索引有利于减小索引文件的大小，节省索引列所占的空间。在某些情况下，只能对列的前缀进行索引。索引列的长度有一个最大上限即 255 个字节（MyISAM 和 InnoDB 表的最大上限为 1000 个字节），如果索引列的长度超过了这个上限，就只能用列的前缀进行索引。另外，BLOB 或 TEXT 类型的列也必须使用前缀索引。

• ASC | DESC：可选项。ASC 指定索引按照升序来排列，DESC 指定索引按照降序来排列，默认为 ASC。

▶ 2. 用 CREATE TABLE 语句

索引也可以在创建表的同时创建。例发，在 CREATE TABLE 语句中添加此语句，表示在创建新表的同时创建该表的主键。语法格式如下：

```
CONSTRAINT PRIMARY KEY [索引类型] (<列名>, …)
```

在 CREATE TABLE 语句中添加此语句，表示在创建新表的同时创建该表的索引。语法格式如下：

KEY｜INDEX［＜索引名＞］［＜索引类型＞］（＜列名＞，…）

在 CREATE TABLE 语句中添加此语句，表示在创建新表的同时创建该表的唯一性索引。语法格式如下：

UNIQUE［INDEX｜KEY］［＜索引名＞］［＜索引类型＞］（＜列名＞，…）

在 CREATE TABLE 语句中添加此语句，表示在创建新表的同时创建该表的外键。语法格式如下：

FOREIGN KEY ＜索引名＞ ＜列名＞

在使用 CREATE TABLE 语句定义列选项的时候，可以通过直接在某个列定义后面添加 PRIMARY KEY 的方式创建主键。当主键是由多个列组成的多列索引时，则不能使用这种方法，只能用在语句的最后加上一个 PRIMARY KEY（＜列名＞，…）子句的方式来实现。

▶ 3. 使用 ALTER TABLE 语句

CREATE INDEX 语句可以在一个已有的表上创建索引，ALTER TABLE 语句也可以在一个已有的表上创建索引。在使用 ALTER TABLE 语句修改表的同时，可以向已有的表添加索引。具体做法是在 ALTER TABLE 语句中添加以下语法成分的某一项或几项。

在 ALTER TABLE 语句中添加此语法成分，表示在修改表的同时为该表添加索引。语法格式如下：

ADD INDEX［＜索引名＞］［＜索引类型＞］（＜列名＞，…）

在 ALTER TABLE 语句中添加此语法成分，表示在修改表的同时为该表添加主键索引。语法格式如下：

ADD PRIMARY KEY［＜索引类型＞］（＜列名＞，…）

在 ALTER TABLE 语句中添加此语法成分，表示在修改表的同时为该表添加唯一性索引。语法格式如下：

ADD UNIQUE［INDEX｜KEY］［＜索引名＞］［＜索引类型＞］（＜列名＞，…）

在 ALTER TABLE 语句中添加此语法成分，表示在修改表的同时为该表添加外键。语法格式：

ADD FOREIGN KEY［＜索引名＞］（＜列名＞，…）

7.2.2　创建普通索引

创建普通索引时，通常使用 INDEX 关键字。

【例 7.1】创建一个表 tb_stu_info，为该表的 height 字段创建普通索引。输入的 SQL 语句和执行过程如下：

```
mysql> CREATE TABLE tb_stu_info
    ->(
    -> id INT NOT NULL,
```

```
    -> name CHAR(45) DEFAULT NULL,
    -> dept_id INT DEFAULT NULL,
    -> age INT DEFAULT NULL,
    -> height INT DEFAULT NULL,
    -> INDEX(height)
    -> );
Query OK, 0 rows affected (0.40 sec)
mysql> SHOW CREATE TABLE tb_stu_info \ G
*************************** 1. row ***************************
       Table: tb_stu_info
Create Table: CREATE TABLE ´tb_stu_info´ (
  ´id´ int(11) NOT NULL,
  ´name´ char(45) DEFAULT NULL,
  ´dept_id´ int(11) DEFAULT NULL,
  ´age´ int(11) DEFAULT NULL,
  ´height´ int(11) DEFAULT NULL,
  KEY ´height´ (´height´)
) ENGINE = InnoDB DEFAULT CHARSET = gb2312
1 row in set (0.01 sec)
```

7.2.3 创建唯一索引

创建唯一索引，通常使用 UNIQUE 参数。

【例 7.2】创建一个表 tb_stu_info2，在该表的 id 字段上使用 UNIQUE 关键字创建唯一索引。输入的 SQL 语句和执行过程如下：

```
mysql> CREATE TABLE tb_stu_info2
    -> (
    -> id INT NOT NULL,
    -> name CHAR(45) DEFAULT NULL,
    -> dept_id INT DEFAULT NULL,
    -> age INT DEFAULT NULL,
    -> height INT DEFAULT NULL,
    -> UNIQUE INDEX(height)
    -> );
Query OK, 0 rows affected (0.40 sec)
mysql> SHOW CREATE TABLE tb_stu_info2 \ G
*************************** 1. row ***************************
       Table: tb_stu_info2
Create Table: CREATE TABLE ´tb_stu_info2´ (
  ´id´ int(11) NOT NULL,  ´name´ char(45) DEFAULT NULL,
  ´dept_id´ int(11) DEFAULT NULL,
  ´age´ int(11) DEFAULT NULL,
  ´height´ int(11) DEFAULT NULL,
  UNIQUE KEY ´height´ (´height´)
) ENGINE = InnoDB DEFAULT CHARSET = gb2312
```

1 row in set (0.00 sec)

7.2.4 创建主键索引

主键索引是一种特殊的唯一索引。主键是一种唯一索引，但它必须指定为"PRIMA-RY KEY"，不可以为空值。在数据库中，如为表定义了主键，系统将自动创建主键索引。因此，主键索引是唯一索引的特殊类型。

创建主键索引有两种方式：一种是在创建表的同时创建主键，主键索引默认创建；另一种是已经创建了表，但没有指定主键，通过 ALTER TABLE 修改表的方式加入主键，主键索引会自动创建。语法格式如下：

ALTER TABLE 表名 ADD primary key(列名);

【例 7.3】修改表 tb _ stu _ info2，增加主键为 id。

输入的 SQL 语句和执行过程如下：

alter table tb _ stu _ info2 add primary key(id);
Query OK, 0 rows affected (0.08 sec)
Records: 0   Duplicates: 0   Warnings: 0

7.2.5 创建全文索引

全文索引类型为 FULLTEXT，全文索引一般只能创建在 CHAR、VARCHAR 或 TEXT 类型的字段上。

▶ 1. 使用 CREATE INDEX 创建

语法格式如下：

CREATE FULLTEXT INDEX 索引名 ON 表名(列名);

▶ 2. 使用 CREATE TABLE 语句创建

创建数据表时，在 CREATE TABLE 语句中添加以下语句：

FULLTEXT INDEX 索引名(列名)

▶ 3. 使用 ALTER TABLE 语句创建

语法格式如下：

ALTER TABLE 表名 ADD FULLTEXT INDEX 索引名(列名);

7.2.6 创建多列索引

创建多列索引时，只需要在创建索引时指定多列即可。多列索引可以区分其中一列可能有相同值的行。

▶ 1. 使用 CREATE INDEX 创建

语法格式如下：

create index 索引名 on 表名(列名 1,列名 2,…列名 n);

▶ 2. 使用 CREATE TABLE 语句创建

创建数据表时，在 CREATE TABLE 语句中添加以下语句：

```
INDEX│KEY[索引名](列名1,列名2,…列名)
```

▶ 3. 使用 ALTER TABLE 语句创建

语法格式如下：

```
ALTER TABLE 表名 ADD INDEX 索引名(列名1,列名2,…列名);
```

7.3 查看索引

索引创建完成后，可以利用 SQL 语句查看已经存在的索引。在 MySQL 中，可以使用 SHOW INDEX 语句查看表中创建的索引。

查看索引的语法格式如下：

```
SHOW INDEX FROM <表名> [ FROM <数据库名>];
```

下面对该语法做说明。

• <表名>：指定需要查看索引的数据表名。

• <数据库名>：指定需要查看索引的数据表所在的数据库，可省略。比如，"SHOW INDEX FROM student FROM test;"语句表示查看 test 数据库中 student 数据表的索引。

【例 7.4】使用 SHOW INDEX 语句查看 tb_stu_info2 数据表的索引信息，SQL 语句和运行结果如下：

```
mysql> SHOW INDEX FROM tb_stu_info2 \ G
**************************** 1. row ****************************
        Table: tb_stu_info2
  Non_unique: 0
    Key_name: height
 Seq_in_index: 1
 Column_name: height
   Collation: A
 Cardinality: 0
   Sub_part: NULL
     Packed: NULL
      Null: YES Index_type: BTREE
    Comment:
Index_comment:
1 row in set (0.03 sec)
```

其中各主要参数说明如表 7-1 所示。

表 7-1　SHOW INDEX 命令的参数

参　　数	说　　明
Table	表示创建索引的数据表名,这里是 tb_stu_info2 数据表
Non_unique	表示该索引是否是唯一索引。若不是唯一索引,则该列的值为 1;若是唯一索引,则该列的值为 0
Key_name	表示索引的名称
Seq_in_index	表示该列在索引中的位置,如果索引是单列的,则该列的值为 1;如果索引是组合索引,则该列的值为每列在索引定义中的顺序
Column_name	表示定义索引的列字段
Collation	表示列以何种顺序存储在索引中。在 MySQL 中,升序显示值"A"(升序),若显示为 NULL,则表示无分类
Cardinality	索引中唯一值数目的估计值。基数根据被存储为整数的统计数据计数,所以即使对于小型表,该值没必要是精确的。基数越大,当进行联合时,MySQL 使用该索引的机会就越大
Sub_part	表示列中被编入索引的字符的数量。若列只是部分被编入索引,则该列的值为被编入索引的字符的数目;若整列被编入索引,则该列的值为 NULL
Packed	指示关键字如何被压缩。若没有被压缩,值为 NULL
Null	用于显示索引列中是否包含 NULL。若列含有 NULL,该列的值为 YES。若没有,则该列的值为 NO
Index_type	显示索引使用的类型和方法(BTREE、FULLTEXT、HASH、RTREE)
Comment	显示评注

7.4　修改和删除索引

删除索引是指将表中已经存在的索引删除掉。不用的索引建议进行删除,因为它们会降低表的更新速度,影响数据库的性能。对于这样的索引,应该将其删除。

在 MySQL 中修改索引可以通过删除原索引,再根据需要创建一个同名的索引,从而实现修改索引的操作。

当不再需要索引时,可以使用 DROP INDEX 语句或 ALTER TABLE 语句来对索引进行删除。

(1) 使用 DROP INDEX 语句

语法格式如下:

```
DROP INDEX <索引名> ON <表名>;
```

下面对该语法做说明。

- <索引名>:要删的索引名。
- <表名>:指定该索引所在的表名。

（2）使用 ALTER TABLE 语句

根据 ALTER TABLE 语句的语法可知，该语句也可以用于删除索引。具体使用方法是将 ALTER TABLE 语句中的部分指定为以下子句中的某一项。

- DROP PRIMARY KEY：表示删除表中的主键。一个表只有一个主键，主键也是一个索引。
- DROP INDEX index_name：表示删除名称为 index_name 的索引。
- DROP FOREIGN KEY fk_symbol：表示删除外键。

注意：如果删除的列是索引的组成部分，那么在删除该列时，也会将该列从索引中删除；如果组成索引的所有列都被删除，那么整个索引将被删除。

【例 7.5】删除表 tb_stu_info 中的索引，输入的 SQL 语句和执行结果如下：

```
mysql> DROP INDEX height
    -> ON tb_stu_info;
Query OK, 0 rows affected (0.27 sec)
Records: 0  Duplicates: 0  Warnings: 0
mysql> SHOW CREATE TABLE tb_stu_info \ G
*************************** 1. row ***************************
       Table: tb_stu_info
Create Table: CREATE TABLE ´tb_stu_info´ (
  ´id´ int(11) NOT NULL,
  ´name´ char(45) DEFAULT NULL,
  ´dept_id´ int(11) DEFAULT NULL,
  ´age´ int(11) DEFAULT NULL,
  ´height´ int(11) DEFAULT NULL
) ENGINE = InnoDB DEFAULT CHARSET = gb2312
1 row in set (0.00 sec)
```

【例 7.6】删除表 tb_stu_info2 中名称为 id 的索引，输入的 SQL 语句和执行结果如下：

```
mysql> ALTER TABLE tb_stu_info2
    -> DROP INDEX height;
Query OK, 0 rows affected (0.13 sec)
Records: 0  Duplicates: 0  Warnings: 0
mysql> SHOW CREATE TABLE tb_stu_info2 \ G
*************************** 1. row ***************************
       Table: tb_stu_info2
Create Table: CREATE TABLE ´tb_stu_info2´ (
  ´id´ int(11) NOT NULL,
  ´name´ char(45) DEFAULT NULL,
  ´dept_id´ int(11) DEFAULT NULL,
  ´age´ int(11) DEFAULT NULL,
  ´height´ int(11) DEFAULT NULL
) ENGINE = InnoDB DEFAULT CHARSET = gb2312
1 row in set (0.00 sec)
```

7.5 视图

7.5.1 视图概述

mysql 视图(View)是一种虚拟存在的表,同真实表一样,视图也由列和行构成,但视图并不实际存在于数据库中。行和列的数据来自于定义视图的查询中所使用的表,并且还是在使用视图时动态生成的。

数据库中只存放了视图的定义,并没有存放视图中的数据,这些数据都存放在定义视图查询所引用的真实表中。使用视图查询数据时,数据库会从真实表中取出对应的数据。因此,视图中的数据必须依赖于真实表中的数据。一旦真实表中的数据发生改变,显示在视图中的数据也会发生改变。

微课视频 7-2
视图

视图可以从原有的表上选取对用户有用的信息,那些对用户没用,或者用户没有权限了解的信息,都可以直接屏蔽掉,作用类似于筛选。这样做既使应用简单化,也保证了系统的安全。

例如,下面的数据库中有一张公司部门表 department。表中包括部门号(d_id)、部门名称(d_name)、功能(function)和办公地址(address)。department 表的结构如下:

```
mysql> DESC department;
+-------------+-------------+------+-----+---------+-------+
| Field       | Type        | Null | Key | Default | Extra |
+-------------+-------------+------+-----+---------+-------+
| d_id        | int(4)      | NO   | PRI | NULL    |       |
| d_name      | varchar(20) | NO   | UNI | NULL    |       |
| function    | varchar(50) | YES  |     | NULL    |       |
| address     | varchar(50) | YES  |     | NULL    |       |
+-------------+-------------+------+-----+---------+-------+
4 rows in set (0.02 sec)
```

还有一张员工表 worker。表中包含了员工的工作号(num)、部门号(d_id)、姓名(name)、性别(sex)、出生日期(birthday)和家庭住址(homeaddress)。worker 表的结构如下:

```
mysql> DESC worker;
+-------------+-------------+------+-----+---------+-------+
| Field       | Type        | Null | Key | Default | Extra |
+-------------+-------------+------+-----+---------+-------+
| num         | int(10)     | NO   | PRI | NULL    |       |
| d_id        | int(4)      | YES  | MUL | NULL    |       |
| name        | varchar(20) | NO   |     | NULL    |       |
| sex         | varchar(4)  | NO   |     | NULL    |       |
| birthday    | datetime    | YES  |     | NULL    |       |
| homeaddress | varchar(50) | YES  |     | NULL    |       |
```

```
+--------------+-------------+------+-----+----------+--------+
```
6 rows in set (0.01 sec)

由于各部门领导的权力范围不同，因此各部门的领导只能看到该部门的员工信息，而且领导可能不关心员工的生日和家庭住址。为了达到这个目的，可以为各部门的领导建立一个视图，通过该视图，领导只能看到本部门员工的指定信息。例如，为生产部门建立一个名为 product _ view 的视图。通过视图 product _ view，生产部门的领导只能看到生产部门员工的工作号、姓名和性别等信息。这些 department 表和 worker 表的信息依然存在于各自的表中，而视图 product _ view 中不保存任何数据信息。当 department 表和 worker 表的信息发生改变时，视图 product _ view 显示的信息也会发生相应的变化。如果经常需要从多个表中查询指定字段的数据，可以在这些表上建立一个视图，通过这个视图显示这些字段的数据。

MySQL 的视图不支持输入参数的功能，因此交互性上还有欠缺。但对于变化不是很大的操作，使用视图可以很大程度上简化用户的操作。

7.5.2　视图与数据表的区别

视图不同于数据表，它们的区别在于以下几点。

•视图不是数据库中真实的表，而是一张虚拟表，其结构和数据是建立在对数据中真实表的查询基础上的。

•存储在数据库中的查询操作 SQL 语句定义了视图的内容，列数据和行数据来自于视图查询所引用的实际表，引用视图时动态生成这些数据。

•视图没有实际的物理记录，不是以数据集的形式存储在数据库中，它所对应的数据实际上是存储在视图所引用的真实表中。

•视图是数据的窗口，而表是内容。表是实际数据的存放单位，而视图只是以不同的显示方式展示数据，其数据来源还是数据表。

•视图是查看数据表的一种方法，可以查询数据表中某些字段构成的数据，只是一些 SQL 语句的集合。从安全的角度来看，视图的数据安全性更高，使用视图的用户不接触数据表，不知道表结构。

•视图的建立和删除只影响视图本身，不影响对应的基本表。

7.5.3　视图的优点

视图与表本质上虽然不相同，但视图经过定义以后，结构形式和表一样，可以进行查询、修改、更新和删除等操作。同时，视图具有如下优点。

（1）定制用户数据，聚焦特定的数据

在实际应用过程中，不同的用户可能对不同的数据有不同的要求。例如，当数据库同时存在时，如学生基本信息表、课程表和教师信息表等多种表同时存在时，可以根据需求让不同的用户使用各自的数据。学生查看、修改自己基本信息的视图，安排课程人员查看、修改课程表和教师信息的视图，教师查看学生信息和课程信息表的视图。

（2）简化数据操作

在使用查询时，很多时候要使用聚合函数，同时还要显示其他字段的信息，可能还需要关联到其他表，语句可能会很长，如果这个动作频繁发生的话，可以创建视图来简化操作。

（3）提高数据的安全性

视图是虚拟的，物理上是不存在的。可以只授予用户视图的权限，而不具体指定使用表的权限，以保护基础数据的安全。

（4）共享所需数据

通过使用视图，每个用户不必都定义和存储自己所需的数据，可以共享数据库中的数据，同样的数据只需要存储一次。

（5）更改数据格式

通过视图，可以重新格式化检索的数据，并组织输出到其他应用程序中。

（6）重用 SQL 语句

视图提供的是对查询操作的封装，本身不包含数据，所呈现的数据是根据视图定义从基础表中检索出来的，如果基础表的数据新增或删除，视图呈现的也是更新后的数据。视图定义后，编写完所需的查询，可以方便地重用该视图。

要注意区别视图和数据表的本质，即视图是基于真实表的一张虚拟的表，其数据来源均建立在真实表的基础上。

使用视图的时候，还应该注意以下几点：

• 创建视图需要足够的访问权限。
• 创建视图的数目没有限制。
• 视图可以嵌套，即从其他视图中检索数据的查询来创建视图。
• 视图不能索引，也不能有关联的触发器、默认值或规则。
• 视图可以和表一起使用。

视图不包含数据，所以每次使用视图时，都必须执行查询中所需的任何一个检索操作。如果用多个连接和过滤条件创建了复杂的视图或嵌套了视图，可能会发现系统运行性能下降得十分严重。因此，在部署大量视图应用时，应该进行系统测试。

提示：ORDER BY 子句可以用在视图中，但若该视图检索数据的 SELECT 语句中也含有 ORDER BY 子句，则该视图中的 ORDER BY 子句将被覆盖。

7.6 创建视图

创建视图是指在已经存在的 MySQL 数据表上建立视图。视图可以建立在一张表中，也可以建立在多张表中。

7.6.1 基本语法

可以使用 CREATE VIEW 语句来创建视图，其语法格式如下：

CREATE VIEW <视图名> AS <SELECT 语句>

下面对该语法做说明。

• <视图名>：指定视图的名称。该名称在数据库中必须是唯一的，不能与其他表或视图同名。

• <SELECT 语句>：指定创建视图的 SELECT 语句，可用于查询多个基础表或源视图。

对于创建视图中的 SELECT 语句的指定存在以下限制：

• 用户除了拥有 CREATE VIEW 权限外，还具有操作中涉及的基础表和其他视图的相关权限。

• SELECT 语句不能引用系统或用户变量。

• SELECT 语句不能包含 FROM 子句中的子查询。

• SELECT 语句不能引用预处理语句参数。

视图定义中引用的表或视图必须存在。创建完视图后，可以删除引用的表或视图。可使用 CHECK TABLE 语句检查视图定义是否存在这类问题。

视图定义中允许使用 ORDER BY 语句，但是若从特定视图进行选择，而该视图使用了自己的 ORDER BY 语句，则视图定义中的 ORDER BY 将被忽略。

视图定义中不能引用 TEMPORARY 表(临时表)，也不能创建 TEMPORARY 视图。

WITH CHECK OPTION 的意思是，修改视图时，检查插入的数据是否符合 WHERE 设置的条件。

7.6.2　创建单表视图

MySQL 可以在单个数据表上创建视图。

查看 test_db 数据库中的 tb_students_info 表的数据：

```
mysql> SELECT * FROM tb_students_info;
+----+--------+---------+------+------+--------+------------+
| id | name   | dept_id | age  | sex  | height | login_date |
+----+--------+---------+------+------+--------+------------+
|  1 | Dany   |       1 |   25 | F    |    160 | 2015-09-10 |
|  2 | Green  |       3 |   23 | F    |    158 | 2016-10-22 |
|  3 | Henry  |       2 |   23 | M    |    185 | 2015-05-31 |
|  4 | Jane   |       1 |   22 | F    |    162 | 2016-12-20 |
|  5 | Jim    |       1 |   24 | M    |    175 | 2016-01-15 |
|  6 | John   |       2 |   21 | M    |    172 | 2015-11-11 |
|  7 | Lily   |       6 |   22 | F    |    165 | 2016-02-26 |
|  8 | Susan  |       4 |   23 | F    |    170 | 2015-10-01 |
|  9 | Thomas |       3 |   22 | M    |    178 | 2016-06-07 |
| 10 | Tom    |       4 |   23 | M    |    165 | 2016-08-05 |
+----+--------+---------+------+------+--------+------------+
10 rows in set (0.00 sec)
```

【例 7.7】在 tb_students_info 表上创建一个名为 view_students_info 的视图，输入的 SQL 语句和执行结果如下：

```
mysql> CREATE VIEW view_students_info
```

```
   -> AS SELECT * FROM tb_students_info;
Query OK, 0 rows affected (0.00 sec)
mysql> SELECT * FROM view_students_info;
```

id	name	dept_id	age	sex	height	login_date
1	Dany	1	25	F	160	2015-09-10
2	Green	3	23	F	158	2016-10-22
3	Henry	2	23	M	185	2015-05-31
4	Jane	1	22	F	162	2016-12-20
5	Jim	1	24	M	175	2016-01-15
6	John	2	21	M	172	2015-11-11
7	Lily	6	22	F	165	2016-02-26
8	Susan	4	23	F	170	2015-10-01
9	Thomas	3	22	M	178	2016-06-07
10	Tom	4	23	M	165	2016-08-05

```
10 rows in set (0.04 sec)
```

默认情况下，创建的视图和基本表的字段是一样的，也可以通过指定视图字段的名称来创建视图。

【例7.8】在tb_students_info表上创建一个名为v_students_info的视图，输入的SQL语句和执行结果如下：

```
mysql> CREATE VIEW v_students_info
   -> (s_id,s_name,d_id,s_age,s_sex,s_height,s_date)
   -> AS SELECT id,name,dept_id,age,sex,height,login_date
   -> FROM tb_students_info;Query OK, 0 rows affected (0.06 sec)
mysql> SELECT * FROM v_students_info;
```

s_id	s_name	d_id	s_age	s_sex	s_height	s_date
1	Dany	1	24	F	160	2015-09-10
2	Green	3	23	F	158	2016-10-22
3	Henry	2	23	M	185	2015-05-31
4	Jane	1	22	F	162	2016-12-20
5	Jim	1	24	M	175	2016-01-15
6	John	2	21	M	172	2015-11-11
7	Lily	6	22	F	165	2016-02-26
8	Susan	4	23	F	170	2015-10-01
9	Thomas	3	22	M	178	2016-06-07
10	Tom	4	23	M	165	2016-08-05

```
10 rows in set (0.01 sec)
```

可以看到，view_students_info和v_students_info两个视图中的字段名称不同，

但是数据却相同。在使用视图时，可能用户不需要了解基本表的结构，更接触不到实际表中的数据，从而保证了数据库的安全。

7.6.3 创建多表视图

MySQL 中也可以在两个以上的表中创建视图，使用 CREATE VIEW 语句创建。

【例7.9】在表 tb＿student＿info 和表 tb＿departments 上创建视图 v＿students＿info，输入的 SQL 语句和执行结果如下：

```
mysql> CREATE VIEW v_students_info
    -> (s_id,s_name,d_id,s_age,s_sex,s_height,s_date)
    -> AS SELECT id,name,dept_id,age,sex,height,login_date
    -> FROM tb_students_info, tb_departments
    -> Where tb_students_info.d_id = tb_departments.dept_id;
Query OK, 0 rows affected (0.06 sec)
mysql> SELECT * FROM v_students_info;
```

s_id	s_name	d_id	s_age	s_sex	s_height	s_date
1	Dany	1	24	F	160	2015-09-10
2	Green	3	23	F	158	2016-10-22
3	Henry	2	23	M	185	2015-05-31
4	Jane	1	22	F	162	2016-12-20
5	Jim	1	24	M	175	2016-01-15
6	John	2	21	M	172	2015-11-11
7	Lily	6	22	F	165	2016-02-26
8	Susan	4	23	F	170	2015-10-01
9	Thomas	3	22	M	178	2016-06-07
10	Tom	4	23	M	165	2016-08-05

```
10 rows in set (0.01 sec)
```

通过这个视图可以很好地保护基本表中的数据。视图中包含 s＿id、s＿name 和 dept＿name，s＿id 字段对应 tb＿students＿info 表中的 id 字段，s＿name 字段对应 tb＿students＿info 表中的 name 字段，dept＿name 字段对应 tb＿departments 表中的 dept＿name 字段。

7.7　查询视图

视图一经定义之后，就可以如同查询数据表一样，使用 SELECT 语句查询视图中的数据，语法和查询基础表的数据一样。

视图用于查询主要应用在以下几个方面：

· 使用视图重新格式化检索出的数据。

• 使用视图简化复杂的表连接。

• 使用视图过滤数据。

DESCRIBE 可以用来查看视图，语法如下：

```
DESCRIBE 视图名；
```

【例 7.10】通过 DESCRIBE 语句查看视图 v_students_info 的定义，输入的 SQL 语句和执行结果如下：

```
mysql> DESCRIBE v_students_info;
+-----------+-------------+------+-----+------------+-------+
| Field     | Type        | Null | Key | Default    | Extra |
+-----------+-------------+------+-----+------------+-------+
| s_id      | int(11)     | NO   |     | 0          |       |
| s_name    | varchar(45) | YES  |     | NULL       |       |
| d_id      | int(11)     | YES  |     | NULL       |       |
| s_age     | int(11)     | YES  |     | NULL       |       |
| s_sex     | enum('M','F')| YES |     | NULL       |       |
| s_height  | int(11)     | YES  |     | NULL       |       |
| s_date    | date        | YES  |     | 2016-10-22 |       |
+-----------+-------------+------+-----+------------+-------+
7 rows in set (0.04 sec)
```

注意：DESCRIBE 一般情况下可以简写成 DESC，输入这个命令的执行结果和输入 DESCRIBE 是一样的。

创建好视图后，可以通过查看视图的语句来查看视图的字段信息以及详细信息。本节主要讲解如何使用 SQL 语句来查看视图的字段信息以及详细信息。

7.7.1 查看视图的字段信息

查看视图的字段信息与查看数据表的字段信息一样，都是使用了 DESCRIBE 关键字，具体语法如下：

```
DESCRIBE 视图名；
```

或简写成

```
DESC 视图名；
```

【例 7.11】创建学生信息表 studentinfo 的一个视图，用于查询学生姓名和考试分数。

创建学生信息表 studentinfo 的 SQL 语句和运行结果如下：

```
mysql> CREATE TABLE studentinfo(
    -> ID INT(11) PRIMARY KEY,
    -> NAME VARCHAR(20),
    -> SCORE DECIMAL(4,2),
    -> SUBJECT VARCHAR(20),
    -> TEACHER VARCHAR(20));
Query OK, 0 rows affected (0.10 sec)
```

创建查询学生姓名和分数的视图语句如下:

```
mysql> CREATE VIEW v_studentinfo AS SELECT name,score FROM studentinfo;
Query OK, 0 rows affected (0.04 sec)
```

通过 DESCRIBE 语句查看视图 v_studentsinfo 中的字段信息,SQL 语句和运行结果如下:

```
mysql> DESCRIBE v_studentinfo;
+-------+--------------+------+-----+---------+-------+
| Field | Type         | Null | Key | Default | Extra |
+-------+--------------+------+-----+---------+-------+
| name  | varchar(20)  | YES  |     | NULL    |       |
| score | decimal(4,2) | YES  |     | NULL    |       |
+-------+--------------+------+-----+---------+-------+
2 rows in set (0.01 sec)
```

注意:使用 DESC 的执行结果和使用 DESCRIBE 是一样的。

可以看出,查看视图的字段内容与查看表的字段内容显示的格式是相同的。因此,说明视图实际上也是一张数据表,不同的是,视图中的数据都来自于数据库中已经存在的表。

7.7.2　查看视图的详细信息

在 MySQL 中,SHOW CREATE VIEW 语句可以查看视图的详细定义。其语法如下:

```
SHOW CREATE VIEW 视图名;
```

通过上面的语句,还可以查看创建视图的语句。创建视图的语句可以作为修改或者重新创建视图的参考,方便用户操作。

【例 7.12】使用 SHOW CREATE VIEW 查看视图,SQL 语句和运行结果如下:

```
mysql>  SHOW CREATE VIEW v_studentinfo \ G
*************************** 1. row ***************************
         View: v_studentinfo
     Create View: CREATE ALGORITHM = UNDEFINED DEFINER = ´root´@´localhost´ SQL SECURITY DEFINER
VIEW ´v_studentinfo´ AS select ´studentinfo´.´NAME´ AS ´name´,´studentinfo´.´SCORE´ AS ´score´ from ´
studentinfo´
character_set_client: gbk
collation_connection: gbk_chinese_ci
1 row in set (0.00 sec)
```

上述 SQL 语句以 \G 结尾,这样能使显示结果格式化。如果不使用 \G,显示的结果会比较混乱。

```
mysql> DESCRIBE v_studentinfo;
+-------+--------------+------+-----+---------+-------+
| Field | Type         | Null | Key | Default | Extra |
+-------+--------------+------+-----+---------+-------+
```

```
|  name   | varchar(20)  |  YES  |      |  NULL    |       |
|  score  | decimal(4,2) |  YES  |      |  NULL    |       |
+--------+--------------+-------+------+----------+-------+
2 rows in set (0.01 sec)
mysql>   SHOW CREATE VIEW v _ studentinfo;
+----------------+----------------------------------------------------------
----------------------------------------------------------------------------
------------------------------+-----------------------+----------------------+

|  View    |  Create View
|  character _ set _ client  |  collation _ connection  |
+----------------+----------------------------------------------------------
----------------------------------------------------------------------------
------------------------------+-----------------------+----------------------+

|  v _ studentinfo  |  CREATE ALGORITHM = UNDEFINED DEFINER = ´root´@´localhost´ SQL SECURITY DEFINER
VIEW ´v _ studentinfo´ AS select ´studentinfo´.´NAME´ AS ´name´,´studentinfo´.´SCORE´ AS ´score´ from ´
studentinfo´  |  gbk
|  gbk _ chinese _ ci       |
+----------------+----------------------------------------------------------
----------------------------------------------------------------------------
------------------------------+-----------------------+----------------------+

1 row in set (0.01 sec)
```

注意：所有视图的定义都存储在 information _ schema 数据库下的 views 表中，也可以在这个表中查看所有视图的详细信息，SQL 语句如下：

SELECT * FROM information _ schema.views;

不过，通常情况下都是使用 SHOW CREATE VIEW 语句。

7.8　修改视图

修改视图是指修改 MySQL 数据库中存在的视图，当基本表的某些字段发生变化时，可以通过修改视图来保持与基本表的一致性。

7.8.1　基本语法

可以使用 ALTER VIEW 语句来对已有的视图进行修改。
语法格式如下：

ALTER VIEW ＜视图名＞ AS ＜SELECT 语句＞

下面对该语法做说明。

•＜视图名＞：指定视图的名称。该名称在数据库中必须是唯一的，不能与其他表或视图同名。

•＜SELECT 语句＞：指定创建视图的 SELECT 语句，可用于查询多个基础表或源视图。

需要注意的是，对于 ALTER VIEW 语句的使用，需要用户具有针对视图的 CRE-ATE VIEW 和 DROP 权限，以及由 SELECT 语句选择的每一列上的某些权限。

修改视图的定义，除了可以通过 ALTER VIEW 外，也可以使用 DROP VIEW 语句先删除视图，再使用 CREATE VIEW 语句来实现。

7.8.2　修改视图内容

视图是一个虚拟表，实际的数据来自于基本表，所以通过插入、修改和删除操作更新视图中的数据，实质上是在更新视图所引用的基本表的数据。

注意：对视图的修改就是对基本表的修改，因此在修改时，要满足基本表的数据定义。

某些视图是可更新的。也就是说，可以使用 UPDATE、DELETE 或 INSERT 等语句更新基本表的内容。对于可更新的视图，视图中的行和基本表的行之间必须具有一对一的关系。

还有一些特定的其他结构，这些结构会使视图不可更新。具体地讲，如果视图包含以下结构中的任何一种，它就是不可更新的：

- 聚合函数 SUM()、MIN()、MAX()、COUNT()等。
- DISTINCT 关键字。
- GROUPBY 子句。
- HAVING 子句。
- UNION 或 UNION ALL 运算符。
- 位于选择列表中的子查询。
- FROM 子句中的不可更新视图或包含多个表。
- WHERE 子句中的子查询，引用 FROM 子句中的表。
- ALGORITHM 选项为 TEMPTABLE(使用临时表总会使视图成为不可更新)的时候。

【例 7.13】使用 ALTER 语句修改视图 view＿students＿info，输入的 SQL 语句和执行结果如下：

```
mysql> ALTER VIEW view＿students＿info
    -> AS SELECT id,name,age
    -> FROM tb＿students＿info;
Query OK, 0 rows affected (0.07 sec)
mysql> DESC view＿students＿info;
+-------+-------------+------+-----+---------+-------+
| Field | Type        | Null | Key | Default | Extra |
+-------+-------------+------+-----+---------+-------+
| id    | int(11)     | NO   |     | 0       |       |
| name  | varchar(45) | YES  |     | NULL    |       |
| age   | int(11)     | YES  |     | NULL    |       |
+-------+-------------+------+-----+---------+-------+
3 rows in set (0.03 sec)
```

　　用户可以通过视图来插入、更新、删除表中的数据，因为视图是一个虚拟的表，没有数据。通过视图更新时转到基本表上进行更新，如果对视图增加或删除记录，实际上是对基本表增加或删除记录。

　　查看视图 view＿students＿info 的数据内容，如下：

```
mysql> SELECT * FROM view_students_info;
+----+--------+------+
| id | name   | age  |
+----+--------+------+
|  1 | Dany   |   24 |
|  2 | Green  |   23 |
|  3 | Henry  |   23 |
|  4 | Jane   |   22 |
|  5 | Jim    |   24 |
|  6 | John   |   21 |
|  7 | Lily   |   22 |
|  8 | Susan  |   23 |
|  9 | Thomas |   22 |
| 10 | Tom    |   23 |
+----+--------+------+
10 rows in set (0.00 sec)
```

　　【例7.14】使用 UPDATE 语句更新视图 view＿students＿info，输入的 SQL 语句和执行结果如下：

```
mysql> UPDATE view_students_info
    -> SET age = 25 WHERE id = 1;
Query OK, 0 rows affected (0.24 sec)
Rows matched: 1   Changed: 0   Warnings: 0
mysql> SELECT * FROM view_students_info;
+----+--------+------+
| id | name   | age  |
+----+--------+------+
|  1 | Dany   |   25 |
|  2 | Green  |   23 |
|  3 | Henry  |   23 |
|  4 | Jane   |   22 |
|  5 | Jim    |   24 |
|  6 | John   |   21 |
|  7 | Lily   |   22 |
|  8 | Susan  |   23 |
|  9 | Thomas |   22 |
| 10 | Tom    |   23 |
+----+--------+------+
10 rows in set (0.00 sec)
```

　　查看基本表 tb＿students＿info 和视图 v＿students＿info 的内容，如下：

```
mysql> SELECT * FROM tb_students_info;
+----+--------+---------+------+------+--------+------------+
| id | name   | dept_id | age  | sex  | height | login_date |
+----+--------+---------+------+------+--------+------------+
|  1 | Dany   |       1 |   25 | F    |    160 | 2015-09-10 |
|  2 | Green  |       3 |   23 | F    |    158 | 2016-10-22 |
|  3 | Henry  |       2 |   23 | M    |    185 | 2015-05-31 |
|  4 | Jane   |       1 |   22 | F    |    162 | 2016-12-20 |
|  5 | Jim    |       1 |   24 | M    |    175 | 2016-01-15 |
|  6 | John   |       2 |   21 | M    |    172 | 2015-11-11 |
|  7 | Lily   |       6 |   22 | F    |    165 | 2016-02-26 |
|  8 | Susan  |       4 |   23 | F    |    170 | 2015-10-01 |
|  9 | Thomas |       3 |   22 | M    |    178 | 2016-06-07 |
| 10 | Tom    |       4 |   23 | M    |    165 | 2016-08-05 |
+----+--------+---------+------+------+--------+------------+
10 rows in set (0.00 sec)

mysql> SELECT * FROM v_students_info;
+------+--------+------+-------+-------+----------+------------+
| s_id | s_name | d_id | s_age | s_sex | s_height | s_date     |
+------+--------+------+-------+-------+----------+------------+
|    1 | Dany   |    1 |    25 | F     |      160 | 2015-09-10 |
|    2 | Green  |    3 |    23 | F     |      158 | 2016-10-22 |
|    3 | Henry  |    2 |    23 | M     |      185 | 2015-05-31 |
|    4 | Jane   |    1 |    22 | F     |      162 | 2016-12-20 |
|    5 | Jim    |    1 |    24 | M     |      175 | 2016-01-15 |
|    6 | John   |    2 |    21 | M     |      172 | 2015-11-11 |
|    7 | Lily   |    6 |    22 | F     |      165 | 2016-02-26 |
|    8 | Susan  |    4 |    23 | F     |      170 | 2015-10-01 |
|    9 | Thomas |    3 |    22 | M     |      178 | 2016-06-07 |
|   10 | Tom    |    4 |    23 | M     |      165 | 2016-08-05 |
+------+--------+------+-------+-------+----------+------------+
10 rows in set (0.00 sec)
```

7.8.3　修改视图的名称

修改视图的名称可以先将视图删除，然后按照相同的定义语句进行视图的创建，并命名为新的视图名称。也可以用 Rename table 命令改名。

语法格式：

Rename table 原视图名 to 新视图名；

例如，把原视图 view_students_info 重命名为 newview_students_info，输入的 SQL 语句和执行结果如下：

```
mysql> rename table view_students_info  to newview_students_info;
Query OK, 0 rows affected (0.01 sec)
```

7.9 删除视图

删除视图是指删除 MySQL 数据库中已存在的视图。删除视图时，只能删除视图的定义，不会删除数据表。

7.9.1 基本语法

可以使用 DROP VIEW 语句来删除视图，语法格式如下：

DROP VIEW <视图名 1> [，<视图名 2> …]

其中，<视图名>指定要删除的视图名，DROP VIEW 语句可以一次删除多个视图，但是必须在每个视图上拥有 DROP 权限。

7.9.2 删除视图

【例 7.15】删除 v_students_info 视图，输入的 SQL 语句和执行过程如下：

```
mysql> DROP VIEW IF EXISTS v_students_info;
Query OK, 0 rows affected (0.00 sec)
mysql> SHOW CREATE VIEW v_students_info;
ERROR 1146 (42S02): Table ´test_db.v_students_info´ doesn´t exist
```

可以看到，v_students_info 视图已不存在，将其成功删除。

7.10 小结

本节介绍了 MySQL 数据库管理系统中关于视图和索引的操作，视图部分主要包含视图的创建、查看、删除、修改和关于数据的操作；索引部分分别从数据库对象索引的基本概念和操作两方面介绍，前者主要介绍为什么要使用索引对象，后者主要介绍创建索引、查看索引和删除索引，详细介绍普通索引、唯一索引、全文索引和多列索引等各种类型索引的相关操作。

通过本章的学习，读者不仅可以掌握数据库对象中视图和索引的基本概念，而且还会对视图和索引进行各种熟练的操作。

▎线上课堂——训练与测试▎

扫描封底刮刮卡

获取答题权限

在线题库

第8章 常用运算符和函数

每个程序员都知道运算符与函数的重要性，运算符可以用来连接各种类型的操作数以组成表达式。MySQL 软件支持多种运算符以实现各种需求的表达式，包括算术运算符、比较运算符、逻辑运算符和位运算符等。在 MySQL 软件中，通过运算符不仅可以操作各种类型的数据，还可以灵活地使用表中的字段。

丰富的函数往往能使程序员的工作事半功倍。MySQL 软件支持多种函数，包括字符串函数、数值函数、日期函数、获取系统信息的函数等。在 MySQL 软件中，函数不仅可以出现在 SELECT 语句及其子句中，还可以出现在 UPDATE、DELETE 语句中。

学习目标

通过本章的学习，可以掌握在 MySQL 软件中使用各种常用运算符及函数，内容包含：

- 算术运算符；
- 比较运算符；
- 逻辑运算符；
- 位运算符；
- 字符串函数；
- 数值函数；
- 日期和时间函数；
- 系统信息函数。

8.1 运算符

在 MySQL 中，可以通过运算符来获取表结构以外的另一种数据。例如，学生表中存在一个 birth 字段，这个字段表示学生的出生年月。如果想得到这个学生的实际年龄，可以使用 MySQL 中的算术运算符用当前的年份减去学生出生的年份，求出的结果就是这个学生的实际年龄了。

MySQL 提供的运算符可以直接对表中数据或字段进行运算，进而实现用户的需求，增强了 MySQL 的功能。每种数据库都支持 SQL 语句，但是它们也有各自支持的运算符。我们除了需要学会使用 SQL 语句外，还需要掌握各种运算符。

MySQL 支持 4 种运算符，分别是算术运算符、比较运算符、逻辑运算符和位运算符。

- 算术运算符：执行算术运算，例如加、减、乘、除等。
- 比较运算符：包括大于、小于、等于或不等于等，主要用于数值的比较、字符串的匹配等方面。
- 逻辑运算符：包括与、或、非和异或等，其返回值为布尔型，真值（1 或 true）和假值（0 或 false）。
- 位运算符：包括按位与、按位或、按位取反、按位异或、按位左移和按位右移等。位运算必须先将数据转换为补码，然后再根据数据的补码进行操作。运算完成后，将得到的值转换为原来的类型（十进制数），返回给用户。

8.1.1　算术运算符

算术运算符是 SQL 中最基本的运算符，MySQL 支持的运算符包括加、减、乘、除和取余运算，它们是最常用、最简单的一类运算符。表 8-1 列出了这些运算符的作用和使用方法。

表 8-1　MySQL 中的算术运算符

运　算　符	作　　用	使　用　方　法
＋	加法运算	用于获得一个或多个值的和
－	减法运算	用于从一个值中减去另一个值
*	乘法运算	使数字相乘，得到两个或多个值的乘积
/	除法运算，返回商	用一个值除以另一个值得到商
%，MOD	求余运算，返回余数	用一个值除以另一个值得到余数

【例 8.1】创建表 temp，定义数据类型为 INT 的字段 num，并插入值 64，对 num 值进行算术运算。

创建 temp 表语法如下：

```
CREATE TABLE temp(num INT);
```

向字段 num 插入数据 64，语法如下。

```
INSERT INTO temp VALUES (64);
```

对 num 的值进行加法和减法运算：

```
mysql> SELECT num, num + 10, num - 3 + 5, num + 36.5 FROM temp;
+------+---------+-----------+-----------+
| num  | num + 10| num - 3 + 5| num + 36.5|
+------+---------+-----------+-----------+
|  64  |    74   |     66    |   100.5   |
+------+---------+-----------+-----------+
1 row in set (0.01 sec)
```

上面计算是对 temp 表中的 num 字段的值进行加法和减法运算，而且由于＋和－的优先级相同，因此先加后减或者先减后加之后的结果是相同的。

【例 8.2】对 temp 表中的 num 进行乘法、除法运算，运行结果如下：

```
mysql> SELECT num,num * 2,num/2,num/3,num % 3 FROM temp;
+------+-------+---------+---------+-------+
| num  | num * 2| num/2   | num/3   | num % 3|
+------+-------+---------+---------+-------+
|  64  |  128  | 32.0000 | 21.3333 |     1 |
+------+-------+---------+---------+-------+
1 row in set (0.00 sec)
```

可以看出，对 num 进行除法运算时，由于 64 无法被 3 整除，因此 MySQL 对 num/3 求商的结果保存到了小数点后面四位，结果为 21.3333；64 除以 3 的余数为 1，因此取余运算 num%3 的结果为 1。对于取余运算，还可以使用 MOD(a，b)函数，MOD(a，b)相当于 a%b，运行结果如下：

```
mysql> SELECT MOD (num,3) FROM temp;
+-------------+
| MOD (num,3) |
+-------------+
|           1 |
+-------------+
1 row in set (0.00 sec)
```

【例 8.3】 数学运算中，除数为 0 的除法是没有意义的。在除法运算和取余运算中，如果除数为 0，那么返回结果为 NULL。

在除法运算和取余运算中，除数为 0 的运行结果如下：

```
mysql> SELECT num,num/0,num % 0 FROM temp;
+------+-------+-------+
| num  | num/0 | num % 0|
+------+-------+-------+
|  64  | NULL  |  NULL |
+------+-------+-------+
1 row in set (0.00 sec)
```

可以看到，对 num 进行除法求商或者求余运算的结果均为 NULL。

8.1.2　逻辑运算符

逻辑运算符又称为布尔运算符，用来确定表达式的真和假。MySQL 中支持的逻辑运算符如表 8-2 所示。

表 8-2　中的逻辑运算符

运　算　符	作　　用
NOT 或者!	逻辑非
AND 或者 &&	逻辑与
OR 和 ‖	逻辑或
XOR	逻辑异或

下面分别讨论 MySQL 逻辑运算符的使用方法。

▶ 1. 逻辑非运算(NOT 或者!)

NOT 和! 都是逻辑非运算符,返回和操作数相反的结果,具体语法规则为:

- 当操作数为 0(假)时,返回值为 1;
- 当操作数为非零值时,返回值为 0;
- 当操作数为 NULL 时,返回值为 NULL。

【例 8.4】分别使用非运算符 NOT 或者! 进行逻辑判断,运行结果如下:

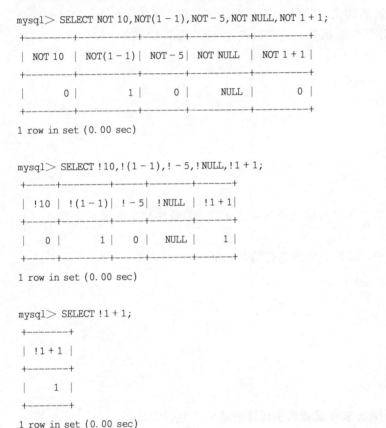

```
mysql> SELECT NOT 10,NOT(1-1),NOT-5,NOT NULL,NOT 1+1;
+--------+----------+-------+----------+--------+
| NOT 10 | NOT(1-1) | NOT-5 | NOT NULL | NOT 1+1|
+--------+----------+-------+----------+--------+
|      0 |        1 |     0 |     NULL |      0 |
+--------+----------+-------+----------+--------+
1 row in set (0.00 sec)

mysql> SELECT !10,!(1-1),!-5,!NULL,!1+1;
+-----+--------+-----+-------+------+
| !10 | !(1-1) | !-5 | !NULL | !1+1 |
+-----+--------+-----+-------+------+
|   0 |      1 |   0 |  NULL |    1 |
+-----+--------+-----+-------+------+
1 row in set (0.00 sec)

mysql> SELECT !1+1;
+------+
| !1+1 |
+------+
|    1 |
+------+
1 row in set (0.00 sec)
```

可以看出,NOT 1+1 和! 1+1 的返回值不同,这是因为 NOT 与! 的优先级不同:

- NOT 的优先级低于+,因此 NOT 1+1 相当于 NOT(1+1),先计算 1+1,然后再进行 NOT 运算,由于操作数不为 0,因此 NOT 1+1 的结果是 0。
- 相反,! 的优先级别要高于+,因此! 1+1 相当于(! 1)+1,先计算! 1 结果为 0,再加 1,最后结果为 1。

读者在使用运算符运算时,一定要注意运算符的优先级,如果不能确定计算顺序,最好使用括号,以保证运算结果正确。

▶ 2. 逻辑与运算符(AND 或者 &&)

AND 和 && 都是逻辑与运算符,具体语法规则为:

- 当所有操作数都为非零值并且不为 NULL 时,返回值为 1;
- 当一个或多个操作数为 0 时,返回值为 0;

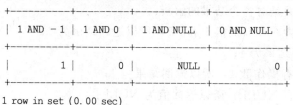

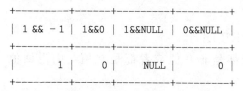

• 操作数中有任何一个为 NULL 时，返回值为 NULL。

【例 8.5】分别使用与运算符 AND 和 && 进行逻辑判断，运行结果如下：

```
mysql> SELECT 1 AND -1,1 AND 0,1 AND NULL, 0 AND NULL;
+---------+--------+-----------+-----------+
| 1 AND -1 | 1 AND 0 | 1 AND NULL | 0 AND NULL |
+---------+--------+-----------+-----------+
|        1 |       0 |       NULL |          0 |
+---------+--------+-----------+-----------+
1 row in set (0.00 sec)

mysql> SELECT 1 && -1,1&&0,1&&NULL,0&&NULL;
+--------+------+---------+--------+
| 1 && -1 | 1&&0 | 1&&NULL | 0&&NULL |
+--------+------+---------+--------+
|       1 |    0 |    NULL |       0 |
+--------+------+---------+--------+
1 row in set (0.00 sec)
```

可以看到，AND 和 && 的作用相同。1 AND -1 中没有 0 或者 NULL，所以返回值为 1；1 AND 0 中有操作数 0，所以返回值为 0；1 AND NULL 显然有 NULL，所以返回值为 NULL。

注意：AND 运算符可以有多个操作数，多个操作数运算时，AND 两边一定要使用空格隔开，不然会影响结果的正确性。

▶ 3. 逻辑或运算符(OR 或者 ‖)

OR 和 ‖ 都是逻辑或运算符，具体语法规则为：

• 当两个操作数都为非 NULL 值时，如果有任意一个操作数为非零值，则返回值为 1，否则结果为 0；

• 当有一个操作数为 NULL 时，如果另一个操作数为非零值，则返回值为 1，否则结果为 NULL；

• 假如两个操作数均为 NULL，则返回值为 NULL。

【例 8.6】分别使用或运算符 OR 和 ‖ 进行逻辑判断，运行结果如下：

```
mysql> SELECT 1 OR -1 OR 0,1 OR 2,1 OR NULL, 0 OR NULL, NULL OR NULL;
+-------------+--------+----------+----------+-------------+
| 1 OR -1 OR 0 | 1 OR 2 | 1 OR NULL | 0 OR NULL | NULL OR NULL |
+-------------+--------+----------+----------+-------------+
|            1 |      1 |         1 |     NULL |        NULL |
+-------------+--------+----------+----------+-------------+
1 row in set (0.00 sec)
```

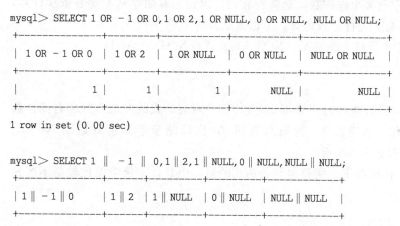

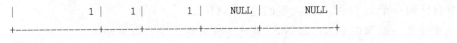

```
|              1|     1|         1|    NULL|      NULL |
+---------------+------+----------+--------+-----------+
```

1 row in set (0.00 sec)

可以看到，OR 和 ‖ 的作用相同。下面是对各个结果的解析：

- 1 OR −1 OR 0 含有 0，但同时包含有非 0 的值 1 和 −1，所以返回结果为 1；
- 1 OR 2 中没有操作数 0，所以返回结果为 1；
- 1 OR NULL 虽然有 NULL，但是有操作数 1，所以返回结果为 1；
- 0 OR NULL 中没有非 0 值，并且有 NULL，所以返回值为 NULL；
- NULL OR NULL 中只有 NULL，所以返回值为 NULL。

▶ 4. 异或运算（XOR 运算符）

XOR 表示逻辑异或，具体语法规则为：

- 当任意一个操作数为 NULL 时，返回值为 NULL；
- 对于非 NULL 的操作数，如果两个操作数都是非 0 值或者都是 0 值，则返回值为 0；
- 如果一个为 0 值，另一个为非 0 值，返回值为 1。

【例 8.7】使用异或运算符 XOR 进行逻辑判断，SQL 语句如下：

mysql> SELECT 1 XOR 1,0 XOR 0,1 XOR 0,1 XOR NULL,1 XOR 1 XOR 1;

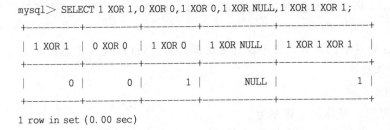

```
+---------+---------+---------+------------+---------------+
| 1 XOR 1 | 0 XOR 0 | 1 XOR 0 | 1 XOR NULL | 1 XOR 1 XOR 1 |
+---------+---------+---------+------------+---------------+
|       0 |       0 |       1 |       NULL |             1 |
+---------+---------+---------+------------+---------------+
```

1 row in set (0.00 sec)

可以看到：

- 1 XOR 1 和 0 XOR 0 中运算符两边的操作数都为非零值，或者都是零值，因此返回 0；
- 1 XOR 0 中两边的操作数，一个为 0 值，另一个为非 0 值，所以返回值为 1；
- 1 XOR NULL 中有一个操作数为 NULL，所以返回值为 NULL；
- 1 XOR 1 XOR 1 中有多个操作数，运算符相同，因此运算顺序从左到右依次计算，1 XOR 1 的结果为 0，再与 1 进行异或运算，所以返回值为 1。

提示：a XOR b 的计算等同于(a AND(NOT b))或者((NOT a) AND b)。

8.1.3 比较运算符

当使用 SELECT 语句进行查询时，MySQL 允许用户对表达式的左操作数和右操作数进行比较，比较结果为真，则返回 1，为假则返回 0，比较结果不确定则返回 NULL。MySQL 支持的比较运算符如表 8-3 所示。

比较运算符可以用于比较数字、字符串和表达式的值。但是，字符串的比较是不区分大小写的。

表 8-3　MySQL 中的比较运算符

运 算 符	作 用
=	等于
<=>	安全的等于
<> 或者 ！=	不等于
<=	小于或等于
>=	大于或等于
>	大于
IS NULL 或者 ISNULL	判断一个值是否为空
IS NOT NULL	判断一个值是否不为空
BETWEEN AND	判断一个值是否落在两个值之间

▶ 1. 等于运算（=）

"="运算符用来比较两边的操作数是否相等，相等返回 1，不相等返回 0。具体的语法规则如下：

若有一个或两个操作数为 NULL，则比较运算的结果为 NULL。

• 若两个操作数都是字符串，则按照字符串进行比较。

• 若两个操作数均为整数，则按照整数进行比较。

• 若一个操作数为字符串，另一个操作数为数字，则 MySQL 可以自动将字符串转换为数字。

注意：在 SQL 查询语句的条件子句中，NULL 不能用于"="比较。

【例 8.8】使用"="进行相等判断，SQL 语句如下：

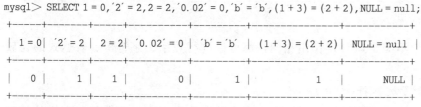

```
mysql> SELECT 1 = 0,´2´ = 2,2 = 2,´0.02´ = 0,´b´ = ´b´,(1 + 3) = (2 + 2),NULL = null;
+-------+---------+-------+------------+-----------+-------------------+-----------+
| 1 = 0 | ´2´ = 2 | 2 = 2 | ´0.02´ = 0 | ´b´ = ´b´ | (1 + 3) = (2 + 2) | NULL = null |
+-------+---------+-------+------------+-----------+-------------------+-----------+
|     0 |       1 |     1 |          0 |         1 |                 1 |      NULL |
+-------+---------+-------+------------+-----------+-------------------+-----------+
1 row in set (0.01 sec)
```

对运行结果的分析：

• 2=2 和´2´=2 的返回值相同，都为 1，因为在进行判断时，MySQL 自动进行了转换，把字符´2´转换成了数字 2。

• ´b´=´b´为相同的字符比较，因此返回值为 1。

• 表达式 1+3 和表达式 2+2 的结果都为 4，因此结果相等，返回值为 1。

• 由于"="不能用于空值 NULL 的判断，因此 NULL=null 的返回值为 NULL。

▶ 2. 安全等于运算符（<=>）

"<=>"操作符和"="操作符类似，不过"<=>"可以用来判断 NULL 值，具体语法规则为：

- 当两个操作数均为 NULL 时，其返回值为 1 而不为 NULL；
- 当一个操作数为 NULL 时，其返回值为 0 而不为 NULL。

【例 8.9】使用"<=>"进行相等的判断，SQL 语句如下：

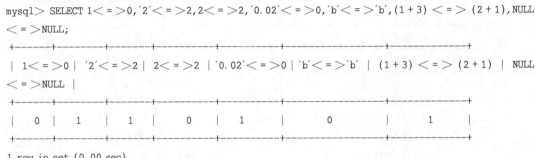

```
mysql> SELECT 1<=>0,´2´<=>2,2<=>2,´0.02´<=>0,´b´<=>´b´,(1+3) <=> (2+1),NULL
<=>NULL;
+--------+----------+--------+-------------+------------+-----------------+-------------+
| 1<=>0 | ´2´<=>2 | 2<=>2 | ´0.02´<=>0 | ´b´<=>´b´ | (1+3) <=> (2+1) | NULL
<=>NULL |
+--------+----------+--------+-------------+------------+-----------------+-------------+
|      0 |        1 |      1 |           0 |          1 |               0 |           1 |
+--------+----------+--------+-------------+------------+-----------------+-------------+
1 row in set (0.00 sec)
```

可以看到，"<=>"在执行比较操作时和"="的作用是相似的，唯一的区别是"<=>"可以用来对 NULL 进行判断，两者都为 NULL 时返回值为 1。

▶ 3. 不等于运算符(<>或者! =)

与"="的作用相反，"<>"和"! ="用于判断数字、字符串、表达式是否不相等。对于"<>"和"! ="，如果两侧操作数不相等，返回值为 1，否则返回值为 0；如果两侧操作数有一个是 NULL，那么返回值也是 NULL。

【例 8.10】使用"<>"和"! ="进行不相等的判断，SQL 语句如下：

```
mysql> SELECT ´good´<>´god´,1<>2,4! = 4,5.5! = 5,(1+3)! = (2+1),NULL<>NULL;
+----------------+-------+--------+---------+---------------+-----------+
| ´good´<>´god´ | 1<>2 | 4! = 4 | 5.5! = 5 | (1+3)! = (2+1) | NULL<>NULL |
+----------------+-------+--------+---------+---------------+-----------+
|              1 |     1 |      0 |       1 |             1 |      NULL |
+----------------+-------+--------+---------+---------------+-----------+
1 row in set (0.00 sec)
```

可以看到，两个不等于运算符作用相同，都可以进行数字、字符串、表达式的比较判断。

▶ 4. 小于或等于运算符(<=)

"<="是小于或等于运算符，用来判断左边的操作数是否小于或者等于右边的操作数；如果小于或者等于，返回值为 1，否则返回值为 0；如果两侧操作数有一个是 NULL，那么返回值也是 NULL。

【例 8.11】使用"<="进行比较判断，SQL 语句如下：

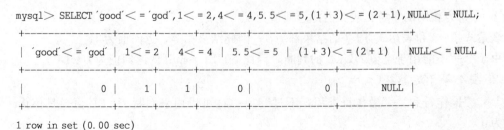

```
mysql> SELECT ´good´<=´god´,1<=2,4<=4,5.5<=5,(1+3)<=(2+1),NULL<=NULL;
+----------------+-------+--------+---------+---------------+-----------+
| ´good´<=´god´ | 1<=2 | 4<=4 | 5.5<=5 | (1+3)<=(2+1) | NULL<=NULL |
+----------------+-------+--------+---------+---------------+-----------+
|              0 |     1 |      1 |       0 |             0 |      NULL |
+----------------+-------+--------+---------+---------------+-----------+
1 row in set (0.00 sec)
```

由结果可以看到

- 左边操作数小于或者等于右边时,返回值为1,例如4<=4;
- 当左边操作数大于右边时,返回值为0,例如"good"第3个位置的"o"字符在字母表中的顺序大于"god"中的第3个位置的"d"字符,因此返回值为0;
- 同样,比较NULL值时返回NULL。

▶ 5. 小于运算符(<)

"<"是小于运算符,用来判断左边的操作数是否小于右边的操作数;如果小于,返回值为1,否则返回值为0;如果两侧操作数有一个是NULL,那么返回值也是NULL。

【例8.12】使用"<"进行比较判断,SQL语句如下:

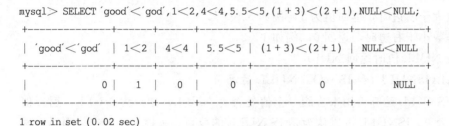

```
mysql> SELECT 'good'<'god',1<2,4<4,5.5<5,(1+3)<(2+1),NULL<NULL;
+--------------+-----+-----+-------+-------------+-----------+
| 'good'<'god' | 1<2 | 4<4 | 5.5<5 | (1+3)<(2+1) | NULL<NULL |
+--------------+-----+-----+-------+-------------+-----------+
|            0 |   1 |   0 |     0 |           0 |      NULL |
+--------------+-----+-----+-------+-------------+-----------+
1 row in set (0.02 sec)
```

由结果可以看到

- 当左边操作数小于右边时,返回值为1,例如1<2;
- 当左边操作数大于右边时,返回值为0,例如"good"第3个位置的"o"字符在字母表中的顺序大于"god"中的第3个位置的"d"字符,因此返回值为0;
- 同样,比较NULL值时返回NULL。

▶ 6. 大于或等于运算符(>=)

">="是大于或等于运算符,用来判断左边的操作数是否大于或者等于右边的操作数;如果大于或者等于,返回值为1,否则返回值为0;如果两侧操作数有一个是NULL,那么返回值也是NULL。

【例8.13】使用">="进行比较判断,SQL语句如下:

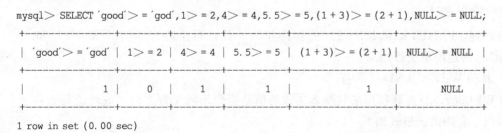

```
mysql> SELECT 'good'>='god',1>=2,4>=4,5.5>=5,(1+3)>=(2+1),NULL>=NULL;
+---------------+------+------+--------+--------------+------------+
| 'good'>='god' | 1>=2 | 4>=4 | 5.5>=5 | (1+3)>=(2+1) | NULL>=NULL |
+---------------+------+------+--------+--------------+------------+
|             1 |    0 |    1 |      1 |            1 |       NULL |
+---------------+------+------+--------+--------------+------------+
1 row in set (0.00 sec)
```

由结果可以看到:

- 左边操作数大于或者等于右边时,返回值为1,例如4>=4;
- 当左边操作数小于右边时,返回值为0,例如1>=2;
- 同样,比较NULL值时返回NULL。

▶ 7. 大于运算符(>)

">"是大于运算符,用来判断左边的操作数是否大于右边的操作数;如果大于,返回值为1，否则返回值为0；如果两侧操作数有一个是 NULL，那么返回值也是 NULL。

【例 8.14】使用"＞"进行比较判断，SQL 语句如下：

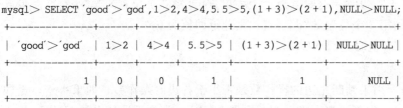

```
mysql> SELECT ´good´>´god´,1>2,4>4,5.5>5,(1+3)>(2+1),NULL>NULL;
+--------------+------+------+-------+---------------+-----------+
| ´good´>´god´ | 1>2  | 4>4  | 5.5>5 | (1+3)>(2+1)   | NULL>NULL |
+--------------+------+------+-------+---------------+-----------+
|            1 |    0 |    0 |     1 |             1 |      NULL |
+--------------+------+------+-------+---------------+-----------+
1 row in set (0.00 sec)
```

由结果可以看到

- 左边操作数大于右边时，返回值为1，例如5.5＞5；
- 当左边操作数小于右边时，返回 0，例如1＞2；
- 同样，比较 NULL 值时返回 NULL。

▶ 8. IS NULL(ISNULL)和 IS NOT NULL 运算符

IS NULL 或 ISNULL 运算符用来检测一个值是否为 NULL，如果为 NULL，返回值为1，否则返回值为 0。ISNULL 可以认为是 IS NULL 的简写，去掉了一个空格而已，两者的作用和用法都是完全相同的。

IS NOT NULL 运算符用来检测一个值是否为非 NULL，如果是非 NULL，返回值为1，否则返回值为 0。

【例 8.15】使用 IS NULL、ISNULL 和 IS NOT NULL 判断 NULL 值和非 NULL 值，SQL 语句如下：

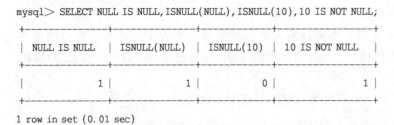

```
mysql> SELECT NULL IS NULL,ISNULL(NULL),ISNULL(10),10 IS NOT NULL;
+--------------+--------------+------------+----------------+
| NULL IS NULL | ISNULL(NULL) | ISNULL(10) | 10 IS NOT NULL |
+--------------+--------------+------------+----------------+
|            1 |            1 |          0 |              1 |
+--------------+--------------+------------+----------------+
1 row in set (0.01 sec)
```

可以看到，IS NULL 和 ISNULL 的作用相同，只是写法略有不同。ISNULL 和 IS NOT NULL 的返回值正好相反。

▶ 9. BETWEEN AND 运算符

BETWEEN AND 运算符用来判断表达式的值是否位于两个数之间，或者说是否位于某个范围内，它的语法格式如下：

```
expr BETWEEN min AND max
```

expr 表示要判断的表达式，min 表示最小值，max 表示最大值。如果 expr 大于或等于 min 并且小于或等于 max，那么返回值为1，否则返回值为 0。

【例 8.16】使用 BETWEEN AND 进行值区间判断，输入 SQL 语句如下：

```
mysql> SELECT 4 BETWEEN 2 AND 5,4 BETWEEN 4 AND 6,12 BETWEEN 9 AND 10;
+-------------------+-------------------+--------------------+
```

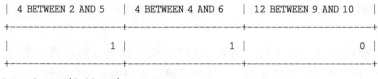

```
| 4 BETWEEN 2 AND 5  | 4 BETWEEN 4 AND 6  | 12 BETWEEN 9 AND 10  |
+--------------------+--------------------+----------------------+
|                  1 |                  1 |                    0 |
+--------------------+--------------------+----------------------+
1 row in set (0.00 sec)
```

由结果可以看到

- 4 在端点值区间内或者等于其中一个端点值，BETWEEN AND 表达式返回值为 1；
- 12 并不在指定区间内，因此返回值为 0；
- 对于字符串类型的比较，按字母表中字母顺序进行比较。

使用比较运算符时需要注意空值 NULL，大部分比较运算符遇到 NULL 时也会返回 NULL，上面我们都进行了说明。

另外，有些教程把 IN 和 NOT IN 也划分为比较运算符，但是我并不这样认为，我认为它们的初衷是判断某个值是否位于给出的列表中，只是使用了比较的功能而已。

8.1.4　位运算符

所谓位运算，就是按照内存中的比特位（Bit）进行操作，这是计算机能够支持的最小单位的运算。程序中所有的数据在内存中都是以二进制形式存储的，位运算就是对这些二进制数据进行操作。

位运算一般用于操作整数，对整数进行位运算才有实际意义。整数在内存中是以补码形式存储的，正数的补码形式和原码形式相同，而负数的补码形式和它的原码形式是不一样的，这一点大家要特别注意。这意味着，对负数进行位运算时，操作的是它的补码，而不是它的原码。

MySQL 中的整数字面量（常量整数，也就是直接书写出来的整数）默认以 8 字节（Byte）来表示，也就是 64 位（Bit）。例如，5 的二进制形式为：

```
0000 0000 ... 0000 0101
```

省略号部分都是 0，101 前面总共有 61 个 0。为了方便大家阅读，本节在介绍正数的补码时，省略了前面的 0。

MySQL 支持 6 种位运算符，如表 8-4 所示。

表 8-4　MySQL 中的位运算符

位运算符	说　明	使用形式	举　例
|	位或	a | b	5 | 8
&	位与	a&b	5&8
^	位异或	a^b	5^8
~	位取反	~a	~5
<<	位左移	a<<b	5<<2，表示整数 5 按位左移 2 位
>>	位右移	a>>b	5>>2，表示整数 5 按位右移 2 位

位运算中的 &、|、~和逻辑运算中的 &&、||、! 非常相似。

▶ 1. 位或运算符(|)

参与 | 运算的两个二进制位有一个为 1 时，结果就为 1，两个都为 0 时结果才为 0。例如 1 | 1 结果为 1，0 | 0 结果为 0，1 | 0 结果为 1，这和逻辑运算中的 || 非常类似。

【例 8.17】使用位或运算符进行正数运算，SQL 语句如下：

```
mysql> SELECT 10 | 15,9 | 4 | 2;
+--------+----------+
| 10 | 15| 9 | 4 | 2 |
+--------+----------+
|   15  |    15    |
+--------+----------+
1 row in set (0.00 sec)
```

10 的补码为 1010，15 的补码为 1111，按位或运算之后，结果为 1111，即整数 15；9 的补码为 1001，4 的补码为 0100，2 的补码为 0010，按位或运算之后，结果为 111，即整数 15。

【例 8.18】使用位或运算符进行负数运算，SQL 语句如下：

```
mysql> SELECT -7 | -1;
+----------------------+
| -7 | -1              |
+----------------------+
| 18446744073709551615 |
+----------------------+
1 row in set (0.00 sec)
```

-7 的补码为 60 个 1 加 1001，-1 的补码为 64 个 1，按位或运算之后，结果为 64 个 1，即整数 18446744073709551615。

可以发现，任何数和 -1 进行位或运算时，最终结果都是 -1 的十进制数。

▶ 2. 位与运算符(&)

参与 & 运算的两个二进制位都为 1 时，结果就为 1，否则为 0。例如 1&1 结果为 1，0&0 结果为 0，1&0 结果为 0，这和逻辑运算中的 && 非常类似。

【例 8.19】使用位与运算符进行正数运算，SQL 语句如下：

```
mysql> SELECT 10 & 15,9 & 4 & 2;
+---------+-----------+
| 10 & 15 | 9 & 4 & 2 |
+---------+-----------+
|    10   |     0     |
+---------+-----------+
1 row in set (0.00 sec)
```

10 的补码为 1010，15 的补码为 1111，按位与运算之后，结果为 1010，即整数 10；9 的补码为 1001，4 的补码为 0100，2 的补码为 0010，按位与运算之后，结果为 0000，即整数 0。

【例8.20】使用位与运算符进行负数运算，SQL语句如下：

```
mysql> SELECT -7&-1;
+----------------------+
| -7&-1                |
+----------------------+
| 18446744073709551609 |
+----------------------+
1 row in set (0.01 sec)
```

－7的补码为60个1加1001，－1的补码为64个1，按位与运算之后，结果为60个1加1001，即整数18446744073709551609。

可以发现，任何数和－1进行位与运算时，最终结果都为任何数本身的十进制数。

▶ 3. 位异或运算符(^)

参与^运算的两个二进制位不同时，结果为1，相同时，结果为0。例如1│1结果为0，0│0结果为0，1│0结果为1。

【例8.21】使用位异或运算符进行正数运算，SQL语句如下：

```
mysql> SELECT 10^15,1^0,1^1;
+-------+-----+-----+
| 10^15 | 1^0 | 1^1 |
+-------+-----+-----+
|     5 |   1 |   0 |
+-------+-----+-----+
1 row in set (0.00 sec)
```

10的补码为1010，15的补码为111，按位异或运算之后，结果为0101，即整数5；1的补码为0001，0的补码为0000，按位异或运算之后，结果为0001；1和1本身二进制位完全相同，因此结果为0。

【例8.22】使用位异或运算符进行负数运算，SQL语句如下：

```
mysql> SELECT -7^-1;
+--------+
| -7^-1  |
+--------+
|      6 |
+--------+
1 row in set (0.00 sec)
```

－7的补码为60个1加1001，－1的补码为64个1，按位异或运算之后，结果为110，即整数6。

▶ 4. 位左移运算符(<<)

位左移是按指定值的补码形式进行左移，左移指定位数之后，左边高位的数值被移出并丢弃，右边低位空出的位置用0补齐。

位左移的语法格式为：

expr << n

其中，n 指定值 expr 要移位的位数，n 必须为非负数。

【例 8.23】使用位左移运算符进行正数计算，SQL 语句如下：

```
mysql> SELECT 1<<2,4<<2;
+--------+--------+
| 1<<2   | 4<<2   |
+--------+--------+
|      4 |     16 |
+--------+--------+
1 row in set (0.00 sec)
```

1 的补码为 0000 0001，左移两位之后变成 0000 0100，即整数 4；4 的补码为 0000 0100，左移两位之后变成 0001 0000，即整数 16。

【例 8.24】使用位左移运算符进行负数计算，SQL 语句如下：

```
mysql> SELECT -7<<2;
+----------------------+
| -7<<2                |
+----------------------+
| 18446744073709551588 |
+----------------------+
1 row in set (0.00 sec)
```

−7 的补码为 60 个 1 加 1001，左移两位之后变成 56 个 1 加 1110 0100，即整数 18446744073709551588。

▶ 5. 位右移运算符(>>)

位右移是按指定值的补码形式进行右移，右移指定位数之后，右边低位的数值被移出并丢弃，左边高位空出的位置用 0 补齐。

位右移语法格式为：

expr >> n

其中，n 指定值 expr 要移位的位数，n 必须为非负数。

【例 8.25】使用位右移运算符进行正数运算，SQL 语句如下：

```
mysql> SELECT 1>>1,16>>2;
+--------+---------+
| 1>>1   | 16>>2   |
+--------+---------+
|      0 |       4 |
+--------+---------+
1 row in set (0.00 sec)
```

1 的补码为 0000 0001，右移 1 位之后变成 0000 0000，即整数 0；16 的补码为 0001 0000，右移两位之后变成 0000 0100，即整数 4。

【例 8.26】使用位右移运算符进行负数运算，SQL 语句如下：

```
mysql> SELECT -7>>2;
+---------------------+
| -7>>2               |
+---------------------+
| 4611686018427387902 |
+---------------------+
1 row in set (0.00 sec)
```

－7 的补码为 60 个 1 加 1001，右移两位之后变成 0011 加 56 个 1 加 1110，即整数 4611686018427387902。

▶ 6. 位取反运算符～

位取反是将参与运算的数据按对应的补码进行反转，也就是做 NOT 操作，即 1 取反后变 0，0 取反后变为 1。

【例 8.27】看一个经典的取反例子，对 1 进行位取反运算，具体如下：

```
mysql> SELECT ~1,~18446744073709551614;
+----------------------+------------------------+
| ~1                   | ~18446744073709551614  |
+----------------------+------------------------+
| 18446744073709551614 |                      1 |
+----------------------+------------------------+
1 row in set (0.00 sec)
```

常量 1 的补码为 63 个 0 加 1 个 1，位取反后就是 63 个 1 加一个 0，转换为二进制后就是 18446744073709551614。

可以使用 BIN() 函数查看 1 取反之后的结果，BIN(N) 函数的作用是将一个十进制数 N 转换为二进制值的字符串表示，其中 N 是一个长整型（BIG1NT）数。这等同于 CONV(N，10，2)。如果 N 为 NULL，那么返回 NULL。查看整数 12 的二进制编码如下。

```
mysql> SELECT BIN(12);
+---------+
| BIN(12) |
+---------+
| 1100    |
+---------+
1 row in set (0.01 sec)
```

1 的补码表示为最右边位为 1，其他位均为 0，取反操作之后，除了最低位，其他位均变为 1。

【例 8.28】使用位取反运算符进行运算，SQL 语句如下：

```
mysql> SELECT 5 & ~1;
+--------+
| 5 & ~1 |
+--------+
|      4 |
```

```
+---------+
1 row in set (0.00 sec)
```

逻辑运算 5&~1 中，由于位取反运算符"~"的级别高于位与运算符"&"，因此先对 1 进行取反操作，结果为 63 个 1 加一个 0，然后再与整数 5 进行与运算，结果为 0100，即整数 4。

8.1.5 运算符的优先级

运算符的优先级决定了不同的运算符在表达式中计算的先后顺序，表 8-5 列出了 MySQL 中的各类运算符及其优先级。

表 8-5 各类运算符及其优先级

优先级由低到高排列	运 算 符
1	=（赋值运算）、：=
2	II、OR
3	XOR
4	&&、AND
5	NOT
6	BETWEEN、CASE、WHEN、THEN、ELSE
7	=（比较运算）、<=>、>=、>、<=、<、<>、! =、IS、LIKE、REGEXP、IN
8	|
9	&
10	<<、>>
11	-（减号）、+
12	*、/、%
13	^
14	-（负号）、~（位反转）
15	!

可以看出，不同运算符的优先级是不同的。一般情况下，级别高的运算符优先进行计算，如果级别相同，MySQL 按表达式的顺序从左到右依次计算。

另外，在无法确定优先级的情况下，可以使用圆括号"（）"来改变优先级，这样会使计算过程更加清晰。

8.2 常用函数

8.2.1 MySQL 函数简介

MySQL 函数是 MySQL 数据库提供的内部函数，这些内部函数可以帮助用户更加方便地处理表中的数据。函数就像预定的公式一样存放在数据库里，每个用户都可以调用已经存在的函数来完成某些功能。

提示： 函数就是输入值然后得到相应的输出结果，输入值称为参数（parameter），输出值称为返回值。

函数可以很方便地实现业务逻辑的重用，并且 MySQL 数据库允许用户自己创建函数，以适应实际的业务操作。正确使用函数会让读者在编写 SQL 语句时起到事半功倍的效果。

MySQL 函数用来对数据表中的数据进行相应的处理，以便得到用户希望得到的数据，使 MySQL 数据库的功能更加强大。

下面将简单介绍 MySQL 中包含的几类函数，以及这几类函数的使用范围和作用。

MySQL 函数包括数学函数、字符串函数、日期和时间函数、条件判断函数、系统信息函数和加密函数等。这些函数不仅能帮助用户做很多事情，比如字符串的处理、数值的运算、日期的运算等，还可以帮助开发人员编写出简单快捷的 SQL 语句。

在 SELECT、INSERT、UPDATE 和 DELETE 语句及其子句（例如 WHERE、ORDER BY、HAVING 等）中都可以使用 MySQL 函数。例如，数据表中的某个数据是负数，现在需要将这个数据显示为整数，这时就可以在 SELECT 语句中使用绝对值函数。

下面介绍这几类函数的使用范围。

• 数学函数主要用于处理数字。这类函数包括绝对值函数、正弦函数、余弦函数和获得随机数的函数等。

• 字符串函数主要用于处理字符串，其中包括字符串连接函数、字符串比较函数，以及将字符串中的字母都变成小写或大写字母的函数和获取子串的函数等。

• 日期和时间函数主要用于处理日期和时间，其中包括获取当前时间的函数、获取当前日期的函数、返回年份的函数和返回日期的函数等。

• 条件判断函数主要用于在 SQL 语句中控制条件选择，其中包括 IF 语句、CASE 语句和 WHERE 语句等。

• 系统信息函数主要用于获取 MySQL 数据库的系统信息，其中包括获取数据库名的函数、获取当前用户的函数和获取数据库版本的函数等。

• 加密函数主要用于对字符串进行加密解密，其中包括字符串加密函数和字符串解密函数等。

• 其他函数主要包括格式化函数和锁函数等。

以上这些都是 MySQL 数据库中具有代表性的函数，大家并不需要一次全部记住，只需要知道有这样的函数就可以了，实际应用时可以查阅。

MySQL 函数会对传递进来的参数进行处理，并返回一个处理结果，也就是返回一个值。

MySQL 包含了大量而丰富的函数，这里只收集了几十个常用的，剩下的比较罕见的函数我们就不再整理了，读者可以到 MySQL 官网查询。

可以对 MySQL 常用函数进行简单的分类，大概包括数值型函数、字符串型函数、日期时间函数、聚合函数等。MySQL 数值型函数如表 8-6 所示。

表 8-6   MySQL 数值型函数

函 数 名 称	作 用
abs()	求绝对值
sqrt()	求二次方根
mod	求余数
ceil 和 ceiling	两个函数功能相同，都是返回不小于参数的最小整数，即向上取整
floor	向下取整，返回值转化为一个不大于参数的最小整数
rand	生成一个 0~1 之间的随机数，传入整数参数是，用来产生重复序列
round	对所传参数进行四舍五入
sign	返回参数的符号
pow 和 power	两个函数的功能相同，都是所传参数的次方的结果值
sin	求正弦值
asin	求反正弦值，与函数 sin 互为反函数
cos	求余弦值
acos	求反余弦值，与函数 cos 互为反函数
tan	求正切值
atan	求反正切值，与函数 tan 互为反函数
cot	求余切值

8.2.2   数学函数

▶ **1. 求绝对值函数**

abs(n)返回 n 的绝对值，SQL 验证如下：

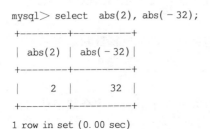

```
mysql> select  abs(2), abs(-32);
+--------+----------+
| abs(2) | abs(-32) |
+--------+----------+
|      2 |       32 |
+--------+----------+
1 row in set (0.00 sec)
```

▶ **2. 求参数的符号函数**

sign(n)返回参数的符号(为-1、0 或 1)，SQL 验证如下：

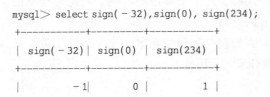

```
mysql> select sign(-32),sign(0), sign(234);
+-----------+---------+-----------+
| sign(-32) | sign(0) | sign(234) |
+-----------+---------+-----------+
|        -1 |       0 |         1 |
```

```
+-----------+---------+-----------+
1 row in set (0.00 sec)
```

▶ 3. 求余数函数

mod(n，m)取模运算，返回 n 被 m 除的余数(同％操作符)，SQL 验证如下：

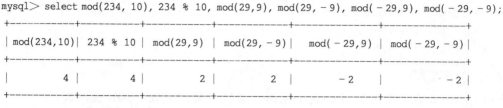

```
mysql> select mod(234, 10), 234 % 10, mod(29,9), mod(29, -9), mod( -29,9), mod( -29, -9);
+-----------+----------+-----------+------------+-------------+--------------+
| mod(234,10)| 234 % 10 | mod(29,9) | mod(29, -9) | mod( -29,9) | mod( -29, -9)|
+-----------+----------+-----------+------------+-------------+--------------+
|         4 |        4 |         2 |          2 |          -2 |           -2 |
+-----------+----------+-----------+------------+-------------+--------------+
1 row in set (0.00 sec)
```

▶ 4. 上、下取整函数

floor(n)返回不大于 n 的最大整数值，SQL 验证如下：

```
mysql> select floor(1.23),floor( -1.23);
+-------------+--------------+
| floor(1.23) | floor( -1.23)|
+-------------+--------------+
|           1 |           -2 |
+-------------+--------------+
1 row in set (0.00 sec)
```

▶ 5. 取最小整数值函数

ceiling(n)返回不小于 n 的最小整数值，SQL 验证如下：

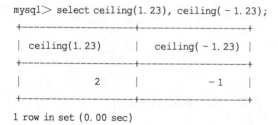

```
mysql> select ceiling(1.23), ceiling( -1.23);
+------------------+-----------------+
| ceiling(1.23)    | ceiling( -1.23) |
+------------------+-----------------+
|                2 |              -1 |
+------------------+-----------------+
1 row in set (0.00 sec)
```

▶ 6. 四舍五入函数

round(n，d)返回 n 的四舍五入值，保留 d 位小数(d 的默认值为 0)，SQL 验证如下。

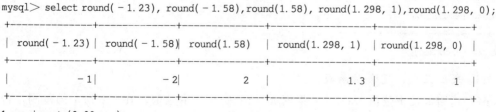

```
mysql> select round( -1.23), round( -1.58),round(1.58), round(1.298, 1),round(1.298, 0);
+--------------+--------------+-------------+----------------+----------------+
| round( -1.23)| round( -1.58)| round(1.58) | round(1.298, 1)| round(1.298, 0) |
+--------------+--------------+-------------+----------------+----------------+
|           -1 |           -2 |           2 |            1.3 |              1 |
+--------------+--------------+-------------+----------------+----------------+
1 row in set (0.00 sec)
```

▶ 7. 求 n 次幂函数

exp(n)返回值 e 的 n 次方(自然对数的底)，pow(x，y)，power(x，y)返回值 x 的 y

次幂，SQL 验证如下：

```
mysql> select exp(2), exp(-2), pow(2,2), pow(2,-2);
+------------------+--------------------+---------+----------+
| exp(2)           | exp(-2)            | pow(2,2)| pow(2,-2)|
+------------------+--------------------+---------+----------+
| 7.38905609893065 | 0.1353352832366127 |       4 |     0.25 |
+------------------+--------------------+---------+----------+
1 row in set (0.01 sec)
```

▶ 8. 求对数函数

log(n)返回 n 的自然对数。log10(n)返回 n 以 10 为底的对数，SQL 验证如下：

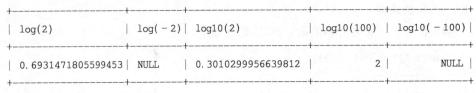

```
mysql> select log(2), log(-2), log10(2), log10(100),log10(-100);
+-------------------+---------+--------------------+------------+-------------+
| log(2)            | log(-2) | log10(2)           | log10(100) | log10(-100) |
+-------------------+---------+--------------------+------------+-------------+
| 0.6931471805599453| NULL    | 0.3010299956639812 |          2 |        NULL |
+-------------------+---------+--------------------+------------+-------------+
1 row in set, 2 warnings (0.00 sec)
```

▶ 9. 求算术平方根函数、圆周率函数

sqrt(n)返回非负数 n 的平方根，pi()返回圆周率，SQL 验证如下：

```
mysql> select sqrt(4), sqrt(20), pi();
+---------+------------------+----------+
| sqrt(4) | sqrt(20)         | pi()     |
+---------+------------------+----------+
|       2 | 4.47213595499958 | 3.141593 |
+---------+------------------+----------+
1 row in set (0.01 sec)
```

▶ 10. 求正弦、余弦函数

sin(n)返回 n 的正弦值，cos(n)返回 n 的余弦值，SQL 验证如下：

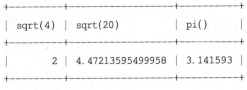

```
mysql> select sin(pi()), cos(pi());
+------------------------+-----------+
| sin(pi())              | cos(pi()) |
+------------------------+-----------+
| 1.2246467991473532e-16 |        -1 |
+------------------------+-----------+
1 row in set (0.00 sec)
```

▶ 11. 求反正弦、反余弦函数

asin(n)返回 n 反正弦值，acos(n)返回 n 反余弦(n 是余弦值，在 -1 到 1 的范围，否则返回 null)，SQL 验证如下：

```
mysql> select asin(0.2),asin('foo'), acos(1), acos(1.0001), acos(0);
+-----------------+-------------+---------+--------------+-------------------+
```

asin(0.2)	asin(´foo´)	acos(1)	acos(1.0001)	acos(0)
0.20135792079033808	0	0	NULL	1.5707963267948966

1 row in set, 1 warning (0.00 sec)

▶ 12. 求正切、余切和反正切、反余切函数

tan(n)返回 n 的正切值，cot(n)返回 x 的余切，atan(n)返回 n 的反正切值，atan2(x, y)返回两个变量 x 和 y 的反正切(类似 y/x 的反正切，符号决定象限)，SQL 验证如下：

```
mysql> select tan(pi() + 1), atan(2),atan( - 2);
```

tan(pi() + 1)	atan(2)	tan(- 2)
1.5574077246549018	1.1071487177940904	- 1.1071487177940904

1 row in set (0.00 sec)

```
mysql> select cot(12),cot( - 20.5);
```

cot(12)	cot(- 20.5)
- 1.5726734063976893	0.07981660232788673

1 row in set (0.00 sec)

▶ 13. 求随机值函数

rand() 或 rand(n)返回范围 0 到 1.0 内的随机浮点值(可以使用数字 n 作为初始值)。当使用整数参数调用时，RAND()使用该值作为随机数生成器的种子。每次使用给定值为生成器提供种子时，RAND()都会产生一系列可重复的数字。SQL 验证如下：

```
mysql> select   rand(20),rand(20), rand(),rand();
```

rand(20)	rand(20)	rand()	rand()
0.15888261251047497	0.15888261251047497	0.8364837466147577	0.5285064424653597

1 row in set (0.00 sec)

▶ 14. 弧度与角度转换函数

degrees(n)把 n 从弧度变换为角度并返回，radians(n)把 n 从角度变换为弧度并返回，SQL 验证如下：

```
mysql> select degrees(pi()),radians(90);
```

degrees(pi())	radians(90)
180	1.5707963267948966

```
+------------------+---------------------+
```

1 row in set (0.00 sec)

▶ 15. 保留数字的小数位数函数

truncate(n，d)保留数字 n 的 d 位小数并返回，SQL 验证如下：

```
mysql> select  truncate(1.223,1),truncate(1.999,1),truncate(1.999,0);
mysql> select  truncate(1.223,1),truncate(1.999,1),truncate(1.999,0);
+-------------------+-------------------+-------------------+
| truncate(1.223,1) | truncate(1.999,1) | truncate(1.999,0) |
+-------------------+-------------------+-------------------+
|               1.2 |               1.9 |                 1 |
+-------------------+-------------------+-------------------+
```

1 row in set (0.00 sec)

▶ 16. 返回最小值、最大值函数

least(x，y，...)返回最小值，如果返回值被用在整数(实数或大小写敏感字串)上下文或所有参数都是整数(实数或大小写敏感字串)则它们作为整数(实数或大小写敏感字串)比较，否则按忽略大小写的字符串被比较，SQL 验证如下：

```
mysql> select least(2,0), least(34.0,3.0,5.0,767.0), least('b','a','c');
mysql> select least(2,0), least(34.0,3.0,5.0,767.0), least('b','a','c');
+-----------+---------------------------+--------------------+
| least(2,0) | least(34.0,3.0,5.0,767.0) | least('b','a','c') |
+-----------+---------------------------+--------------------+
|         0 |                       3.0 | a                  |
+-----------+---------------------------+--------------------+
```

1 row in set (0.00 sec)

greatest(x，y，...)返回最大值(其余同 least())。SQL 验证如下：

```
mysql> select greatest(2,0),greatest(34.0,3.0,5.0,767.0), greatest('b','a','c');
mysql> select greatest(2,0),greatest(34.0,3.0,5.0,767.0),greatest('b','a','c');
+---------------+------------------------------+-----------------------+
| greatest(2,0) | greatest(34.0,3.0,5.0,767.0) | greatest('b','a','c') |
+---------------+------------------------------+-----------------------+
|             2 |                        767.0 | c                     |
+---------------+------------------------------+-----------------------+
```

1 row in set (0.00 sec)

8.2.3　字符串函数

MySQL 字符串函数如表 8-7 所示。

表 8-7　MySQL 字符串函数

函 数 名 称	作　　用
length	计算字符串长度函数，返回字符串的字节长度
concat	合并字符串函数，返回结果为连接参数产生的字符串，参数可以是一个或多个
insert	替换字符串函数
lower	将字符串中的字母转换为小写
upper	将字符串中的字母转换为大写
left	从左侧字截取符串，返回字符串左边的若干个字符
right	从右侧字截取符串，返回字符串右边的若干个字符
trim	删除字符串左右两侧的空格
replace	字符串替换函数，返回替换后的新字符串
substring	截取字符串，返回从指定位置开始的指定长度的字符串
reverse	字符串反转(逆序)函数，返回与原始字符串顺序相反的字符串

▶ 1. 返回字符串的长度

BIT_LENGTH(str)返回字符串的比特长度，即以位为单位返回字符串的长度。
SQL 验证如下：

```
mysql> SELECT BIT_LENGTH('text'), BIT_LENGTH('char'), BIT_LENGTH('varchar'), BIT_LENGTH('int');
+-------------------+-------------------+----------------------+------------------+
| BIT_LENGTH('text') | BIT_LENGTH('char') | BIT_LENGTH('varchar') | BIT_LENGTH('int') |
+-------------------+-------------------+----------------------+------------------+
|                32 |                32 |                   56 |               24 |
+-------------------+-------------------+----------------------+------------------+
1 row in set (0.00 sec)
```

length(str)、octet_length(str)、char_length(str)、character_length(str)：返回
字符串 str 的长度(对于多字节字符 char_length 仅计算一次)，SQL 验证如下：

```
mysql> select length('text'),octet_length('text');
+----------------+----------------------+
| length('text') | octet_length('text') |
+----------------+----------------------+
|              4 |                    4 |
+----------------+----------------------+
1 row in set (0.01 sec)
```

▶ 2. 反斜杠转义函数

QUOTE(str)用反斜杠转义 str 中的单引号，引用字符串以产生结果，该结果可用作
SQL 语句中正确转义的数据值。返回的字符串以单引号引起来，并带有单引号、反斜杠、
ASCII NUL 和 Control-Z 的每个实例，同时加一个反斜杠。如果参数为 NULL，则返回值
为单词"NULL"，SQL 验证如下：

```
mysql> SELECT QUOTE(´Don \ ´t!´);
+------------------+
| QUOTE(´Don \ ´t!´) |
+------------------+
| ´Don \ ´t!´      |
+------------------+
1 row in set (0.00 sec)
```

STRCMP(s1，s2)比较字符串 s1 和 s2，如果两个字符串相等，则返回 0；如果根据当前的排序顺序，第一个参数小于第二个参数，则返回−1，否则返回 1。

▶ 3. 求字符串 ASCII 码值函数与 ASCII 码值对应的字符

ascii(str)返回字符串 str 的第一个字符的 ASCII 值(str 是空串时返回 0)。SQL 验证如下：

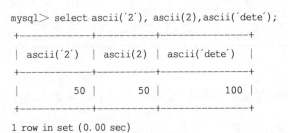

```
mysql> select ascii(´2´), ascii(2),ascii(´dete´);
+-----------+----------+--------------+
| ascii(´2´) | ascii(2) | ascii(´dete´) |
+-----------+----------+--------------+
|        50 |       50 |          100 |
+-----------+----------+--------------+
1 row in set (0.00 sec)
```

Ord(str)函数：如果字符串 str 的最左边的字符是多字节字符，则返回该字符的代码，该代码是使用此公式根据其组成字节的数值计算得出的。如果最左边的字符不是多字节字符，则 ORD()返回与 ASCII()函数相同的值。SQL 验证如下：

```
mysql> select ord(´m´),ascii(´m´), ord(´爱我中华´),ord(´2´);
+---------+-----------+---------------+---------+
| ord(´m´) | ascii(´m´) | ord(´爱我中华´) | ord(´2´) |
+---------+-----------+---------------+---------+
|     109 |       109 |         45230 |      50 |
+---------+-----------+---------------+---------+
1 row in set (0.00 sec)
```

char(n，...)返回由参数 n，... 对应的 ASCII 代码字符组成的一个字串(参数是 n，... 是数字序列，null 值被跳过)。SQL 验证如下：

```
mysql> select char(77,121,83,81,´76´),char(77,77.3,´77.3´);
+-----------------------+---------------------+
| char(77,121,83,81,´76´) | char(77,77.3,´77.3´) |
+-----------------------+---------------------+
| MySQL                 | MMM                 |
+-----------------------+---------------------+
1 row in set, 1 warning (0.00 sec)
```

▶ 4. 进制转换函数

conv(n，from_base，to_base)对数字 n 进制转换，转换为字串返回。任何参数为

null 时返回 null，进制范围为 2～36 进制。当 to_base 是负数时 n 作为有符号数，否则作无符号数，conv 以 64 位点精度工作。SQL 验证如下：

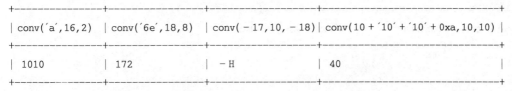

mysql> select conv('a',16,2),conv('6e',18,8),conv(-17,10,-18),conv(10+'10'+'10'+0xa,10, 10);

conv('a',16,2)	conv('6e',18,8)	conv(-17,10,-18)	conv(10+'10'+'10'+0xa,10,10)
1010	172	-H	40

1 row in set (0.00 sec)

bin(n)把 n 转为二进制值并以字串返回(n 是 bigint 数字，等价于 conv(n，10，2))。oct(n)把 n 转为八进制值并以字串返回(n 是 bigint 数字，等价于 conv(n，10，8))。hex(n)把 n 转为十六进制并以字串返回(n 是 bigint 数字，等价于 conv(n，10，16))。SQL 验证如下：

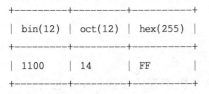

mysql> select bin(12),oct(12),hex(255);

bin(12)	oct(12)	hex(255)
1100	14	FF

1 row in set (0.02 sec)

▶ 5. 字符串合并函数

concat(str1，str2，...)把参数连成一个长字符串返回(任何参数是 null 时返回 null)。SQL 验证如下：

mysql> select concat('my','s','ql'),concat('my',null,'ql'),concat(14.3);

concat('my','s','ql')	concat('my',null,'ql')	concat(14.3)
mysql	NULL	14.3

1 row in set (0.00 sec)

CONCAT_WS(sep，s1，s2...，sn)将 s1，s2...，sn 连接成字符串，并用 sep 字符间隔。SQL 验证如下：

mysql> SELECT CONCAT_WS('-','重庆市','沙坪坝区','城市管理职业学院');

CONCAT_WS('-','重庆市','沙坪坝区','城市管理职业学院')
重庆市-沙坪坝区-城市管理职业学院

1 row in set (0.00 sec)

▶ 6. 求字符串位置函数

locate(substr，str)、position(substr in str)返回字符串 substr 在字符串 str 第一次出现的位置(str 不包含 substr 时返回 0)。SQL 验证如下：

```
mysql> select locate('bar', 'foobarbar'),locate('xbar', 'foobar');
+----------------------------+--------------------------+
| locate('bar', 'foobarbar') | locate('xbar', 'foobar') |
+----------------------------+--------------------------+
|                          4 |                        0 |
+----------------------------+--------------------------+
1 row in set (0.02 sec)
```

locate(substr，str，pos)返回字符串 substr 在字符串 str 的第 pos 个位置起第一次出现的位置(str 不包含 substr 时返回 0)。SQL 验证如下：

```
mysql> select locate('bar', 'foobarbar',5);
+------------------------------+
| locate('bar', 'foobarbar',5) |
+------------------------------+
|                            7 |
+------------------------------+
1 row in set (0.00 sec)
```

instr(str，substr)返回字符串 substr 在字符串 str 第一次出现的位置(str 不包含 substr 时返回 0)。SQL 验证如下：

```
mysql> select instr('foobarbar', 'bar'),instr('xbar', 'foobar');
+---------------------------+-------------------------+
| instr('foobarbar', 'bar') | instr('xbar', 'foobar') |
+---------------------------+-------------------------+
|                         4 |                       0 |
+---------------------------+-------------------------+
1 row in set (0.00 sec)
```

FIND_IN_SET(str，list)分析逗号分隔的 list 列表，如果发现 str，返回 str 在 list 中的位置。SQL 验证如下：

```
mysql> SELECT FIND_IN_SET('is','this,is,a,book!');
+--------------------------------------+
| FIND_IN_SET('is','this,is,a,book!')  |
+--------------------------------------+
|                                    2 |
+--------------------------------------+
1 row in set (0.00 sec)
```

POSITION(substr in str)返回子串 substr 在字符串 str 中第一次出现的位置。SQL 验证如下：

```
mysql> SELECT POSITION('is' in 'this is a book!');
```

```
+-------------------------------------------+
| POSITION('is' in 'this is a book!')       |
+-------------------------------------------+
|                                       3 |
+-------------------------------------------+
1 row in set (0.00 sec)
```

▶ 7. 字符串填补函数

lpad(str，len，padstr)用字符串 padstr 填补 str 左端直到字串长度为 len 并返回，rpad(str，len，padstr)用字符串 padstr 填补 str 右端直到字串长度为 len 并返回。SQL 验证如下：

```
mysql> select lpad('hi',4,'??'),rpad('hi',5,'?');
+--------------------+--------------------+
| lpad('hi',4,'??')  | rpad('hi',5,'?')   |
+--------------------+--------------------+
| ??hi               | hi???              |
+--------------------+--------------------+
1 row in set (0.00 sec)
```

▶ 8. 取字符串函数

left(str，len)返回字符串 str 的左端 len 个字符，right(str，len)返回字符串 str 的右端 len 个字符。SQL 验证如下：

```
mysql> select left('foobarbar', 5), right('foobarbar', 4);
+----------------------+----------------------+
| left('foobarbar', 5) | right('foobarbar', 4) |
+----------------------+----------------------+
| fooba                | rbar                 |
+----------------------+----------------------+
1 row in set (0.02 sec)
```

substring(str，pos，len)、substring(str from pos for len)、mid(str，pos，len)：返回字符串 str 的位置自 pos 起 len 个字符。SQL 验证如下：

```
mysql> select substring('quadratically',5,6);
+--------------------------------+
| substring('quadratically',5,6) |
+--------------------------------+
| ratica                         |
+--------------------------------+
1 row in set (0.00 sec)
```

substring(str，pos)、substring(str from pos)返回字符串 str 自 pos 起的一个子串，SQL 验证如下：

```
mysql> select substring('quadratically',5),substring('foobarbar' from 4);
+------------------------------+------------------------------+
```

substring('quadratically',5)	substring('foobarbar' from 4)
ratically	barbar

1 row in set (0.00 sec)

substring _ index(str，delim，count)返回从字符串 str 的第 count 个出现的分隔符 de-lim 之后的子串，count 为正数时返回左端，否则返回右端子串。SQL 验证如下：

```
mysql> select substring _ index('www.mysql.com', '.', 2),substring _ index('www.mysql.com', '.',
 -2);
```

substring _ index('www.mysql.com', '.', 2)	substring _ index('www.mysql.com', '.', -2)
www.mysql	mysql.com

1 row in set (0.00 sec)

▶ 9. 删除空格函数

ltrim(str)返回删除了左空格的字符串 str，rtrim(str)返回删除了右空格的字符串 str。SQL 验证如下：

```
mysql> select ltrim(' barbar'), rtrim('barbar ');
```

ltrim(' barbar')	rtrim('barbar ')
barbar	barbar

1 row in set (0.00 sec)

trim([[both | leading | trailing][remstr] from] str)返回前缀或后缀 remstr 被删除后的字符串 str。位置参数默认 both，remstr 默认值为空格。SQL 验证如下：

```
mysql> select trim(' bar ') A,trim(leading 'x' from 'xxxbarxxx') B,trim(both 'x' from 'xxxbarxxx')
C,trim(trailing 'xyz' from 'barxxyz') D;
```

A	B	C	D
bar	barxxx	bar	barx

1 row in set (0.00 sec)

▶ 10. 求同音字符串函数

soundex(str)返回 str 的一个同音字符串。听起来"大致相同"的字符串，非数字字母字符被忽略，在 a～z 外的字母被当作元音。SQL 验证如下：

```
mysql> select soundex('hello'),soundex('quadratically');
```

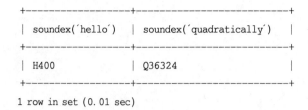

```
+-------------------+--------------------------+
| soundex('hello')  | soundex('quadratically') |
+-------------------+--------------------------+
| H400              | Q36324                   |
+-------------------+--------------------------+
```

1 row in set (0.01 sec)

▶ 11. 产生空格函数

space(n)返回由 n 个空格字符组成的一个字符串。SQL 验证如下：

```
mysql>select space(6);
+----------+
| space(6) |
+----------+
|          |
+----------+
```

1 row in set (0.00 sec)

▶ 12. 替换字符串函数

replace(str，from_str，to_str)用字符串 to_str 替换字符串 str 中的子串 from_str 并返回。SQL 验证如下：

```
mysql> select replace('www.mysql.com', 'w', 'ww');
+-------------------------------------+
| replace('www.mysql.com', 'w', 'ww') |
+-------------------------------------+
| wwwwww.mysql.com                    |
+-------------------------------------+
```

1 row in set (0.00 sec)

insert(str，pos，len，newstr)把字符串 str 由位置 pos 起 len 个字符长的子串替换为字符串 newstr 并返回。SQL 验证如下：

```
mysql> select insert('quadratic', 3, 4, 'what');
+-----------------------------------+
| insert('quadratic', 3, 4, 'what') |
+-----------------------------------+
| quwhattic                         |
+-----------------------------------+
```

1 row in set (0.00 sec)

▶ 13. 重复连接字符串

repeat(str，count)返回由 count 个字符串 str 连成的字符串。任何参数为 null 时，返回 null，count<=0 时返回一个空字符串。SQL 验证如下：

```
mysql> select repeat('mysql', 3);
+--------------------+
| repeat('mysql', 3) |
```

```
+---------------------+
| mysqlmysqlmysql     |
+---------------------+
1 row in set (0.00 sec)
```

▶ 14. 反转字符串

reverse(str)颠倒字符串 str 的字符顺序并返回。SQL 验证如下：

```
mysql> select reverse('abc');
+----------------+
| reverse('abc') |
+----------------+
| cba            |
+----------------+
1 row in set (0.00 sec)
```

▶ 15. 返回字符串函数

elt(n，str1，str2，str3，…)返回第 n 个字符串。n 小于 1 或大于参数个数时返回 null。SQL 验证如下：

```
mysql> select elt(1, 'ej', 'heja', 'hej', 'foo'),elt(4, 'ej', 'heja', 'hej', 'foo');
+------------------------------------+------------------------------------+
| elt(1, 'ej', 'heja', 'hej', 'foo') | elt(4, 'ej', 'heja', 'hej', 'foo') |
+------------------------------------+------------------------------------+
| ej                                 | foo                                |
+------------------------------------+------------------------------------+
1 row in set (0.00 sec)
```

field(str，str1，str2，str3，…)返回 str 等于其后的第 n 个字符串的序号，如果 str 没找到则返回 0。SQL 验证如下：

```
mysql>  select field('ej', 'hej', 'ej', 'heja', 'hej','foo') A,field('fo', 'hej', 'ej', 'heja', 'hej','foo') B;
+---+---+
| A | B |
+---+---+
| 2 | 0 |
+---+---+
1 row in set (0.00 sec)
```

find_in_set(str，strlist)返回 str 在字符串集 strlist 中的序号。任何参数是 null 则返回 null，如果 str 没找到返回 0，参数 1 包含","时工作异常。SQL 验证如下：

```
mysql> select find_in_set('b','a,b,c,d');
+----------------------------+
| find_in_set('b','a,b,c,d') |
+----------------------------+
|                          2 |
```

```
+------------------------------+
```

1 row in set (0.00 sec)

make _ set(bits，str1，str2，…)把参数1的数字转为二进制，假如某个位置的二进制位等于1，就把对应位置的字串选入字串集并返回。(null 串不添加到结果中) SQL 验证如下：

```
mysql> select make _ set(1,´a´,´b´,´c´) A, make _ set(1 | 4,´hello´,´nice´,´world´) B, make _ set(0,´a´,´b´,´c´) C;
+---+-------------+---+
| A | B           | C |
+---+-------------+---+
| a | hello,world |   |
+---+-------------+---+
```

1 row in set (0.00 sec)

export _ set(bits，on，off，[separator，[number _ of _ bits]])按 bits 排列字符串集，只有当位等于1时插入字串 on，否则插入 off。separator 默认值"，"，number _ of _ bits 参数使用时长度不足补0，过长时截断。SQL 验证如下：

```
mysql> select export _ set(5,´y´,´n´,´,´,4);
+------------------------------+
| export _ set(5,´y´,´n´,´,´,4) |
+------------------------------+
| y,n,y,n                      |
+------------------------------+
```

1 row in set (0.00 sec)

▶ 16. 字母大小写转换函数

lcase(str)、lower(str)返回小写的字符串 str，SQL 验证如下：

```
mysql> select lcase(´quADRatically´);
+------------------------+
| lcase(´quADRatically´) |
+------------------------+
| quadratically          |
+------------------------+
```

1 row in set (0.00 sec)

ucase(str)、upper(str)返回大写的字符串 str，SQL 验证如下：

```
mysql> select ucase(´quadratically´);
+------------------------+
| ucase(´quadratically´) |
+------------------------+
| QUADRATICALLY          |
+------------------------+
```

1 row in set (0.00 sec)

8.2.4 日期和时间函数

MySQL 日期和时间函数，如表 8-8 所示。

表 8-8 MySQL 日期和时间函数

函 数 名 称	作　　用
CURDATE 和 CURRENT _ DATE	两个函数作用相同，返回当前系统的日期值
CURTIME 和 CURRENT _ TIME	两个函数作用相同，返回当前系统的时间值
NOW 和 SYSDATE	两个函数作用相同，返回当前系统的日期和时间值
UNIX _ TIMESTAMP	获取 UNIX 时间戳函数，返回一个以 UNIX 时间戳为基础的无符号整数
FROM _ UNIXTIME	将 UNIX 时间戳转换为时间格式，与 UNIX _ TIMESTAMP 互为反函数
MONTH	获取指定日期中的月份
MONTHNAME	获取指定日期中的月份的英文名称
DAYNAME	获取指定日期对应的星期几的英文名称
DAYOFWEEK	获取指定日期对应的一周的索引位置值
WEEK	获取指定日期是一年中的第几周，返回值的范围是否为 0~52 或 1~53
DAYOFYEAR	获取指定日期是一年中的第几天，返回值范围是 1~366
DAYOFMONTH	获取指定日期是一个月中的第几天，返回值范围是 1~31
YEAR	获取年份，返回值范围是 1970~2069
TIME _ TO _ SEC	将时间参数转换为秒数
SEC _ TO _ TIME	将秒数转换为时间，与 TIME _ TO _ SEC 互为反函数
DATE _ ADD 和 ADDDATE	两个函数功能相同，都是向日期添加指定的时间间隔
DATE _ SUB 和 SUBDATE	两个函数功能相同，都是向日期减去指定的时间间隔
ADDTIME	时间加法运算，在原始时间上添加指定的时间
SUBTIME	时间减法运算，在原始时间上减去指定的时间
DATEDIFF	获取两个日期之间间隔，返回参数 1 减去参数 2 的值
DATE _ FORMAT	格式化指定的日期，根据参数返回指定格式的值
WEEKDAY	获取指定日期在一周内对应的工作日索引

▶ 1. 求日期 date 是星期几

dayofweek(date)返回日期 date 是星期几(1＝星期天，2＝星期一，……7＝星期六，odbc 标准)。SQL 验证如下：

```
mysql> select dayofweek('1998-02-03');
+------------------------+
```

```
| dayofweek('1998 - 02 - 03') |
+-----------------------------+
|                          3  |
+-----------------------------+
1 row in set (0.01 sec)
```

weekday(date)返回日期 date 是星期几(0＝星期一，1＝星期二，……7＝星期天)。SQL 验证如下：

```
mysql> select weekday('2021-01-04 22 : 23 : 00'),weekday('2021-01-05');
+-----------------------------------+-----------------------+
| weekday('2021-01-04 22 : 23 : 00')|  weekday('2021-01-05')|
+-----------------------------------+-----------------------+
|                                 0 |                     1 |
+-----------------------------------+-----------------------+
1 row in set (0.00 sec)
```

week(date，first)返回 date 是一年的第几周(0～53)(first 默认值 0，first 取值 1 表示周一是周的开始，0 从周日开始)。SQL 验证如下：

```
mysql> select week('1998-02-20'),week('1998-02-20',0),week('1998-02-20',1);
+--------------------+----------------------+----------------------+
| week('1998-02-20') |  week('1998-02-20',0)|  week('1998-02-20',1)|
+--------------------+----------------------+----------------------+
|                  7 |                    7 |                    8 |
+--------------------+----------------------+----------------------+
1 row in set (0.00 sec)
```

▶ 2. 有关年月日函数

dayofmonth(date)返回 date 是一月中的第几日(在 1～31 范围内)，dayofyear(date)返回 date 是一年中的第几日(在 1～366 范围内)。SQL 验证如下：

```
mysql>   select dayofmonth('1998 - 02 - 03'),dayofyear('1998 - 02 - 03');
+-----------------------+--------------------------+
| dayofmonth('1998-02-03') | dayofyear('1998-02-03') |
+-----------------------+--------------------------+
|                     3 |                      34  |
+-----------------------+--------------------------+
1 row in set (0.00 sec)
```

year(date)返回 date 的年份(范围在 1000～9999)，month(date)返回 date 中的月份数值，day(date)返回 date 中的日数值。SQL 验证如下：

```
mysql> select year('98-02-03'),month('1998-02-03'), day('1998-02-03');
+-------------------+--------------------+-------------------+
| year('98-02-03')  | month('1998-02-03')| day('1998-02-03') |
+-------------------+--------------------+-------------------+
|             1998  |                  2 |                 3 |
+-------------------+--------------------+-------------------+
```

```
+--------------------+---------------------+---------------------+
```

1 row in set (0.02 sec)

monthname(date)返回 date 是几月(按英文名返回)，dayname(date)返回 date 是星期几(按英文名返回)。SQL 验证如下：

```
mysql>  select monthname('1998-02-05'),dayname('1998-02-05');
+---------------------------+-----------------------+
| monthname('1998-02-05')   | dayname('1998-02-05')  |
+---------------------------+-----------------------+
| February                  | Thursday              |
+---------------------------+-----------------------+
```

1 row in set (0.00 sec)

quarter(date)返回 date 是一年的第几个季度，SQL 验证如下：

```
mysql> select quarter('98-04-01');
+----------------------+
| quarter('98 - 04 - 01')|
+----------------------+
|                    2 |
+----------------------+
```

1 row in set (0.00 sec)

▶ 3. 关于时分秒函数

hour(time)返回 time 的小时数(范围是 0～23)，minute(time)返回 time 的分钟数(范围是 0～59)，second(time)返回 time 的秒数(范围是 0～59)。SQL 验证如下：

```
mysql> select hour('10：05：03'), minute('98-02-03 10：05：03'),second('10：05：03');
+------------------+----------------------------+--------------------+
| hour('10：05：03')| minute('98-02-03 10：05：03') | second('10：05：03')|
+------------------+----------------------------+--------------------+
|               10 |                          5 |                  3 |
+------------------+----------------------------+--------------------+
```

1 row in set (0.00 sec)

▶ 4. 日期时间间隔计算函数

period_add(p，n)增加 n 个月到时期 p 并返回(p 的格式 yymm 或 yyyymm)，period_diff(p1，p2)返回在时期 p1 和 p2 之间月数(p1 和 p2 的格式 yymm 或 yyyymm)。SQL 验证如下：

```
mysql> select period_add(9801,2),period_diff(9802,199703);
+--------------------+-------------------------+
| period_add(9801,2) | period_diff(9802,199703) |
+--------------------+-------------------------+
|             199803 |                       11 |
+--------------------+-------------------------+
```

1 row in set (0.00 sec)

date_add(date，interval expr type)、DATE_ADD(date，INTERVAL int keyword)返回日期 date 加上间隔时间 int 的结果(int 必须按照关键字进行格式化)。date_sub(date，interval expr type)、DATE_SUB(date，INTERVAL int keyword)返回日期 date 加上间隔时间 int 的结果(int 必须按照关键字进行格式化)。SQL 验证如下：

```
mysql> select  date_add(current_date,interval  6 month),date_sub(current_date,interval 6 month);
+------------------------------------------+------------------------------------------+
| date_add(current_date,interval 6 month)  | date_sub(current_date,interval 6 month)  |
+------------------------------------------+------------------------------------------+
| 2021-08-09                               |           2020-08-09                     |
+------------------------------------------+------------------------------------------+
1 row in set (0.00 sec);
```

adddate(date，interval expr type)、ADDDATE(expr，days)、subdate(date，interval expr type)对日期时间进行加减法运算。SQL 验证如下：

```
mysql> SELECT DATE_ADD('2021-01-02', INTERVAL 31 DAY);
+---------------------------------------+
| DATE_ADD('2021-01-02', INTERVAL 31 DAY) |
+---------------------------------------+
| 2021-02-02                            |
+---------------------------------------+
1 row in set (0.00 sec)
```

当使用第二个参数的 days 形式调用时，MySQL 将其视为要添加到 expr 的整数天数。SQL 验证如下：

```
mysql> SELECT ADDDATE('2021-01-02', 31);
+---------------------------+
| ADDDATE('2021-01-02', 31) |
+---------------------------+
| 2021-02-02                |
+---------------------------+
1 row in set (0.00 sec)
```

adddate()和 subdate()是 date_add()和 date_sub()的同函数，也可以用运算符＋和－而不是函数。date 是一个 datetime 或 date 值，expr 为对 date 进行加减运算的一个表达式字符串，type 指明表达式 expr 应该如何被解释。

• expr 中允许任何标点做分隔符，如果都是 date 值则结果是一个 date 值，否则结果是一个 datetime 值；

• 如果 type 关键词不完整，则 MySQL 从右端取值，day_second 因为缺少小时、分钟而等于 minute_second。

• 如果增加 month、year_month 或 year，天数大于结果月份的最大天数，则使用最大天数。

SQL 验证如下：

```
mysql> select date_sub("1998-01-01 00：00：00",interval "1
    "> 1：1：1" day_second) AA,date_add("1998-01-01 00：00：00", interval "-1
    "> 10" day_hour) BB,date_sub("1998-01-02", interval 31 day) CC;
+------------------------+------------------------+----------------+
| AA                     | BB                     | CC             |
+------------------------+------------------------+----------------+
| 1997-12-30 22：58：59   | 1997-12-30 14：00：00   | 1997-12-02     |
+------------------------+------------------------+----------------+
1 row in set (0.00 sec)
mysql> select extract(year from "1999-07-02") AA,extract(year_month from "1999-07-02 01：02：03")
BB,extract(day_minute from "1999-07-02 01：02：03") CC;
+------+--------+-------+
| AA   | BB     | CC    |
+------+--------+-------+
| 1999 | 199907 | 20102 |
+------+--------+-------+
1 row in set (0.00 sec)
```

to_days(date)返回日期 date 是西元 0 年至今多少天(不计算 1582 年以前的),SQL 验证如下:

```
mysql> select to_days(950501),to_days('1997-10-07');
+------------------+------------------------+
| to_days(950501)  | to_days('1997-10-07')  |
+------------------+------------------------+
|          728779  |               729669   |
+------------------+------------------------+
1 row in set (0.00 sec)
```

from_days(n)给出西元 0 年至今多少天返回 date 值(不计算 1582 年以前的),SQL 验证如下:

```
mysql> select from_days(729669);
+--------------------+
| from_days(729669)  |
+--------------------+
| 1997-10-07         |
+--------------------+
1 row in set (0.00 sec)
```

▶ 5. 日期时间格式函数

DATE_FORMAT(date,fmt)用于以不同的格式显示日期/时间数据。可以使用的格式如表 8-9 所示。

表 8-9 日期/时间格式

格　　式	描　　述
%a	缩写星期名
%b	缩写月名
%c	月，数值
%D	带有英文前缀的每月中的天
%d	月中的天，数值(00～31)
%e	月中的天，数值(0～31)
%f	微秒
%H	小时(00～23)
%h	小时(01～12)
%I	小时(1～12)
%i	分钟，数值(00～59)
%j	年中的天(001～366)
%k	小时(0～23)
%l	小时(1～12)
%M	月名
%m	月，数值(00～12)
%p	AM 或 PM
%r	时间，12－小时(hh：mm：ssAM 或 PM)
%S	秒(00～59)
%s	秒(00～59)
%T	时间，24－小时(hh：mm：ss)
%U	周(00～53)星期日是一周的第一天
%u	周(00～53)星期一是一周的第一天
%V	周(01～53)星期日是一周的第一天，与%X 使用
%v	周(01～53)星期一是一周的第一天，与%x 使用
%W	星期名
%w	周的天(0＝星期日，6＝星期六)
%X	年，星期日是周的第一天，4 位，与%V 使用
%x	年，星期一是周的第一天，4 位，与%v 使用
%Y	年，4 位
%y	年，2 位

SQL 验证如下：

```
mysql> SELECT DATE_FORMAT(NOW(),´%b %d %Y %h:%i %p´);
+------------------------------------------+
| DATE_FORMAT(NOW(),´%b %d %Y %h:%i %p´)|
+------------------------------------------+
| Feb 17 2021 03：00 PM                     |
+------------------------------------------+
1 row in set (0.00 sec)
```

SQL 验证如下：

```
mysql> SELECT DATE_FORMAT(NOW(),´%m-%d-%Y´);
+----------------------------------+
| DATE_FORMAT(NOW(),´%m-%d-%Y´)|
+----------------------------------+
| 02-17-2021                       |
+----------------------------------+
1 row in set (0.00 sec)
```

SQL 验证如下：

```
mysql> SELECT DATE_FORMAT(NOW(),´%d %b %y´);
+--------------------------------+
| DATE_FORMAT(NOW(),´%d %b %y´) |
+--------------------------------+
| 17 Feb 21                      |
+--------------------------------+
1 row in set (0.00 sec)
```

SQL 验证如下：

```
mysql> SELECT DATE_FORMAT(NOW(),´%d %b %Y %T:%f´);
+------------------------------------+
| DATE_FORMAT(NOW(),´%d %b %Y %T:%f´) |
+------------------------------------+
| 17 Feb 2021 15：01：31：000000        |
+------------------------------------+
1 row in set (0.00 sec)
```

time_format(time，format)和 date_format()类似，但 time_format()只处理小时、分钟和秒(其余符号产生一个 null 值或 0)。最简单的是 FORMAT()函数，它可以把大的数值格式化为以逗号间隔的易读的序列。SQL 验证如下：

```
mysql> select format(Now(),´YYYY-MM-DD´);
+-----------------------------+
| format(Now(),´YYYY-MM-DD´)  |
+-----------------------------+
| 20,210,217,151,006          |
```

```
+---------------------------+
```
1 row in set, 1 warning (0.00 sec)

curdate()、current_date()以 yyyy-mm-dd 或 yyyymmdd 格式返回当前日期值(具体格式根据返回值所处上下文是字符串或数字而定)。SQL 验证如下:

```
mysql>  select curdate(),curdate() + 0;
+------------+---------------+
| curdate()  | curdate() + 0 |
+------------+---------------+
| 2021-02-09 |      20210209 |
+------------+---------------+
```
1 row in set (0.00 sec)

curtime()、current_time()以 hh:mm:ss 或 hhmmss 格式返回当前时间值(具体格式根据返回值所处上下文是字符串或数字而定)。SQL 验证如下:

```
mysql> select curtime(),curtime() + 0;
+------------+---------------+
| curtime()  | curtime() + 0 |
+------------+---------------+
| 11:24:07|        112407 |
+------------+---------------+
```
1 row in set (0.00 sec)

FORMAT(x,y)把 x 格式化为以逗号隔开的数字序列,y 是结果的小数位数;将数据内容格式化时,可以将数据格式化为整数或者带几位小数的浮点数(四舍五入)。

SELECT FORMAT(100.3111,0);//取整
SELECT FORMAT(100.7654,3);//四舍 100.765
SELECT FORMAT(100.7655,3);//五入 100.766

SQL 验证如下:

```
mysql> SELECT FORMAT(100.3111,0),FORMAT(100.7654,3),FORMAT(100.7655,3);
+--------------------+--------------------+--------------------+
| FORMAT(100.3111,0) | FORMAT(100.7654,3) | FORMAT(100.7655,3) |
+--------------------+--------------------+--------------------+
| 100                | 100.765            | 100.766            |
+--------------------+--------------------+--------------------+
```
1 row in set (0.00 sec)

▶ 6. IP 地址函数

INET_ATON(ip)返回 IP 地址的数字表示,INET_NTOA(num)返回数字所代表的 IP 地址。SQL 验证如下:

```
mysql> select inet_aton('127.0.0.1'),inet_ntoa(2130706433);
+------------------------+------------------------+
| inet_aton('127.0.0.1') | inet_ntoa(2130706433)  |
+------------------------+------------------------+
```

```
|          2130706433 |   127.0.0.1            |
+------------------------+------------------------+
```
1 row in set (0.00 sec)

▶ 7. 返回当前日期时间函数

now()、sysdate()、current_timestamp()以 yyyy－mm－dd hh：mm：ss 或 yyyym-mddhhmmss 格式返回当前日期时间(具体格式根据返回值所处上下文是字符串或数字而定)。SQL 验证如下：

```
mysql> select now(),now() + 0, sysdate(),current_timestamp();
+---------------------+----------------+---------------------+---------------------+
| now()               | now() + 0      | sysdate()           | current_timestamp() |
+---------------------+----------------+---------------------+---------------------+
| 2021-02-09 11：25：55| 20210209112555 | 2021-02-09 11：25：55| 2021-02-09 11：25：55|
+---------------------+----------------+---------------------+---------------------+
```
1 row in set (0.00 sec)

unix_timestamp()、unix_timestamp(date)返回一个 UNIX 时间戳(从 1970－01－01 00：00：00 开始的秒数，date 默认值为当前时间)。SQL 验证如下：

```
mysql> select unix_timestamp(),unix_timestamp('1997-10-04 22：23：00');
+-------------------+------------------------------------+
| unix_timestamp()  | unix_timestamp('1997-10-04 22：23：00') |
+-------------------+------------------------------------+
|       1612841293  |                          875974980 |
+-------------------+------------------------------------+
```
1 row in set (0.00 sec)

from_unixtime(unix_timestamp)以 yyyy-mm-dd hh：mm：ss 或 yyyymmddhhmmss 格式返回时间戳的值(具体格式根据返回值所处上下文是字符串或数字而定)。SQL 验证如下：

```
mysql> select from_unixtime(875996580),from_unixtime(875996580) + 0;
+--------------------------+------------------------------+
| from_unixtime(875996580) | from_unixtime(875996580) + 0 |
+--------------------------+------------------------------+
| 1997-10-05 04：23：00     |                19971005042300 |
+--------------------------+------------------------------+
```
1 row in set (0.00 sec)

from_unixtime(unix_timestamp, format)以 format 字符串格式返回时间戳的值。SQL 验证如下：

```
mysql> select from_unixtime(unix_timestamp(),'%y %d %m %h:%i:%s %x');
+------------------------------------------------------+
| from_unixtime(unix_timestamp(),'%y %d %m %h:%i:%s %x') |
+------------------------------------------------------+
| 21 09 02 11：31：12 2021                              |
```

```
+-----------------------------------------------------+
```

1 row in set (0.00 sec)

　　sec_to_time(seconds)以 hh：mm：ss 或 hhmmss 格式返回秒数转成的 time 值。(具体格式根据返回值所处上下文是字符串或数字而定)。SQL 验证如下：

```
mysql> select sec_to_time(2378),sec_to_time(2378) + 0;
+--------------------+----------------------------+
| sec_to_time(2378)  | sec_to_time(2378) + 0      |
+--------------------+----------------------------+
| 00：39：38         |                    3938    |
+--------------------+----------------------------+
```

1 row in set (0.00 sec)

　　time_to_sec(time)返回 time 值为多少秒。SQL 验证如下：

```
mysql> select time_to_sec('22：23：00'),time_to_sec('00：39：38');
+--------------------------+--------------------------+
| time_to_sec('22：23：00') | time_to_sec('00：39：38') |
+--------------------------+--------------------------+
|                  80580   |                  2378    |
+--------------------------+--------------------------+
```

1 row in set (0.00 sec)

8.2.5　类型转化函数

　　为了进行数据类型转化，MySQL 提供了 CAST()函数，它可以把一个值转化为指定的数据类型。类型有 BINARY、CHAR、DATE、TIME、DATETIME、SIGNED、UNSIGNED 等。SQL 验证如下：

```
mysql> SELECT CAST(NOW() AS SIGNED INTEGER),CURDATE() + 0;
+-------------------------------+--------------+
| CAST(NOW() AS SIGNED INTEGER) | CURDATE() + 0|
+-------------------------------+--------------+
|                20210209113437 |     20210209 |
+-------------------------------+--------------+
```

1 row in set (0.00 sec)

```
mysql> SELECT 'f' = BINARY 'F','f' = CAST('F' AS BINARY);
+-----------------+---------------------------+
| 'f' = BINARY 'F' | 'f' = CAST('F' AS BINARY) |
+-----------------+---------------------------+
|              0  |                        0  |
+-----------------+---------------------------+
```

1 row in set (0.00 sec)

8.2.6　加密函数

　　AES_ENCRYPT(str，key)返回以密钥 key 对字符串 str 利用高级加密标准算法加密后的结果，调用 AES_ENCRYPT()的结果是一个二进制字符串，以 BLOB 类型存储。
SQL 验证如下：

```
mysql> select aes_encrypt('你好世界','ABC123456');
+------------------------------------------+
| aes_encrypt('你好世界','ABC123456')      |
+------------------------------------------+
| 菥¹3 ⊥ w 鸧焚 z 隦鉝                       |
+------------------------------------------+
1 row in set (0.00 sec)
```

AES_DECRYPT(str，key)返回以密钥 key 对字符串 str 利用高级加密标准算法解密
后的结果。SQL 验证如下：

```
mysql> select aes_decrypt('你好世界','ABC123456');
+------------------------------------------+
| aes_decrypt('你好世界','ABC123456')      |
+------------------------------------------+
| NULL                                     |
+------------------------------------------+
1 row in set (0.00 sec)
```

ENCODE(str，key)使用 key 作为密钥加密字符串 str，调用 ENCODE()的结果是一
个二进制字符串，它以 BLOB 类型存储。SQL 验证如下：

```
mysql> select encode('你好世界','ABC123456');
+----------------------------------+
| encode('你好世界','ABC123456')   |
+----------------------------------+
| Ü-a 瞅,c                          |
+----------------------------------+
1 row in set, 1 warning (0.01 sec)
```

DECODE(str，key)使用 key 作为密钥解密加密字符串 str。SQL 验证如下：

```
mysql> select decode('你好世界','ABC123456');
+----------------------------------+
| decode('你好世界','ABC123456')   |
+----------------------------------+
| f♯嬬 N 頙                         |
+----------------------------------+
1 row in set, 1 warning (0.00 sec)
```

加解密放在一起使用，SQL 验证如下：

```
mysql> SELECT DECODE(ENCODE('你好世界','ABC123456'),'ABC123456');
+----------------------------------------------------------+
| DECODE(ENCODE('你好世界','ABC123456'),'ABC123456')       |
+----------------------------------------------------------+
```

```
| 你好世界                                           |
+--------------------------------------------------+
```
1 row in set, 2 warnings (0.00 sec)

ENCRYPT(str，salt)使用 UNIXcrypt()函数，用关键词 salt(一个可以唯一确定口令的字符串，就像钥匙一样)加密字符串 str。SQL 验证如下：

```
mysql> SELECT ENCRYPT('root','salt');
+-------------------------+
| ENCRYPT('root','salt')  |
+-------------------------+
| NULL                    |
+-------------------------+
```
1 row in set, 1 warning (0.00 sec)

MD5()计算字符串 str 的 MD5 校验和，SHA()计算字符串 str 的安全散列算法(SHA)校验和。SQL 验证如下：

```
mysql> SELECT MD5('123456'),SHA('123456');
+----------------------------------+-------------------------------------------+
| MD5('123456')                    | SHA('123456')                             |
+----------------------------------+-------------------------------------------+
| e10adc3949ba59abbe56e057f20f883e | 7c4a8d09ca3762af61e59520943dc26494f8941b  |
+----------------------------------+-------------------------------------------+
```
1 row in set (0.00 sec)

PASSWORD(str)返回字符串 str 的加密版本，这个加密过程是不可逆转的，和UNIX 密码加密过程使用不同的算法。SQL 验证如下：

```
mysql> SELECT PASSWORD('123456');
+-------------------------------------------+
| PASSWORD('123456')                        |
+-------------------------------------------+
| *6BB4837EB74329105EE4568DDA7DC67ED2CA2AD9 |
+-------------------------------------------+
```
1 row in set, 1 warning (0.00 sec)

8.2.7 聚合函数

常见的 MySQL 聚合函数如表 8-10 所示。

表 8-10 MySQL 聚合函数

函 数 名 称	作　　用
max()	查询指定列的最大值
min()	查询指定列的最小值
count()	统计查询结果的行数

续表

函 数 名 称	作　　用
sum()	求和，返回指定列的总和
avg()	求平均值，返回指定列数据的平均值

8.2.8　流程控制函数

MySQL 流程控制函数如表 8-11 所示。

表 8-11　MySQL 流程控制函数

函 数 名 称	作　　用
if()	判断，流程控制
ifnull()	判断是否为空
case()	搜索语句

MySQL 有 4 个函数是用来进行条件操作的，这些函数可以实现 SQL 的条件逻辑，允许开发者将一些应用程序业务逻辑转换到数据库后台。

MySQL 控制流函数 CASE WHEN[test1] THEN [result1]…ELSE [default] END，如果 testN 是真，则返回 resultN，否则返回 default。SQL 验证如下：

```
mysql> select case when (2 + 2) = 4 then ´ok´ when(2 + 2)<>4 then ´not ok´ end ;
+------------------------------------------------------------------+
| case when (2 + 2) = 4 then ´ok´ when(2 + 2)<>4 then ´not ok´ end |
+------------------------------------------------------------------+
| ok                                                               |
+------------------------------------------------------------------+
1 row in set (0.00 sec)
```

CASE［test］WHEN［val1］THEN［result］…ELSE［default］END，如果 test 和 valN 相等，则返回 resultN，否则返回 default。SQL 验证如下：

```
mysql> select case ´green´
    ->        when ´red´ then ´stop´
    ->        when ´green´ then ´go´ end;
+----------------------------------------------------------------+
| case ´green´    when ´red´ then ´stop´    when ´green´ then ´go´ end |
+----------------------------------------------------------------+
| go                                                             |
+----------------------------------------------------------------+
1 row in set (0.00 sec)
```

IF(test，t，f)，如果 test 是真，返回 t；否则返回 f。IFNULL(arg1，arg2)，如果 arg1 不是空，返回 arg1，否则返回 arg2。

这些函数的第一个是 IFNULL()，它有两个参数，并且对第一个参数进行判断。如果第一个参数不是 NULL，函数就会向调用者返回第一个参数；如果是 NULL，将返回第二个参数。

SQL 验证如下：

```
mysql> SELECT IFNULL(1,2), IFNULL(NULL,10),IFNULL(4 * NULL,'false');
+-------------+-----------------+--------------------------+
| IFNULL(1,2) | IFNULL(NULL,10) | IFNULL(4 * NULL,'false') |
+-------------+-----------------+--------------------------+
|           1 |              10 | false                    |
+-------------+-----------------+--------------------------+
1 row in set (0.00 sec)
```

NULLIF(arg1，arg2)，如果 arg1＝arg2 返回 NULL，否则返回 arg1。

NULLIF()函数将会检验提供的两个参数是否相等，如果相等，则返回 NULL；如果不相等，就返回第一个参数。

SQL 验证如下：

```
mysql> SELECT NULLIF(1,1),NULLIF('A','B'),NULLIF(2 + 3,4 + 1);
+-------------+-----------------+---------------------+
| NULLIF(1,1) | NULLIF('A','B') | NULLIF(2 + 3,4 + 1) |
+-------------+-----------------+---------------------+
|        NULL | A               |                NULL |
+-------------+-----------------+---------------------+
1 row in set (0.00 sec)
```

和许多脚本语言提供的 IF()函数一样，MySQL 的 IF()函数也可以建立一个简单的条件测试。这个函数有三个参数，第一个是要被判断的表达式，如果表达式为真，IF()将会返回第二个参数；如果为假，IF()将会返回第三个参数。

SQL 验证如下：

```
mysql> SELECT IF(1<10,2,3),IF(56>100,'true','false');
+--------------+---------------------------+
| IF(1<10,2,3) | IF(56>100,'true','false') |
+--------------+---------------------------+
|            2 | false                     |
+--------------+---------------------------+
1 row in set (0.00 sec)
```

IF()函数在只有两种可能结果时才适合使用。然而，在现实世界中，我们可能发现在条件测试中会需要多个分支。在这种情况下，MySQL 提供了 CASE()函数，它和 PHP 及 Perl 语言中的 switch-case 条件例程一样。

8.2.9 系统信息函数

MySQL 提供的获取系统信息的函数如表 8-12 所示。

表 8-12　MySQL 系统信息函数

函 数 名 称	说　　明
USER()或 SYSTEM＿USER()	返回当前登录用户名
DATABASE()	返回默认或当前数据库的名称
VERSION()	返回 MySQL 服务器的版本
BENCHMARK(count，expr)	将表达式 expr 重复运行 count 次
CONNECTION＿ID()	返回当前客户的连接 ID
FOUND＿ROWS()	返回最后一个 SELECT 查询进行检索的总行数

SQL 验证如下：

```
mysql> select user(),database(),version(),connection＿id();
+----------------+------------+------------+-----------------+
| user()         | database() | version()  | connection＿id() |
+----------------+------------+------------+-----------------+
| root@localhost | xscj       | 5.7.17－log |               7 |
+----------------+------------+------------+-----------------+
1 row in set (0.00 sec)
```

MySQL 计算 LOG(RAND() * PI())表达式 9999999 次。

```
mysql> SELECT BENCHMARK(9999999,LOG(RAND() * PI()));
+--------------------------------------+
| BENCHMARK(9999999,LOG(RAND() * PI())) |
+--------------------------------------+
|                                    0 |
+--------------------------------------+
1 row in set (0.27 sec)
```

8.3　小结

　　本章主要介绍了 MySQL 软件中运算符和函数的使用。运算符部分分别从运算符的基本概念和使用两方面介绍，前者主要介绍为什么要使用运算符，后者则主要介绍各种常用运算符，包含算术运算符、比较运算符、逻辑运算符和位运算符。对于软件中函数的使用，详细介绍了字符串函数、数值函数、日期和时间函数及系统信息函数的相关操作。对于字符串函数，主要介绍了实现合并字符串功能的 CONCAT()和 CONCAT＿WS()函数，实现比较字符串大小的 STRCMP()函数，实现获取字符串长度 LENGTH()函数和字符数的 CHAR＿LENGTH()函数，实现字母大小写转换的 UPPER()函数和 LOWER()函数，实现查找字符串函数，实现去除字符串首尾空格函数。对于数值函数，主要介绍了获取随机函数、获取整数函数、截取数值函数和四舍五入函数。对于日期和时间函数，主要介绍了获取当前日期和时间函数，通过各种方式显示日期和时间函数，获取日期和时间部分值以及计算日期和时间的函数。

通过本章的学习，读者可以掌握各种常用运算符和常用函数的使用。

第9章 存储过程、存储函数与触发器

在 MySQL 数据库中，数据库对象表是存储和操作数据的逻辑结构。本章所要介绍的数据库对象存储过程和函数，用来实现将一组关于表操作的 SQL 语句代码当作一个整体来执行，它也是与数据库对象表关联最紧密的数据库对象。在数据库系统中，当调用存储过程和函数时，则会执行这些对象中所设置的 SQL 语句组，从而实现相应的功能。

存储过程和函数的操作包含创建存储过程和函数、修改存储过程和函数及删除存储过程和函数，这些操同样是数据库管理中最基本、最重要的操作。

学习目标

通过本章的学习，可以掌握在数据库中操作存储过程和函数的方法，内容包含：
- 存储过程和函数的相关概念；
- 存储过程的基本操作，创建、查看、更新和删除；
- 存储函数的基本操作，创建、查看、更新和删除；
- 变量、条件和处理程序、游标和流程控制的使用；
- 游标的基本操作，声明、打开、使用和关闭；
- 触发器的操作，创建、应用和删除。

9.1 存储过程

9.1.1 存储过程概述

存储过程是在数据库中定义的一些 SQL 语句的集合，可以直接调用这些存储过程来执行已经定义的 SQL 语句，避免开发人员重复编写相同 SQL 语句的问题。触发器和存储过程相似，都是嵌入 MySQL 中的一段程序。触发器是由事件来触发某个操作。当数据库执行这些事件时，就会激活触发器来执行相应的操作。我们前面学习的 MySQL 语句都是针对一个表或几个表的单条 SQL 语句，但是在数据库的实际操作中，经常会遇到需要使用多条 SQL 语句处理多个表才能完成的操作。例如，为了确认学生能否毕业，需要同时查询学生档案表、成绩表和综合表，此时就需要使用多条 SQL 语句来针对这几个数据表完成处理要求。

存储过程是一组为了完成特定功能的 SQL 语句集合。使用存储过程的目的是将常用或复杂的工作预先用 SQL 语句写好并用一个指定名称存储起来，这个过程经编译和优化后存储在数据库服务器中，因此称为存储过程。当以后需要数据库提供与已定义的存储过程的功能相同的服务时，只需调用"CALL 存储过程名字"即可自动完成。常用操作数据库的 SQL 语句在执行的时候需要先编译，然后执行，存储过程则采用另一种方式来执行 SQL 语句。一个存储过程是一个可编程的函数，它在数据库中创建并保存，一般由 SQL 语句和一些特殊的控制结构组成。当希望在不同的应用程序或平台上执行相同的特定功能时，存储过程尤为合适。MySQL 5.0 版本以前并不支持存储过程，这使 MySQL 在应用上大打折扣。MySQL 从 5.0 版本开始支持存储过程，既提高了数据库的处理速度，同时也提高了数据库编程的灵活性。

存储过程是数据库中的一个重要功能，存储过程可以用来转换数据、迁移数据、制作报表，它类似于编程语言，一次执行成功，就可以随时被调用，完成指定的功能。使用存储过程不仅可以提高数据库的访问效率，也可以提高数据库的安全性。对于调用者来说，存储过程封装了 SQL 语句，调用者无须考虑逻辑功能的具体实现过程，只是简单调用即可，它可以被 Java 和 C♯ 等编程语言调用。

编写存储过程对开发者要求稍微高一些，但这并不影响存储过程的普遍使用，因为存储过程有如下优点。

• 封装性：通常完成一个逻辑功能需要多条 SQL 语句，而且各个语句之间很可能传递参数，所以编写逻辑功能相对来说稍微复杂些，而存储过程可以把这些 SQL 语句包含到一个独立的单元中，使外界看不到复杂的 SQL 语句，只需要简单调用即可达到目的。数据库专业人员可以随时对存储过程进行修改，而不会影响调用它的应用程序源代码。

• 可增强 SQL 语句的功能和灵活性：存储过程可以用流程控制语句编写，有很强的灵活性，可以完成复杂的判断和较复杂的运算。

• 可减少网络流量：由于存储过程是在服务器端运行的，且执行速度快，因此当在客户计算机上调用该存储过程时，网络中传送的只是该调用语句，从而可降低网络负载。

• 高性能：当存储过程被成功编译后，就存储在数据库服务器里，以后客户端可以直接调用。这样所有的 SQL 语句将从服务器执行，从而提高了服务器性能。需要说明的是，存储过程不是越多越好，过多地使用存储过程反而会影响系统性能。

• 提高数据库的安全性和数据的完整性：存储过程提高安全性的一个方案就是把它作为中间组件，在存储过程里可以对某些表做相关操作，然后把存储过程作为接口提供给外部程序。这样，外部程序无法直接操作数据库表，只能通过存储过程来操作对应的表，这在一定程度上使得安全性得到了提高。

• 使数据独立：数据的独立可以达到解耦的效果，也就是说，程序可以调用存储过程来替代执行多条 SQL 语句。这种情况下，存储过程把数据同用户隔离开来，当数据表的结构改变时，调用表不用修改程序，只需要数据库管理者重新编写存储过程即可。

9.1.2 创建存储过程

MySQL 存储过程是一些 SQL 语句的集合，比如有时候我们可能需要一大串的 SQL 语句，或者说在编写 SQL 语句的过程中需要设置一些变量的值，这个时候我们就完全有必要编写一个存储过程。编写存储过程并不是件简单的事情，但是使用存储过程可以简化操作，且减少了冗余的操作步骤，同时还可以减少操作过程中的失误，提高了效率，因此应该尽可能地学会使用存储过程。

下面介绍如何使用 CREATEPROCEDURE 语句创建存储过程，语法格式如下：

CREATE PROCEDURE ＜过程名＞（［过程参数［，…］］）＜过程体＞

［过程参数［，…］］格式

［ IN │ OUT │ INOUT ］＜参数名＞ ＜类型＞

下面对该语法做说明。

（1）过程名

存储过程的名称，默认在当前数据库中创建。若需要在特定数据库中创建存储过程，则要在名称前面加上数据库的名称，即 db_name.sp_name。

需要注意的是，名称应当尽量避免选取与 MySQL 内置函数相同的名称，否则会发生错误。

（2）过程参数

存储过程的参数列表。其中，＜参数名＞为参数的名字，＜类型＞为参数的类型（可以是任何有效的 MySQL 数据类型）。当有多个参数时，参数列表中彼此间用逗号分隔。存储过程可以没有参数（此时存储过程的名称后仍需加上一对括号），也可以有一个或多个参数。

MySQL 存储过程支持三种类型的参数，即输入参数、输出参数和输入/输出参数，分别用 IN、OUT 和 INOUT 三个关键字标识。其中，输入参数可以传递给一个存储过程，输出参数用于存储过程需要返回一个操作结果的情形，而输入/输出参数既可以充当输入参数也可以充当输出参数。

需要注意的是，参数的取名不要与数据表的列名相同，否则尽管不会返回出错信息，但是存储过程的 SQL 语句会将参数名看作列名，从而引发不可预知的结果。

（3）过程体

存储过程的主体部分，也称为存储过程体，包含在过程调用的时候必须执行的 SQL 语句。这部分以关键字 BEGIN 开始，以关键字 END 结束。若存储过程体中只有一条 SQL 语句，则可以省略 BEGIN...END 标志。

创建存储过程时，经常会用到一个十分重要的 MySQL 命令，即 DELIMITER 命令，特别是对于通过命令行的方式来操作 MySQL 数据库的使用者，一定要学会使用该命令。在 MySQL 中，服务器处理 SQL 语句默认是以分号作为语句结束标志。然而，在创建存储过程时，存储过程体可能包含多条 SQL 语句，这些 SQL 语句如果仍以分号作为语句结束符，那么 MySQL 服务器在处理时会以遇到的第一条 SQL 语句结尾处的分号作为整个程序的结束符，而不再去处理存储过程体中后面的 SQL 语句，这样显然不行。为解决以上问题，通常使用 DELIMITER 命令将结束命令修改为其他字符。语法格式如下：

DELIMITER $$

语法说明如下：

• $$ 是用户定义的新结束符，这个符号可以是一些特殊的符号，如两个"?"或两个"￥"等。

• 当使用 DELIMITER 命令时，应该避免使用反斜杠"＼"字符，因为它是 MySQL 的转义字符。

在 MySQL 命令行客户端输入如下 SQL 语句：

```
mysql＞ DELIMITER ??
```

成功执行这条 SQL 语句后，任何命令、语句或程序的结束标志就换成了两个问号"??"了。若希望换回默认的分号";"作为结束标志，则在 MySQL 命令行客户端输入下列语句即可。

```
mysql＞ DELIMITER ;
```

注意：DELIMITER 和分号";"之间一定要有一个空格。在创建存储过程时，必须具有 CREATE ROUTINE 权限。

▶ 1. 创建不带参数的存储过程

【例 9.1】 创建名称为 ShowStuScore 的存储过程，作用是从学生成绩信息表中查询学生的成绩信息，输入的 SQL 语句和执行过程如下：

```
mysql＞ DELIMITER ??
mysql＞ CREATE PROCEDURE ShowStuScore()
    －＞ BEGIN
    －＞ SELECT * FROM tb_students_score;
    －＞ END ??
Query OK, 0 rows affected (0.09 sec)
```

结果显示 ShowStuScore 存储过程已经创建成功。

▶ 2. 创建带输入参数的存储过程

【例 9.2】 创建名称为 GetScoreByStu 的存储过程，输入参数是学生姓名。存储过程的作用是通过输入的学生姓名从学生成绩信息表中查询指定学生的成绩信息，输入的 SQL 语句和执行过程如下：

```
mysql＞ DELIMITER ??
mysql＞ CREATE PROCEDURE GetScoreByStu( IN name VARCHAR(30))
    －＞ BEGIN
    －＞ SELECT student_score FROM tb_students_score
    －＞ WHERE student_name = name;
    －＞ END ??
Query OK, 0 rows affected (0.01 sec)
```

▶ 3. 创建带输出参数的存储过程

【例 9.3】 创建一个带输出参数的存储过程，能查询课程号为 101 的选课学生人数(输出)。

```
CREATE PROCEDURE CountProc( OUT param1 INT)
BEGIN
SELECT    COUNT( * ) INTO    param1 FROM tb_students_score
  where kch = ′101′;
END ??
Query OK, 0 rows affected (0.011 sec)
```

▶ 4. 创建带输入、输出参数的存储过程

【例 9.4】创建带输入、输出参数的存储过程，能查询、统计指定课程(课程号)的选课人数。

```
create procedure stxkrspro(in kchao char(10),out tjs int)
begin
  select   count( * )  into tjs  from tb _ students _ score
      where 课程号 = kchao;
end ??
Query OK, 0 rows affected (0. 013 sec)
```

9.1.3   调用存储过程

存储过程和存储函数都是存储在服务器端的 SQL 语句集合，要想使用这些已经定义的存储过程和存储函数就必须要通过调用的方式来实现。

存储过程通过 CALL 语句来调用，存储函数的使用方法与 MySQL 内部函数的使用方法相同。执行存储过程和存储函数需要拥有 EXECUTE 权限(EXECUTE 权限的信息存储在 information _ schema 数据库下的 USER _ PRIVILEGES 表中)。

如何调用存储过程和存储函数？ MySQL 中使用 CALL 语句来调用存储过程。调用存储过程后，数据库系统将执行存储过程中的 SQL 语句，然后将结果集返回并输出。CALL 语句接收存储过程的名字以及需要传递给它的任意参数，基本语法形式如下：

```
CALL sp _ name([parameter[...]]);
```

其中，sp _ name 表示存储过程的名称，parameter 表示存储过程的参数。

【例 9.5】调用前面创建的存储过程 ShowStuScore( )、GetScoreByStu( )、CountProc( )和 stxkrspro( )，SQL 语句和执行过程如下：

```
mysql> DELIMITER ;
mysql> CALL ShowStuScore();
+---------------+----------------+
| student _ name | student _ score |
+---------------+----------------+
| Dany          |             90 |
| Green         |             99 |
| Henry         |             95 |
| Jane          |             98 |
| Jim           |             88 |
| John          |             94 |
| Lily          |            100 |
| Susan         |             96 |
| Thomas        |             93 |
| Tom           |             89 |
+---------------+----------------+
10 rows in set (0. 00 sec)
Query OK, 0 rows affected (0. 02 sec)
```

```
mysql> CALL GetScoreByStu('Green');
+----------------+
| student_score |
+----------------+
|             99 |
+----------------+
1 row in set (0.03 sec)
Query OK, 0 rows affected (0.03 sec)

mysql> CALL CountProc(@num);
1 row in set (0.03 sec)
Query OK, 0 rows affected (0.03 sec)
Select @num;
+----------+
|  @num  |
+----------+
|      5 |
+----------+
0 row in set (0.00 sec)
Query OK, 0 rows affected (0.00 sec)

mysql> CALL stxkrspro ('102',@xknum);
1 row in set (0.03 sec)
Query OK, 0 rows affected (0.03 sec)
Select @xknum;
+-----------+
|  @xknum |
+-----------+
|      5 |
+-----------+
0 row in set (0.00 sec)
Query OK, 0 rows affected (0.00 sec)
```

　　因为存储过程实际上也是一种函数，所以存储过程名后需要有"()"符号，即使不传递参数也需要。

9.1.4　查看存储过程

　　创建好存储过程后，用户可以通过 SHOW STATUS 语句来查看存储过程的状态，也可以通过 SHOW CREATE 语句来查看存储过程的定义。本节主要讲解查看存储过程的状态和定义。

　　▶ 1. 查看存储过程的状态

　　MySQL 中可以通过 SHOW STATUS 语句查看存储过程的状态，其基本语法形式如下：

SHOW PROCEDURE STATUS LIKE 存储过程名;

其中，LIKE 存储过程名用来匹配存储过程的名称，LIKE 不能省略。

【例 9.6】创建数据表 studentinfo，SQL 语句如下：

```
mysql> CREATE TABLE studentinfo(
    ->       ID int(11) NOT NULL,
    ->       NAME varchar(20) DEFAULT NULL,
    ->       SCORE decimal(4,2) DEFAULT NULL,
    ->       SUBJECT varchar(20) DEFAULT NULL,
    ->       TEACHER varchar(20) DEFAULT NULL,
    ->       PRIMARY KEY (ID)
    -> );
Query OK, 0 rows affected (0.06 sec)
```

向数据表 studentinfo 中插入数据，SQL 语句和执行结果如下：

```
mysql> INSERT INTO studentinfo(id,name,score)
    -> VALUES(1,"zhangsan",80),(2,"lisi","70");
Query OK, 2 rows affected (0.00 sec)
Records: 2   Duplicates: 0   Warnings: 0
```

创建存储过程 showstuscore，SQL 语句和运行结果如下：

```
mysql> DELIMITER ?
mysql> CREATE PROCEDURE showstuscore()
    ->   BEGIN
    ->     SELECT id,name,score FROM studentinfo;
    ->   END ?
Query OK, 0 rows affected (0.00 sec)
```

下面查询名为 showstuscore 的存储过程的状态，SQL 语句和运行结果如下：

```
mysql> SHOW PROCEDURE STATUS LIKE 'showstuscore' \ G
*************************** 1. row ***************************
               Db: test
             Name: showstuscore
             Type: PROCEDURE
          Definer: root@localhost
         Modified: 2021-02-17 16:28:41
          Created: 2021-02-17 16:28:41
    Security_type: DEFINER
          Comment:
character_set_client: gbk
collation_connection: gbk_chinese_ci
Database Collation: utf8_general_ci
1 row in set (0.01 sec)
mysql> SHOW PROCEDURE STATUS LIKE 'show%' \ G
*************************** 1. row ***************************
```

```
            Db: test
          Name: showstuscore
          Type: PROCEDURE
       Definer: root@localhost
      Modified: 2021-02-17 16：28：41
       Created: 2021-02-17 16：28：41
 Security_type: DEFINER
       Comment:
character_set_client: gbk
collation_connection: gbk_chinese_ci
Database Collation: utf8_general_ci
1 row in set (0.00 sec)
```

查询结果显示了存储过程的创建时间、修改时间和字符集等信息。

▶ **2. 查看存储过程的定义**

MySQL 中可以通过 SHOW CREATE 语句查看存储过程的状态，语法格式如下：

```
SHOW CREATE PROCEDURE 存储过程名;
```

【例 9.7】使用 SHOW CREATE 查询名为 showstuscore 的存储过程的状态，SQL 语句和运行结果如下：

```
mysql> SHOW CREATE PROCEDURE showstuscore \ G
**************************** 1. row ****************************
          Procedure: showstuscore
           sql_mode: STRICT_TRANS_TABLES,NO_AUTO_CREATE_USER,NO_ENGINE_SUBSTITUTION
   Create Procedure: CREATE DEFINER=´root´@´localhost´ PROCEDURE ´showstuscore´()
BEGIN
    SELECT id,name,score FROM studentinfo;
   END
character_set_client: gbk
collation_connection: gbk_chinese_ci
Database Collation: utf8_general_ci
1 row in set (0.02 sec)
```

查询结果显示了存储过程的定义和字符集信息等。

SHOW STATUS 语句只能查看存储过程操作的是哪个数据库、存储过程的名称、类型，以及由谁定义的，创建和修改时间、字符编码等信息。但是，这个语句不能查询存储过程的详细定义，如果需要查看详细定义，需要使用 SHOW CREATE 语句。

存储过程的信息都存储在 information_schema 数据库下的 routines 表中，可以通过查询该表的记录来查询存储过程的信息，SQL 语句如下：

```
SELECT * FROM information_schema.Routines WHERE ROUTINE_NAME=存储过程名;
```

在 information_schema 数据库下的 routines 表中，存储着所有存储过程的定义。使用 SELECT 语句查询 routines 表中的存储过程和函数定义时，一定要使用 routine_name 字段指定存储过程的名称，否则将查询出所有的存储过程的定义。

9.1.5 修改存储过程

在实际开发过程中，业务需求修改的情况时有发生，所以修改 MySQL 中的存储过程是不可避免的。MySQL 中通过 ALTER PROCEDURE 语句来修改存储过程。下面将详细讲解修改存储过程的方法。

MySQL 中修改存储过程的语法格式如下：

```
ALTER PROCEDURE 存储过程名 [ 特征 ... ]
```

其中，特征指定了存储过程的特性，可能的取值有：

- CONTAINS SQL 表示子程序包含 SQL 语句，但不包含读或写数据的语句。
- NO SQL 表示子程序中不包含 SQL 语句。
- READS SQL DATA 表示子程序中包含读数据的语句。
- MODIFIES SQL DATA 表示子程序中包含写数据的语句。
- SQL SECURITY { DEFINER | INVOKER }指明谁有权限来执行。
- DEFINER 表示只有定义者自己才能够执行。
- INVOKER 表示调用者可以执行。
- COMMENT 'string'表示注释信息。

【例 9.8】修改存储过程 showstuscore 的定义，将读写权限改为 MODIFIES SQL DATA，并指明调用者可以执行，代码如下：

```
mysql> ALTER PROCEDURE showstuscore MODIFIES SQL DATA SQL SECURITY INVOKER;
Query OK, 0 rows affected (0.02 sec)
```

执行代码，并查看修改后的信息，运行结果如下：

```
mysql>   SHOW CREATE PROCEDURE showstuscore \ G
*************************** 1. row ***************************
        Procedure: showstuscore
          sql_mode: STRICT_TRANS_TABLES,NO_AUTO_CREATE_USER,NO_ENGINE_SUBSTITUTION
  Create Procedure: CREATE DEFINER = 'root'@'localhost' PROCEDURE 'showstuscore'()
  MODIFIES SQL DATA
  SQL SECURITY INVOKERBEGIN
    SELECT id,name,score FROM studentinfo;
  END
character_set_client: gbk
collation_connection: gbk_chinese_ci
Database Collation: utf8_general_ci
1 row in set (0.00 sec)
```

结果显示，存储过程修改成功。可以看到，访问数据的权限已经变成了 MODIFIES SQL DATA，安全类型也变成了 INVOKE。

提示：ALTER PROCEDURE 语句用于修改存储过程的某些特征。如果要修改存储过程的内容，可以先删除原存储过程，再以相同的命名创建新的存储过程；如果要修改存储过程的名称，可以先删除原存储过程，再以不同的命名创建新的存储过程。

9.1.6 删除存储过程

存储过程被创建后，就会一直保存在数据库服务器上，直至被删除。当 MySQL 数据库中存在废弃的存储过程时，我们需要将它删除。

MySQL 中使用 DROP PROCEDURE 语句来删除数据库中已经存在的存储过程。语法格式如下：

```
DROP PROCEDURE [ IF EXISTS ] <过程名>
```

下面对该语法做说明。

- 过程名：指定要删除的存储过程的名称。
- IF EXISTS：指定这个关键字，用于防止因删除不存在的存储过程而引发错误。

注意：存储过程名称后面没有参数列表，也没有括号，在删除之前，必须确认该存储过程没有任何依赖关系，否则会导致其他与之关联的存储过程无法运行。

【**例 9.9**】删除存储过程 showstuscore，SQL 语句和运行结果如下：

```
mysql>   DROP PROCEDURE showstuscore;
Query OK, 0 rows affected (0.01 sec)
```

删除后，可以通过查询 information_schema 数据库下的 routines 表来确认上面的删除是否成功。SQL 语句和运行结果如下：

```
mysql>SELECT * FROM information_schema.routines
WHERE routine_name='ShowStuScore';
Empty set (0.00 sec)
```

结果显示，没有查询出任何记录，说明存储过程 showstuscore 已经被删除了。

9.2 存储函数

存储函数和存储过程一样，都是在数据库中定义的一些 SQL 语句的集合。存储函数可以通过 return 语句返回函数值，主要用于计算并返回一个值。存储过程没有直接返回值，主要用于执行操作。

9.2.1 创建存储函数

在 MySQL 中，使用 CREATE FUNCTION 语句来创建存储函数，其语法形式如下：

```
CREATE FUNCTION func_name ([func_parameter[...]])
RETURNS type
BEGIN
[characteristic ...]
routine_body
END
```

下面对该语法中的参数做说明。

• func _ name：表示存储函数的名称；

• func _ parameter：表示存储函数的参数列表；

• RETURNS type：指定返回值的类型；

• characteristic：指定存储函数的特性，该参数的取值与存储过程是一样的；

• routine _ body：表示 SQL 代码的内容，可以用 BEGIN...END 来标示 SQL 代码的开始和结束。

注意：在具体创建函数时，函数名不能与已经存在的函数名重名。推荐函数名命名（标识符）为 function _ xxx 或者 func _ xxx。

func _ parameter 可以由多个参数组成，每个参数由参数名称和参数类型组成，其形式如下：

```
[IN | OUT | INOUT] param _ name type;
```

其中：

• IN 表示输入参数，OUT 表示输出参数，INOUT 表示既可以输入也可以输出；

• param _ name 参数是存储函数的参数名称；

• type 参数指定存储函数的参数类型，该类型可以是 MySQL 数据库的任意数据类型。

【例 9.10】使用 CREATE FUNCTION 创建查询 tb _ student 表中某个指定 id 学生姓名的函数，SQL 语句和执行过程如下：

```
mysql> USE test;
Database changed
mysql> DELIMITER ?
mysql> CREATE FUNCTION func _ student(id INT(11))
    -> RETURNS VARCHAR(20)
    -> COMMENT ´查询某个学生的姓名´
    -> BEGIN
    -> RETURN(SELECT name FROM tb _ student WHERE tb _ student. id = id);    -> END ?
Query OK, 0 rows affected (0. 10 sec)
mysql> DELIMITER;
```

上述代码创建了 func _ student 函数，该函数拥有一个类型为 INT(11)的参数 id，返回值为 VARCHAR(20)类型。SELECT 语句从 tb _ student 表中查询 id 字段值等于所传入参数 id 值的记录，同时返回该条记录的 name 字段值。

创建函数与创建存储过程一样，需要通过命令"DELIMITER?"将"SQL"语句的结束符由";"修改为"?"，最后通过命令"DELIMITER;"将结束符号修改成 SQL 语句中默认的结束符号。

如果存储函数中的 RETURN 语句返回一个类型不同于函数的 RETURNS 子句中指定类型的值，返回值将被强制为恰当的类型。比如，如果一个函数返回一个 ENUM 或 SET 值，但是 RETURN 语句返回一个整数，对于 SET 成员集的相应的 ENUM 成员，从函数返回的值是字符串。

由于存储函数和存储过程的查看、修改、删除等操作几乎相同，所以我们不再详细讲解如何操作存储函数了。

9.2.2　查看存储函数

查看存储函数的语法如下：

```
SHOW FUNCTION STATUS LIKE 存储函数名;
SHOW CREATE FUNCTION 存储函数名;
SELECT * FROM information_schema.Routines WHERE ROUTINE_NAME=存储函数名;
```

可以发现，操作存储函数和操作存储过程不同的是将 PROCEDURE 替换成了 FUNC-TION。同样，修改存储函数的语法如下：

```
ALTER FUNCTION 存储函数名 [ 特征 ... ]
```

存储函数的特征与存储过程基本一样。

删除存储过程的语法如下：

```
DROP FUNCTION [ IF EXISTS ] <函数名>
```

9.2.3　调用存储函数

在 MySQL 中，存储函数的使用方法与 MySQL 内部函数的使用方法是一样的。换言之，用户自定义的存储函数与 MySQL 内部函数是一个性质的。区别在于，存储函数是用户自己定义的，而内部函数是 MySQL 开发者定义的。

语法格式如下：

```
SELECT <函数名()>;
```

【例 9.11】调用前面创建的存储函数 func_student()，id 值为 3。SQL 语句和执行过程如下：

```
mysql> SELECT func_student(3);
+------------------+
| func_student(3) |
+------------------+
| 王五             |
+------------------+
1 row in set (0.10 sec)
```

通过例 9.2 和例 9.10 的比较，可以看出虽然存储函数和存储过程的定义稍有不同，但它们都可以实现相同的功能，我们应该在实际应用中灵活选择。

9.3　变量的定义和赋值

在 MySQL 中，除了支持标准的存储过程和函数外，还引入了表达式。表达式与其他高级语言的表达式一样，由变量、运算符和流程控制构成。

变量是表达式语句中最基本的元素，可以用来临时存储数据。在存储过程和函数中都可以定义和使用变量。用户可以使用 DECLARE 关键字来定义变量，定义后可以为变量赋值。这些变量的作用范围是 BEGIN...END 程序段。

下面讲解如何定义变量和为变量赋值。

9.3.1　定义变量

MySQL 中可以使用 DECLARE 关键字来定义变量，其基本语法如下：

```
DECLARE var _ name[,...] type [DEFAULT value]
```

其中：

- DECLARE 关键是用来声明变量；
- var _ name 参数是变量的名称，这里可以同时定义多个变量；
- type 参数用来指定变量的类型；
- DEFAULT value 子句将变量默认值设置为 value，没有使用 DEFAULT 子句时，默认值为 NULL。

【例 9.12】定义变量 my _ sql，数据类型为 INT 类型，默认值为 10。SQL 语句如下：

```
DECLARE my _ sql INT DEFAULT 10;
```

9.3.2　为变量赋值

MySQL 中可以使用 SET 关键字来为变量赋值，SET 语句的基本语法如下：

```
SET var _ name = expr[,var _ name = expr]...
```

其中：

- SET 关键字用来为变量赋值；
- var _ name 参数是变量的名称；
- expr 参数是赋值表达式。

注意：一个 SET 语句可以同时为多个变量赋值，各个变量的赋值语句之间用逗号隔开。

【例 9.13】为变量 my _ sql 赋值为 30。SQL 语句如下：

```
SET my _ sql = 30;
```

MySQL 中还可以使用 SELECT..INTO 语句为变量赋值，其基本语法如下：

```
SELECT col _ name [...] INTO var _ name[,...]
FROM table _ name WEHRE condition
```

其中：

- col _ name 参数表示查询的字段名称；
- var _ name 参数是变量的名称；
- table _ name 参数指表的名称；
- condition 参数指查询条件。

注意：当将查询结果赋值给变量时，该查询语句的返回结果只能是单行。

【例9.14】从 tb _ student 表中查询 id 为 2 的记录，将该记录的 id 值赋给变量 my _ sql。SQL 语句如下：

```
SELECT id INTO my _ sql FROM tb _ student WEHRE id = 2;
```

9.4 游标的定义及使用

在 MySQL 中，存储过程或函数中的查询有时会返回多条记录，而使用简单的 SE-LECT 语句，没有办法得到第一行、下一行或前十行的数据，这时可以使用游标来逐条读取查询结果集中的记录。游标在部分资料中也称为光标。

关系数据库管理系统实质是面向集合的，在 MySQL 中并没有一种描述表中单一记录的表达方式，除非使用 WHERE 子句来限制只有一条记录被选中，所以有时我们必须借助游标来进行单条记录的数据处理。一般通过游标定位到结果集的某一行进行数据修改。结果集是符合 SQL 语句的所有记录的集合。我们可以理解游标就是一个标识，用来标识数据取到了什么地方，如果你了解编程语言，可以把它理解成数组中的下标。MySQL 游标只能用于存储过程和函数。

下面介绍游标的使用，主要包括游标的声明、打开、使用和关闭。

9.4.1 声明游标

MySQL 中使用 DECLARE 关键字来声明游标，并定义相应的 SELECT 语句，根据需要添加 WHERE 和其他子句。语法的基本形式如下：

```
DECLARE cursor _ name CURSOR FOR select _ statement;
```

其中，cursor _ name 表示游标的名称；select _ statement 表示 SELECT 语句，可以返回一行或多行数据。

【例9.15】声明一个名为 nameCursor 的游标，代码如下：

```
mysql> DELIMITER ?
mysql> CREATE PROCEDURE processnames()
    -> BEGIN
    -> DECLARE nameCursor CURSOR
    -> FOR
    -> SELECT name FROM tb _ student;
    -> END ?
Query OK, 0 rows affected (0. 07 sec)
```

以上语句定义了 nameCursor 游标，游标只局限于存储过程，存储过程处理完成后，游标就消失了。

9.4.2 打开游标

声明游标之后，要想从游标中提取数据，必须先打开游标。在 MySQL 中，打开游标通过 OPEN 关键字来实现，语法格式如下：

```
OPEN cursor _ name;
```

其中，cursor _ name 表示所要打开游标的名称。需要注意的是，打开一个游标时，游标并不指向第一条记录，而是指向第一条记录的前边。

在程序中，一个游标可以打开多次。用户打开游标后，其他用户或程序可能正在更新数据表，所以有时会导致用户每次打开游标后，显示的结果都不同。

9.4.3 使用游标

游标顺利打开后，可以使用 FETCH...INTO 语句来读取数据，其语法形式如下：

```
FETCH cursor _ name INTO var _ name [,var _ name]...
```

上述语句中，将游标 cursor _ name 中 SELECT 语句的执行结果保存到变量 var _ name 中。变量 var _ name 必须在游标使用之前定义。使用游标类似于高级语言中的数组遍历，当第一次使用游标时，此时游标指向结果集的第一条记录。

MySQL 的游标是只读的，也就是说，你只能顺序地从开始往后读取结果集，而不能从后往前，也不能直接跳到中间的记录。

9.4.4 关闭游标

游标使用完毕，要及时关闭。在 MySQL 中，使用 CLOSE 关键字关闭游标，其语法格式如下：

```
CLOSE cursor _ name;
```

CLOSE 释放游标使用的所有内部内存和资源，因此每个游标不再需要时都应该关闭。

一个游标关闭后，如果没有重新打开，则不能再使用它。但是，使用声明过的游标不需要再次声明，用 OPEN 语句打开它就可以了。

如果你不明确关闭游标，MySQL 将会在到达 END 语句时自动关闭它。游标关闭之后，不能使用 FETCH 来使用该游标。

【例 9.16】创建 users 数据表，并插入数据，SQL 语句和运行结果如下：

```
mysql> CREATE TABLE users
    -> (
    -> ID BIGINT(20) UNSIGNED NOT NULL AUTO _ INCREMENT,
    -> user _ name VARCHAR(60),
    -> user _ pass VARCHAR(64),
    -> PRIMARY KEY (ID)
    -> );
Query OK, 0 rows affected (0. 06 sec)

mysql> INSERT INTO users VALUES(null,´sheng´,´sheng123´),
    -> (null,´yu´,´yu123´),
    -> (null,´ling´,´ling123´);
Query OK, 3 rows affected (0. 01 sec)
```

创建存储过程 test＿cursor，并创建游标 cur＿test，查询 users 数据表中的第 3 条记录，SQL 语句和执行过程如下：

```
mysql> DELIMITER //
mysql> CREATE PROCEDURE test＿cursor (in param INT(10),out result VARCHAR(90))
    -> BEGIN
    -> DECLARE name VARCHAR(20);
    -> DECLARE pass VARCHAR(20);
    -> DECLARE done INT;
    -> DECLARE cur＿test CURSOR FOR SELECT user＿name,user＿pass FROM users;
    -> DECLARE continue handler FOR SQLSTATE ´02000´ SET done = 1;
    -> IF param THEN INTO result FROM users WHERE id = param;
    -> ELSE
    -> OPEN cur＿test;
    -> repeat
    -> FETCH cur＿test into name,pass;
    -> SELECT concat＿ws(´,´,result,name,pass) INTO result;
    -> until done
    -> END repeat;
    -> CLOSE cur＿test;
    -> END IF;
    -> END //
Query OK, 0 rows affected (0.10 sec)

mysql> call test＿cursor(3,@test)//
Query OK, 1 row affected (0.03 sec)

mysql> select @test//
+-----------+
| @test     |
+-----------+
| ling,ling123 |
+-----------+
1 row in set (0.00 sec)
```

创建 pro＿users()存储过程，定义 cur＿1 游标，将表 users 中的 user＿name 字段全部修改为 MySQL，SQL 语句和执行过程如下：

```
mysql> CREATE PROCEDURE pro＿users()
    -> BEGIN
    -> DECLARE result VARCHAR(100);
    -> DECLARE no INT;
    -> DECLARE cur＿1 CURSOR FOR SELECT user＿name FROM users;
    -> DECLARE CONTINUE HANDLER FOR NOT FOUND SET no = 1;
    -> SET no = 0;
    -> OPEN cur＿1;
    -> WHILE no = 0 do
```

```
    -> FETCH cur_1 into result;
    -> UPDATE users SET user_name='MySQL'
    -> WHERE user_name=result;
    -> END WHILE;
    -> CLOSE cur_1;
    -> END //
Query OK, 0 rows affected (0.05 sec)

mysql> call pro_users() //
Query OK, 0 rows affected (0.03 sec)

mysql> SELECT * FROM users //
+----+-----------+-----------+
| ID | user_name | user_pass |
+----+-----------+-----------+
|  1 | MySQL     | sheng     |
|  2 | MySQL     | zhang     |
|  3 | MySQL     | ying      |
+----+-----------+-----------+
3 rows in set (0.00 sec)
```

结果显示，users 表中的 user_name 字段已经全部修改为 MySQL。

9.5 流程控制语句

在存储过程和自定义函数中可以使用流程控制语句来控制程序的执行流程。MySQL 中流程控制语句有 IF 语句、CASE 语句、LOOP 语句、LEAVE 语句、ITERATE 语句、REPEAT 语句和 WHILE 语句等。下面将详细讲解这些流程控制语句。

9.5.1 IF 语句

IF 语句用来进行条件判断，根据是否满足条件（可包含多个条件）来执行不同的语句，它是流程控制中最常用的判断语句，其语法的基本形式如下：

```
if 条件表达式1 then    //条件判定
[语句块1]; //T
else
[语句块2] ;//F
end if;    //与 IF 语句配对
```

其中，"条件表达式1"表示条件判断语句，如果返回值为 TRUE，相应的 SQL 语句列表（语句块1）被执行；如果返回值为 FALSE，则 ELSE 子句的语句列表〈语句块2〉被执行。语句块可以包括一个或多个语句。

注意：MySQL 中的 IF() 函数不同于这里的 IF 语句。

【例 9.17】用 if....else 语句创建一个用户自定义函数 fcj()，当成绩在 60 分以上时，显示成绩合格，否则显示"不及格"。代码如下：

```
mysql>create function fcj(score int)
    ->returns varchar(50)
    ->begin
    ->if score> = 60 then
    ->return ´成绩合格´;
    ->else
    ->return ´不及格´;
    ->end if;
    ->end ?
Query OK, 0 rows affected (0.02 sec)
```

该示例根据 score 与 60 的大小关系来执行不同的 return 语句。如果 score 值大于或等于 60，那么将返回成绩合格；如果 score 值小于 60，那么将返回不及格。IF 语句都需要使用 END IF 来结束。

9.5.2　CASE 语句

CASE 语句也是用来进行条件判断的，它提供了多个条件进行选择，可以实现比 IF 语句更复杂的条件判断。CASE 语句的基本形式如下：

```
case 表达式
when value1 then　语句块 1;
when value2 then　语句块 2;
…
else 语句块 n;
end case;
```

其中：

• "表达式"表示条件判断的变量，决定了哪一个 WHEN 子句会被执行；

• valuei 参数表示变量的取值，如果某个 valuei 与"表达式"的值相同，则执行对应的 THEN 关键字后的"语句块"中的语句；

• "语句块 n"参数表示 valuei 值没有与"表达式"相同值时才被执行的语句。

• CASE 语句都要使用 END CASE 结束。

这里介绍的 CASE 语句与"控制流程函数"里描述的 SQL CASE 表达式的 CASE 语句有所不同。这里的 CASE 语句不能有 ELSE NULL 语句，并且用 END CASE 替代 END 来终止。

【例 9.18】用 case ... end case 语句创建一个用户自定义函数 fcj3()，当成绩在 90 分以上时显示成绩优秀，80 分以上时显示成绩良好，70 分以上时显示成绩中等，60 分及以上为及格，其余的均为不及格。如果成绩是负数，显示"成绩有错误！"。代码如下：

```
mysql>CREATE FUNCTION gra3(score INT)
    ->RETURNS VARCHAR(30)
    ->BEGIN
```

```
->DECLARE cj INT;
->IF(score >= 0) THEN
->set cj = score div 10;
->CASE cj
->WHEN 9 THEN return´优秀´;
->WHEN 8 THEN return´良好´;
->WHEN  7 THEN return´中等´;
->WHEN  6 THEN return´及格´;
->ELSE
->return  ´不合格´;
->END CASE;
->ELSE
->return´成绩有错误!´;
->END IF;
->END ?
Query OK, 0 rows affected (0.03 sec)
```

9.5.3　LOOP 语句

LOOP 语句可以使某些特定的语句重复执行。与 IF 和 CASE 语句相比，LOOP 只实现了一个简单的循环，并不进行条件判断。

LOOP 语句本身没有停止循环的语句，必须使用 LEAVE 语句等才能停止循环，跳出循环过程。LOOP 语句的基本形式如下：

```
[begin_label:]LOOP
  statement_list
END LOOP [end_label]
```

其中，begin_label 参数和 end_label 参数分别表示循环开始和结束的标志，这两个标志必须相同，而且都可以省略；statement_list 参数表示需要循环执行的语句。

【例 9.19】使用 LOOP 语句进行循环操作，代码如下：

```
add_num : LOOP
  SET @count = @count + 1;
END LOOP add_num;
```

该示例循环执行 count 加 1 的操作。因为没有跳出循环的语句，这个循环成了一个死循环。LOOP 循环都以 END LOOP 结束。

9.5.4　LEAVE 语句

LEAVE 语句主要用于跳出循环控制，其语法形式如下：

```
LEAVE label
```

其中，label 参数表示循环的标志，LEAVE 语句必须跟在循环标志前面。

【例 9.20】一个 LEAVE 语句的示例，代码如下：

```
add _ num：LOOP
  SET @count = @count + 1;
  IF @count = 100 THEN
      LEAVE add _ num;
END LOOP add num;
```

该示例循环执行 count 加 1 的操作。当 count 的值等于 100 时，跳出循环。

9.5.5　ITERATE 语句

ITERATE 是"再次循环"的意思，用来跳出本次循环，直接进入下一次循环。ITER-ATE 语句的基本语法形式如下：

```
ITERATE label
```

其中，label 参数表示循环的标志，ITERATE 语句必须跟在循环标志前面。

【例 9.21】一个 ITERATE 语句的示例，代码如下：

```
add _ num：LOOP
  SET @count = @count + 1;
  IF @count = 100 THEN
      LEAVE add _ num;  ELSE IF MOD(@count,3) = 0 THEN
      ITERATE add _ num;
  SELECT  *  FROM employee;
END LOOP add _ num;
```

该示例循环执行 count 加 1 的操作，当 count 值为 100 时结束循环。如果 count 的值能够整除 3，则跳出本次循环，不再执行下面的 SELECT 语句。

说明：LEAVE 语句和 ITERATE 语句都用来跳出循环语句，但两者的功能是不一样的。LEAVE 语句是跳出整个循环，然后执行循环后面的程序。ITERATE 语句是跳出本次循环，然后进入下一次循环。使用这两个语句时一定要区分清楚。

9.5.6　REPEAT 语句

REPEAT 语句是有条件控制的循环语句，每次语句执行完毕，会对条件表达式进行判断，如果表达式返回值为 TRUE，则循环结束，否则重复执行循环中的语句。

REPEAT 语句的基本语法形式如下：

```
[begin _ label:] REPEAT
  statement _ list
  UNTIL search _ condition
END REPEAT [end _ label]
```

其中：

- begin _ label 为 REPEAT 语句的标注名称，该参数可以省略；
- REPEAT 语句内的语句被重复，直至 search _ condition 返回值为 TRUE。
- statement _ list 参数表示循环的执行语句；
- search _ condition 参数表示结束循环的条件，满足该条件时循环结束。

• REPEAT 循环都用 END REPEAT 结束。

【例 9.22】一个使用 REPEAT 语句的示例，代码如下：

```
REPEAT
    SET @count = @count + 1;
    UNTIL @count = 100
END REPEAT;
```

该示例循环执行 count 加 1 的操作，count 值为 100 时结束循环。

9.5.7   WHILE 语句

WHILE 语句也是有条件控制的循环语句。WHILE 语句和 REPEAT 语句不同的是，WHILE 语句是当满足条件时，执行循环内的语句，否则退出循环。WHILE 语句的基本语法形式如下：

```
[begin _ label:] WHILE search _ condition DO
        statement listEND WHILE [end label]
```

其中，search _ condition 参数表示循环执行的条件，满足该条件时循环执行；statement _ list 参数表示循环的执行语句。WHILE 循环需要使用 END WHILE 来结束。

【例 9.23】一个使用 WHILE 语句的示例，代码如下：

```
WHILE @count<100 DO
    SET @count = @count + 1;
END WHILE;
```

该示例循环执行 count 加 1 的操作，当 count 值小于 100 时执行循环。如果 count 值等于 100 了，则跳出循环。

9.6   小结

本章介绍了在 MySQL 数据库管理系统中关于存储过程和函数的操作，主要包含存储过程和函数的创建、查看、修改，以及删除存储过程和函数。

通过本章的学习，应重点掌握以下知识：

• 存储过程和函数是经过编译并保存在数据库中的一条或多条 SQL 语句的集合，具有允许标准组件式编程、执行速度快、减少网络流量及安全的优点。

• 存储过程和函数本质上都是存储过程。函数只能通过 RETURN 返回单个值或者表对象；而存储过程不允许执行 RETURN 语句，却可以通过 OUT 参数返回多个值。

• 存储过程和函数中所包含的表达式语句主要由变量、运算符和流程控制语句构成。

• 关键字 ALTER 可以修改存储过程和函数的特性，但不能更改存储过程的参数或子程序。如果必须修改存储过程的参数或子程序，可以使用 DROP 语句将其删除后再重新创建。

线上课堂——训练与测试

扫描封底刮刮卡　　获取答题权限

在线题库 1

扫描封底刮刮卡　　获取答题权限

在线题库 2

第10章 事务与触发器

当多个用户访问同一个数据表时，一个用户在更改数据的过程中，可能有其他用户同时发起更改请求。为保证数据的更新从一个一致性状态变为另外一个一致性状态，这时有必要引入事务的概念。MySQL 提供了多种存储引擎支持事务，支持事务的存储引擎有 InnoDB 和 BDD。InnoDB 存储引擎事务主要通过 UNDO 日志和 REDO 日志实现，MyISAM 和 MEMORY 存储引擎则不支持事务。

在 MySQL 数据库中，数据库对象表是存储和操作数据的逻辑结构，本章所要介绍的数据库对象触发器则用来实现由一些表事件触发的某个操作，是与数据库对象表关联最紧密的数据库对象之一。在数据库系统中，当执行表事件时，则会激活触发器，从而执行其包含的操作。触发器的操作包含创建触发器、查看触发器和删除触发器，这些操作同样是数据库管理中最基本、最重要的操作。

> **学习目标**
>
> 通过本章的学习，可以掌握 MySQL 中事务的实现机制与实际应用，内容包含：
> - 事务概述；
> - 事务控制语句；
> - 触发器的相关概念；
> - 触发器的基本操作，创建、查看和删除触发器。

10.1 事务

10.1.1 数据库事务概述

数据库的事务(Transaction)是一种机制、一个操作序列，包含一组数据库操作命令。事务把所有的命令作为一个整体向系统提交或撤销操作请求，即这一组数据库命令要么都执行，要么都不执行，因此事务是一个不可分割的工作逻辑单元。

微课视频 10-1
事务概述

在数据库系统上执行并发操作时，事务是作为最小的控制单元来使用的，特别适用于多用户同时操作的数据库系统。例如，航空公司的订票系统、银行、保险公司以及证券交易系统等。

事务具有 4 个特性，即原子性(Atomicity)、一致性(Consistency)、隔离性(Isolation)和持久性(Durability)，这 4 个特性通常简称为 ACID。

▶ 1. 原子性

事务是一个完整的操作，事务的各元素是不可分的（原子的）。事务中的所有元素必须作为一个整体提交或回滚。如果事务中的任何元素失败，则整个事务将失败。

微课视频 10-2
事务四大特征

以银行转账事务为例，如果该事务提交了，则出入账两个账户的数据将会更新。如果由于某种原因，事务在成功更新这两个账户之前终止了，则不会更新这两个账户的余额，并且会撤销对任何账户余额的修改，事务不能部分提交。

▶ 2. 一致性

当事务完成时，数据必须处于一致状态。也就是说，在事务开始之前，数据库中存储的数据处于一致状态。在正在进行的事务中，数据可能处于不一致的状态，如数据可能有部分被修改。当事务成功完成时，数据必须再次回到已知的一致状态。通过事务对数据所做的修改不能损坏数据，或者说事务不能使数据存储处于不稳定的状态。

以银行转账事务事务为例。在事务开始之前，所有账户余额的总额处于一致状态。在事务进行的过程中，一个账户余额减少了，而另一个账户余额尚未修改。因此，所有账户余额的总额处于不一致状态。事务完成以后，账户余额的总额再次恢复到新的一致状态。

▶ 3. 隔离性

对数据进行修改的所有并发事务是彼此隔离的，这表明事务必须是独立的，它不应以任何方式依赖于或影响其他事务。修改数据的事务可以在另一个使用相同数据的事务开始之前访问这些数据，或者在另一个使用相同数据的事务结束之后访问这些数据。

另外，当事务修改数据时，如果任何其他进程正在同时使用相同的数据，则直到该事务成功提交之后，对数据的修改才能生效。张三和李四之间的转账与王五和赵二之间的转账，永远是相互独立的。

▶ 4. 持久性

事务的持久性指不管系统是否发生了故障，事务处理的结果都是永久的。

一个事务成功完成之后，它对数据库所做的改变是永久性的，即使系统出现故障也是如此。也就是说，一旦事务被提交，事务对数据所做的任何变动都会被永久地保留在数据库中。

事务的 ACID 原则保证了一个事务或者成功提交，或者失败回滚，二者必居其一。因此，它对事务的修改具有可恢复性。当事务失败时，它对数据的修改都会恢复到该事务执行前的状态。

10.1.2　执行事务的语法和流程

MySQL 提供了多种存储引擎来支持事务。支持事务的存储引擎有 InnoDB 和 BDB，其中 InnoDB 存储引擎事务主要通过 UNDO 日志和 REDO 日志实现，MyISAM 存储引擎不支持事务。

任何一种数据库都会拥有各种各样的日志，用来记录数据库的运行情况、日常操作、错误信息等，MySQL 也不例外。例如，当用户 root 登录到 MySQL 服务器后，就会在日志文件里记录该用户的登录时间、执行操作等。

为了维护 MySQL 服务器，经常需要在 MySQL 数据库中进行日志操作。

微课视频 10-3
事务的原理

• UNDO 日志：复制事务执行前的数据，用于在事务发生异常时回滚数据。

• REDO 日志：记录在事务执行中，每个对数据进行更新的操作，当事务提交时，该内容将被刷新到磁盘。

默认设置下，每条 SQL 语句就是一个事务，即执行 SQL 语句后自动提交。为了达到将几个操作作为一个整体的目的，需要使用 BEGIN 或 START TRANSACTION 开启一个事务，或者禁止当前会话自动提交。

SQL 使用下列语句来管理事务。

▶ 1. 开始事务

MgSQL 使用下面语句来开始事务：

```
BEGIN;
```

或

```
START TRANSACTION;
```

这个语句显式地标记一个事务的起始点。

▶ 2. 提交事务

MySQL 使用下面的语句来提交事务：

```
COMMIT;
```

COMMIT 表示提交事务，即提交事务的所有操作。具体地说，就是将事务中所有对数据库的更新都写到磁盘上的物理数据库中，事务正常结束。

提交事务，意味着将事务开始以来所执行的所有数据都修改成为数据库的永久部分，因此也标志着一个事务的结束。一旦执行了该命令，将不能回滚事务。只有在所有修改都准备好提交给数据库时，才执行这一操作。

▶ 3. 回滚(撤销)事务

MySQL 使用以下语句来回滚事务：

```
ROLLBACK;
```

ROLLBACK 表示撤销事务，即在事务运行的过程中发生了某种故障，事务不能继续执行，系统将事务中对数据库的所有已完成的操作全部撤销，回滚到事务开始前的状态。这里的操作指对数据库的更新操作。

当事务执行过程中遇到错误时，使用 ROLLBACK 语句使事务回滚到起点或指定的保持点处。同时，系统将清除自事务起点或到某个保存点所做的所有的数据修改，并且释放由事务控制的资源。因此，这条语句也标志着事务的结束。

有以下事务控制语句：

• BEGIN 或 START TRANSACTION 显式地开启一个事务；

• COMMIT 也可以使用 COMMIT WORK，COMMIT 会提交事务，并使对数据库进行的所有修改成为永久性的；

· ROLLBACK 也可以使用 ROLLBACK WORK，回滚会结束用户的事务，并撤销正在进行的所有未提交的修改；

· SAVEPOINT identifier，SAVEPOINT 允许在事务中创建一个保存点，一个事务中可以有多个 SAVEPOINT；

· RELEASE SAVEPOINT identifier 删除一个事务的保存点，当没有指定的保存点时，执行该语句会抛出一个异常；

· ROLLBACK TO identifier 把事务回滚到标记点；

· SET TRANSACTION 用来设置事务的隔离级别。InnoDB 存储引擎提供事务的隔离级别有 READ UNCOMMITTED、READ COMMITTED、REPEATABLE READ 和 SERIALIZABLE。

10.1.3 事务处理方法

▶ 1. BEGIN、ROLLBACK、COMMIT 来实现

BEGIN 开始一个事务，ROLLBACK 事务回滚，COMMIT 事务确认。

▶ 2. 直接用 SET 来改变 MySQL 的自动提交模式

SET AUTOCOMMIT = 0 禁止自动提交

SET AUTOCOMMIT = 1 开启自动提交

微课视频 10-4
演示读未提交

微课视频 10-5
演示读已提交

10.1.4 使用保留点

savepoint 是在数据库事务处理中实现子事务（subtransaction），也称为嵌套事务的方法。事务可以回滚到 savepoint 而不影响 savepoint 创建前的变化，不需要放弃整个事务。

ROLLBACK 回滚用法可以设置保留点 SAVEPOINT，执行多条操作时，回滚到想要的那条语句之前。

▶ 1. 使用 SAVEPOINT

```
SAVEPOINT savepoint _ name;      // 声明一个 savepoint
ROLLBACK TO savepoint _ name;    // 回滚到 savepoint
```

▶ 2. 删除 SAVEPOINT

保留点在事务处理完成（执行一条 ROLLBACK 或 COMMIT）后自动释放。

MySQL5 以来，可以用：

```
RELEASE SAVEPOINT savepoint _ name;   // 删除指定保留点
```

BEGIN 或 START TRANSACTION 语句后面的 SQL 语句对数据库数据的更新操作都将记录在事务日志中，直至遇到 ROLLBACK 语句或 COMMIT 语句。如果事务中某一操作失败且执行了 ROLLBACK 语句，那么在开启事务语句之后，所有更新的数据都能回滚到事务开始前的状态。如果事务中的所有操作已全部正确完成，并且使用了 COMMIT 语句向数据库提交更新数据，则此时的数据又处在新的一致状态。

下面通过两个例子来演示 MySQL 事务的具体用法。

【例 10.1】假设张三在银行的账户余额有 1000 元，李四在银行账户余额为 1 元。下面模拟从张三的账户转账 500 元到李四账户，但在李四的账户还未增加 500 时，有其他会话访问数据表的场景。由于代码需要在两个窗口中执行，为了方便阅读，这里我们称为 A 窗口和 B 窗口。

在 A 窗口中开启一个事务，并更新 mybank 数据库中 bank 表的数据，SQL 语句和运行结果如下：

```
mysql> USE mybank;
Database changed
mysql> BEGIN;
Query OK, 0 rows affected (0.00 sec)
mysql> UPDATE bank SET currentMoney = currentMoney - 500
    -> WHERE customerName = ´张三´;
Query OK, 1 row affected (0.05 sec)
Rows matched: 1  Changed: 1  Warnings: 0
```

在 B 窗口中查询 bank 数据表中的数据，SQL 语句和运行结果如下：

```
mysql> SELECT * FROM mybank.bank;
+--------------+--------------+
| customerName | currentMoney |
+--------------+--------------+
| 张三         |      1000.00 |
| 李四         |         1.00 |
+--------------+--------------+
2 rows in set (0.00 sec)
```

可以看出，虽然 A 窗口中的事务已经更改了 bank 表中的数据，但没有立即更新数据，这时其他会话读取到的仍然是更新前的数据。

在 A 窗口中继续执行事务并提交事务，SQL 语句和运行结果如下：

```
mysql> UPDATE bank SET currentMoney = currentMoney + 500
    -> WHERE customerName = ´李四´;
Query OK, 1 row affected (0.05 sec)
Rows matched: 1  Changed: 1  Warnings: 0
mysql> COMMIT;
Query OK, 0 rows affected (0.07 sec)
```

在 B 窗口中再次查询 bank 数据表的数据，SQL 语句和运行结果如下：

```
mysql> SELECT * FROM mybank.bank;
+--------------+--------------+
| customerName | currentMoney |
+--------------+--------------+
| 张三         |       500.00 |
| 李四         |       501.00 |
```

```
+---------------+---------------+
```

2 rows in set (0.00 sec)

在 A 窗口中执行 COMMIT 提交事务后，对数据所做的更新将一起提交，其他会话读取到的是更新后的数据。从结果可以看出，张三和李四的总账户余额和转账前保持一致，这样数据从一个一致性状态更新到另一个一致性状态。

微课视频 10-6
演示串行化读

前面提到，当事务在执行中出现问题，也就是不能按正常的流程执行一个完整的事务时，可以使用 ROLLBACK 语句进行回滚，使用数据恢复到初始状态。

在例 10.1 中，张三的账户余额已经减少到 500 元，如果再转出 1000 元，将会出现余额为负数，因此需要回滚到原始状态。

【例 10.2】将张三的账户余额减少 1000 元，并让事务回滚，SQL 语句和运行结果如下：

```
mysql> BEGIN;
Query OK, 0 rows affected (0.00 sec)
mysql> UPDATE bank SET currentMoney = currentMoney-1000 WHERE customerName='张三';
Query OK, 1 row affected (0.04 sec)
Rows matched: 1  Changed: 1  Warnings: 0
mysql> ROLLBACK;
Query OK, 0 rows affected (0.07 sec)
mysql> SELECT * FROM mybank.bank;
+---------------+---------------+
| customerName  | currentMoney  |
+---------------+---------------+
| 张三          |        500.00 |
| 李四          |        501.00 |
+---------------+---------------+
2 rows in set (0.00 sec)
```

可以看出，执行事务回滚后，账户数据恢复到初始状态，即该事务执行之前的状态。

在数据库操作中，为了保证并发读取数据的正确性，提出了事务的隔离级别。在例 10.1 和例 10.2 中，事务的隔离级别为默认隔离级别。在 MySQL 中，事务的默认隔离级别是 REPEATABLE-READ(可重读)隔离级别，即事务未结束时(未执行 COMMIT 或 ROLLBACK)，其他会话只能读取到未提交数据。

微课视频 10-7
演示事务

MySQL 事务是一项非常消耗资源的功能，大家在使用过程中要注意以下几点：

• 事务尽可能简短。事务的开启到结束会在数据库管理系统中保留大量资源，以保证事务的原子性、一致性、隔离性和持久性。如果在多用户系统中，较大的事务将会占用系统的大量资源，使得系统不堪重

微课视频 10-8
事务的隔离性

负，会影响软件的运行性能，甚至导致系统崩溃。

• 事务中访问的数据量尽量最少。当并发执行事务处理时，事务操作的数据量越少，事务之间对相同数据的操作就越少。

• 查询数据时尽量不要使用事务。对数据进行浏览、查询操作并不会更新数据库的数据，因此应尽量不使用事务查询数据，避免占用过量的系统资源。

• 在事务处理过程中尽量不要出现等待用户输入的操作。在处理事务的过程中，如果需要等待用户输入数据，那么事务会长时间地占用资源，有可能造成系统阻塞。

10.2　触发器

10.2.1　触发器概述

MySQL 的触发器与数据表关系密切，主要用于保护表中的数据，特别是当有多个表具有一定关联的时候，触发器能够让不同的表保持数据的一致性。触发器和存储过程一样，都是嵌入 MySQL 中的一段程序，是一种特殊类型的存储过程，是 MySQL 中管理数据的有力工具。不同的是执行存储过程要使用 CALL 语句，需要主动调用其名字执行；而触发器的执行主要是通过事件触发而被执行的，不需要使用 CALL 语句，也不需要手工启动，而是通过对数据表的相关操作来触发、激活，从而实现执行。比如，当对 student 表进行操作(INSERT、DELETE 或 UPDATE)时就会激活它执行，其他 SQL 语句则不会激活触发器。

触发器是指事先为某张表绑定一段代码，当表中的某些内容发生改变(增、删、改)的时候，系统会自动触发代码并执行。简单地说，就是一张表发生了某件事(插入、删除、更新操作)，然后自动触发预先编写好的若干条 SQL 语句执行。

那么为什么要使用触发器呢？比如，在实际开发项目时，我们经常会遇到以下情况：

• 在学生表中添加一条关于学生的记录时，学生的总数就必须同时改变。

• 增加一条学生记录时，需要检查年龄是否符合范围要求。

• 删除一条学生信息时，需要删除其成绩表上的对应记录。

• 删除一条数据时，需要在数据库存档表中保留一个备份副本。

虽然上述情况实现的业务逻辑不同，但是它们都需要在数据表发生更改时，自动进行一些处理，这时就可以使用触发器处理。例如，对于第一种情况，可以创建一个触发器对象，每当添加一条学生记录时，就执行一次计算学生总数的操作，这样就可以保证每次添加一条学生记录后，学生总数和学生记录数是一致的。

▶ 1. 触发器的优缺点

触发器的优点如下：

• 触发器的执行是自动的，当对触发器相关表的数据做出相应的修改后立即执行。

• 触发器可以实施比 FOREIGN KEY 约束、CHECK 约束更为复杂的检查和操作。

• 触发器可以实现表数据的级联更改，在一定程度上保证了数据的完整性。

触发器的缺点如下：

• 使用触发器实现的业务逻辑在出现问题时很难进行定位，特别是涉及多个触发器时，会使后期维护变得困难。

· 大量使用触发器容易导致代码结构被打乱，增加了程序的复杂性，

· 如果需要变动的数据量较大，触发器的执行效率会非常低。

▶ 2. MySQL 支持的触发器

在实际使用中，MySQL 所支持的触发器有三种：INSERT 触发器、UPDATE 触发器和 DELETE 触发器。

（1）INSERT 触发器

在 INSERT 语句执行之前或之后响应的触发器。

使用 INSERT 触发器需要注意以下几点：

· 在 INSERT 触发器代码内，可引用一个名为 NEW（不区分大小写）的虚拟表来访问被插入的行。

· 在 BEFORE INSERT 触发器中，NEW 中的值也可以被更新，即允许更改被插入的值（只要具有对应的操作权限）。

· 对于 AUTO_INCREMENT 列，NEW 在 INSERT 执行之前包含的值是 0，在 INSERT 执行之后将包含新的自动生成值。

（2）UPDATE 触发器

在 UPDATE 语句执行之前或之后响应的触发器。

使用 UPDATE 触发器需要注意以下几点：

· 在 UPDATE 触发器代码内，可引用一个名为 NEW（不区分大小写）的虚拟表来访问更新的值。

· 在 UPDATE 触发器代码内，可引用一个名为 OLD（不区分大小写）的虚拟表来访问 UPDATE 语句执行前的值。

· 在 BEFORE UPDATE 触发器中，NEW 中的值可能也被更新，即允许更改将要用于 UPDATE 语句中的值（只要具有对应的操作权限）。

· OLD 中的值全部是只读的，不能被更新。

注意：当触发器设计对触发表自身的更新操作时，只能使用 BEFORE 类型的触发器，AFTER 类型的触发器将不被允许。

（3）DELETE 触发器

在 DELETE 语句执行之前或之后响应的触发器。

使用 DELETE 触发器需要注意以下几点：

· 在 DELETE 触发器代码内，可以引用一个名为 OLD（不区分大小写）的虚拟表来访问被删除的行。

· OLD 中的值全部是只读的，不能被更新。

总体来说，触发器在使用过程中，MySQL 会按照以下方式来处理错误：

· 对于事务性表，如果触发程序失败，以及由此导致的整个语句失败，那么该语句所执行的所有更改将回滚；对于非事务性表，则不能执行此类回滚，即使语句失败，失败之前所做的任何更改依然有效。

· 若 BEFORE 触发程序失败，则 MySQL 将不执行相应行上的操作。

· 若在 BEFORE 或 AFTER 触发程序的执行过程中出现错误，则将导致调用触发程

序的整个语句失败。仅当 BEFORE 触发程序和行操作均已被成功执行，MySQL 才会执行 AFTER 触发程序。

10.2.2　创建触发器

触发器是与 MySQL 数据表有关的数据库对象，在满足定义条件时触发，并执行触发器中定义的语句集合。触发器的这种特性可以协助应用在数据库端确保数据的完整性。

▶ 1. 基本语法

在 MySQL 5.7 中，可以使用 CREATE TRIGGER 语句创建触发器。

语法格式如下：

```
CREATE <触发器名> < BEFORE  |  AFTER >
<INSERT  |  UPDATE  |  DELETE >
ON <表名> FOR EACH Row<触发器主体>
```

（1）触发器名

触发器的名称，触发器在当前数据库中必须具有唯一的名称。如果要在某个特定数据库中创建，名称前面应该加上数据库的名称。

（2）INSERT ｜ UPDATE ｜ DELETE

触发事件，用于指定激活触发器的语句的种类。注意以下三种触发器的执行时间。

• INSERT：将新行插入表时激活触发器。例如，用 INSERT 向表中插入数据记录语句。

• DELETE：从表中删除某一行数据时激活触发器，例如 DELETE 和 REPLACE 语句。

• UPDATE：更改表中某一行数据时激活触发器，例如 UPDATE 语句。

（3）BEFORE ｜ AFTER

BEFORE 和 AFTER 触发器被触发的时刻，表示触发器是在激活它的语句之前或之后触发。若希望验证新数据是否满足条件，则使用 BEFORE 选项；若希望在激活触发器的语句执行之后完成几个或更多的改变，则通常使用 AFTER 选项。

（4）表名

与触发器相关联的表名，此表必须是永久性表，不能将触发器与临时表或视图关联起来。在该表上触发事件发生时才会激活触发器。同一个表不能拥有两个具有相同触发时刻和事件的触发器。例如，对于一张数据表，不能同时有两个 BEFORE UPDATE 触发器，但可以有一个 BEFORE UPDATE 触发器和一个 BEFORE INSERT 触发器，或一个 BEFORE UPDATE 触发器和一个 AFTER UPDATE 触发器。

（5）触发器主体

触发器动作主体，包含触发器激活时将要执行的 MySQL 语句。如果要执行多个语句，可使用 BEGIN…END 复合语句结构。

（6）FOR EACH ROW

一般是指行级触发，对于受触发事件影响的每一行都要激活触发器的动作。例如，使用 INSERT 语句向某个表中插入多行数据时，触发器会对每一行数据的插入都执行相应的触发器动作。

注意：每个表都支持 INSERT、UPDATE 和 DELETE 的 BEFORE 与 AFTER，因此每个表最多支持 6 个触发器。每个表的每个事件每次只允许有一个触发器。单一触发器不能与多个事件或多个表关联。

另外，在 MySQL 中，若需要查看数据库中已有的触发器，则可以使用 SHOW TRIGGERS 语句。

▶ 2. 创建 BEFORE 类型触发器

在 test_db 数据库中，数据表 tb_emp8 为员工信息表，包含 id、name、deptId 和 salary 字段，数据表 tb_emp8 的表结构如下：

```
mysql> SELECT * FROM tb_emp8;
Empty set (0.07 sec)
mysql> DESC tb_emp8;
+--------+-------------+------+-----+---------+-------+
| Field  | Type        | Null | Key | Default | Extra |
+--------+-------------+------+-----+---------+-------+
| id     | int(11)     | NO   | PRI | NULL    |       |
| name   | varchar(22) | YES  | UNI | NULL    |       |
| deptId | int(11)     | NO   | MUL | NULL    |       |
| salary | float       | YES  |     | 0       |       |
+--------+-------------+------+-----+---------+-------+
4 rows in set (0.05 sec)
```

【例 10.3】 创建一个名为 SumOfSalary 的触发器，触发的条件是向数据表 tb_emp8 中插入数据之前，对新插入的 salary 字段值进行求和计算。输入的 SQL 语句和执行过程如下：

```
mysql> CREATE TRIGGER SumOfSalary
    -> BEFORE INSERT ON tb_emp8
    -> FOR EACH ROW
    -> SET @sum = @sum + NEW.salary;
Query OK, 0 rows affected (0.35 sec)
```

触发器 SumOfSalary 创建完成之后，向表 tb_emp8 中插入记录时，定义的 sum 值由 0 变成了 1500，即插入值 1000 和 500 的和。

```
SET @sum = 0;
Query OK, 0 rows affected (0.05 sec)
mysql> INSERT INTO tb_emp8
    -> VALUES(1,'A',1,1000),(2,'B',1,500);
Query OK, 2 rows affected (0.09 sec)
Records: 2  Duplicates: 0  Warnings: 0
mysql> SELECT @sum;
+------+
| @sum |
+------+
| 1500 |
```

```
+------+
1 row in set (0. 03 sec)
```

▶ **3. 创建 AFTER 类型触发器**

在 test_db 数据库中，数据表 tb_emp6 和 tb_emp7 都为员工信息表，包含 id、name、deptId 和 salary 字段，数据表 tb_emp6 和 tb_emp7 的表结构如下：

```
mysql> SELECT * FROM tb_emp6;
Empty set (0. 07 sec)
mysql> SELECT * FROM tb_emp7;
Empty set (0. 03 sec)
mysql> DESC tb_emp6;
+--------+-------------+------+-----+---------+-------+
| Field  | Type        | Null | Key | Default | Extra |
+--------+-------------+------+-----+---------+-------+
| id     | int(11)     | NO   | PRI | NULL    |       |
| name   | varchar(25) | YES  |     | NULL    |       |
| deptId | int(11)     | YES  | MUL | NULL    |       |
| salary | float       | YES  |     | NULL    |       |
+--------+-------------+------+-----+---------+-------+
4 rows in set (0. 00 sec)
mysql> DESC tb_emp7;
+--------+-------------+------+-----+---------+-------+
| Field  | Type        | Null | Key | Default | Extra |
+--------+-------------+------+-----+---------+-------+
| id     | int(11)     | NO   | PRI | NULL    |       |
| name   | varchar(25) | YES  |     | NULL    |       |
| deptId | int(11)     | YES  |     | NULL    |       |
| salary | float       | YES  |     | 0       |       |
+--------+-------------+------+-----+---------+-------+
4 rows in set (0. 04 sec)
```

【**例 10.4**】创建一个名为 double_salary 的触发器，触发的条件是向数据表 tb_emp6 中插入数据之后，再向数据表 tb_emp7 中插入相同的数据，并且 salary 为 tb_emp6 中新插入的 salary 字段值的 2 倍。输入的 SQL 语句和执行过程如下：

```
mysql> CREATE TRIGGER double_salary
    -> AFTER INSERT ON tb_emp6
    -> FOR EACH ROW
    -> INSERT INTO tb_emp7
    -> VALUES (NEW. id, NEW. name, deptId, 2 * NEW. salary);
Query OK, 0 rows affected (0. 25 sec)
```

触发器 double_salary 创建完成之后，向表 tb_emp6 中插入记录时，同时向表 tb_emp7 中插入相同的记录，并且 salary 字段为 tb_emp6 中 salary 字段值的 2 倍。

```
mysql> INSERT INTO tb_emp6
```

```
-> VALUES (1,´A´,1,1000),(2,´B´,1,500);
Query OK, 2 rows affected (0.09 sec)
Records: 2  Duplicates: 0  Warnings: 0
mysql> SELECT * FROM tb_emp6;
+----+------+--------+--------+
| id | name | deptId | salary |
+----+------+--------+--------+
|  1 | A    |      1 |   1000 |
|  2 | B    |      1 |    500 |
+----+------+--------+--------+
3 rows in set (0.04 sec)
mysql> SELECT * FROM tb_emp7;
+----+------+--------+--------+
| id | name | deptId | salary |
+----+------+--------+--------+
|  1 | A    |      1 |   2000 |
|  2 | B    |      1 |   1000 |
+----+------+--------+--------+
2 rows in set (0.06 sec)
```

10.2.3　查看触发器

查看触发器是指查看数据库中已经存在的触发器的定义、状态和语法信息等。在 MySQL 中查看触发器的方法包括 SHOW TRIGGERS 语句和查询 information_schema 数据库下的 triggers 数据表等。本节详细介绍这两种查看触发器的方法。

▶ 1. SHOW TRIGGERS 语句查看触发器信息

在 MySQL 中，可以通过 SHOW TRIGGERS 语句来查看触发器的基本信息，语法格式如下：

```
SHOW TRIGGERS;
```

【例 10.5】首先创建一个数据表 account，表中有两个字段，分别是 INT 类型的 accnum 和 DECIMAL 类型的 amount。SQL 语句和运行结果如下：

```
mysql> CREATE TABLE account(
   -> accnum INT(4),
   -> amount DECIMAL(10,2));
Query OK, 0 rows affected (0.49 sec)
```

创建一个名为 trigupdate 的触发器，每次 account 表更新数据之后都向 myevent 数据表中插入一条数据。创建数据表 myevent 的 SQL 语句和运行结果如下：

```
mysql> CREATE TABLE myevent(
   -> id INT(11) DEFAULT NULL,
   -> evtname CHAR(20) DEFAULT NULL);
Query OK, 0 rows affected (0.26 sec)
```

创建 trigupdate 触发器的 SQL 代码如下：

```
mysql> CREATE TRIGGER trigupdate AFTER UPDATE ON account
    -> FOR EACH ROW INSERT INTO myevent VALUES(1,'after update');
Query OK, 0 rows affected (0.15 sec)
```

使用 SHOW TRIGGERS 语句查看触发器（在 SHOW TRIGGERS 命令后添加"\ G"，这样显示信息会比较有条理），SQL 语句和运行结果如下：

```
mysql> SHOW TRIGGERS \ G
*************************** 1. row ***************************
          Trigger: trigupdate
            Event: UPDATE
            Table: account
        Statement: INSERT INTO myevent VALUES(1,'after update')
           Timing: AFTER
          Created: 2021-02-24 14：07：15.08
         sql_mode: STRICT_TRANS_TABLES,NO_AUTO_CREATE_USER,NO_ENGINE_SUBSTITUTION
          Definer: root@localhost
character_set_client: gbk
collation_connection: gbk_chinese_ci
Database Collation: latin1_swedish_ci
1 row in set (0.09 sec)
```

由运行结果可以看到触发器的基本信息。对以上显示信息的说明如下：

• Trigger 表示触发器的名称，在这里触发器的名称为 trigupdate；
• Event 表示激活触发器的事件，这里的触发事件为更新操作 UPDATE；
• Table 表示激活触发器的操作对象表，这里为 account 表；
• Statement 表示触发器执行的操作，这里是向 myevent 数据表中插入一条数据；
• Timing 表示触发器触发的时间，这里为更新操作之后（AFTER）；
• 还有一些其他信息，比如触发器的创建时间、SQL 的模式、触发器的定义账户和字符集等，这里不再一一介绍。

SHOW TRIGGERS 语句用来查看当前创建的所有触发器的信息。因为该语句无法查询指定的触发器，所以在触发器较少的情况下，使用该语句会很方便。如果要查看特定触发器的信息或者数据库中触发器较多时，可以直接从 information_schema 数据库中的 triggers 数据表中查找。

▶ 2. 在 triggers 表中查看触发器信息

在 MySQL 中，所有触发器的信息都存在 information_schema 数据库的 triggers 表中，可以通过查询命令 SELECT 来查看，具体的语法如下：

SELECT * FROM information_schema.triggers WHERE trigger_name = '触发器名';

其中，"触发器名"用来指定要查看的触发器的名称，需要用单引号引起来。这种方式可以查询指定的触发器，使用起来更加方便、灵活。

【例 10.6】使用 SELECT 命令查看 trigupdate 触发器，SQL 语句如下：

SELECT * FROM information_schema.triggers WHERE TRIGGER_NAME = 'trigupdate'

```
\ G
```

上述命令通过 WHERE 来指定需要查看的触发器的名称，运行结果如下：

```
mysql> SELECT * FROM information_schema.triggers WHERE TRIGGER_NAME = ´trigupdate´ \ G
*************************** 1. row ***************************
           TRIGGER_CATALOG: def
            TRIGGER_SCHEMA: test
              TRIGGER_NAME: trigupdate
         EVENT_MANIPULATION: UPDATE
       EVENT_OBJECT_CATALOG: def
        EVENT_OBJECT_SCHEMA: test
         EVENT_OBJECT_TABLE: account
               ACTION_ORDER: 1
           ACTION_CONDITION: NULL
           ACTION_STATEMENT: INSERT INTO myevent VALUES(1,´after update´)
         ACTION_ORIENTATION: ROW
              ACTION_TIMING: AFTER
  ACTION_REFERENCE_OLD_TABLE: NULL
  ACTION_REFERENCE_NEW_TABLE: NULL
    ACTION_REFERENCE_OLD_ROW: OLD
    ACTION_REFERENCE_NEW_ROW: NEW
                    CREATED: 2021-02-24 16：07：15.08
                   SQL_MODE: STRICT_TRANS_TABLES,NO_AUTO_CREATE_USER,NO_ENGINE_SUBSTITUTION
                    DEFINER: root@localhost
       CHARACTER_SET_CLIENT: gbk
       COLLATION_CONNECTION: gbk_chinese_ci
         DATABASE_COLLATION: latin1_swedish_ci
1 row in set (0.22 sec)
```

由运行结果可以看到触发器的详细信息。对以上显示信息的说明如下：
- TRIGGER_SCHEMA 表示触发器所在的数据库；
- TRIGGER_NAME 表示触发器的名称；
- EVENT_OBJECT_TABLE 表示在哪个数据表上触发；
- ACTION_STATEMENT 表示触发器触发的时候执行的具体操作；
- ACTION_ORIENTATION 的值为 ROW，表示在每条记录上都触发；
- ACTION_TIMING 表示触发的时刻是 AFTER；
- 还有一些其他信息，比如触发器的创建时间、SQL 的模式、触发器的定义账户和字符集等，这里不再一一介绍。

上述 SQL 语句也可以不指定触发器名称，这样将查看所有的触发器，SQL 语句如下：

```
SELECT * FROM information_schema.triggers \ G
```

这个语句会显示 triggers 数据表中所有的触发器信息。

10.2.4 修改和删除触发器

修改触发器可以通过删除原触发器，再以相同的名称创建新的触发器。

▶ 1. 基本语法

与其他 MySQL 数据库对象一样，可以使用 DROP 语句将触发器从数据库中删除。语法格式如下：

```
DROP TRIGGER [ IF EXISTS ] [数据库名] <触发器名>
```

下面对该语法做说明。

- 触发器名：要删除的触发器名称。
- 数据库名：可选项，指定触发器所在的数据库的名称。若没有指定，则为当前默认的数据库。
- 权限：执行 DROP TRIGGER 语句需要 SUPER 权限。
- IF EXISTS：可选项。避免在没有触发器的情况下删除触发器。

注意：删除一个表的同时，也会自动删除该表上的触发器。另外，触发器不能更新或覆盖，为了修改一个触发器，必须先删除它，再重新创建。

▶ 2. 删除触发器

使用 DROP TRIGGER 语句可以删除 MySQL 中已经定义的触发器。

【例 10.7】删除 double_salary 触发器，输入的 SQL 语句和执行过程如下：

```
mysql> DROP TRIGGER double_salary;
Query OK, 0 rows affected (0.03 sec)
```

删除 double_salary 触发器后，再次向数据表 tb_emp6 中插入记录时，数据表 tb_emp7 的数据不再发生变化。

```
mysql> INSERT INTO tb_emp6
    -> VALUES (3,'C',1,200);
Query OK, 1 row affected (0.09 sec)
mysql> SELECT * FROM tb_emp6;
+----+------+--------+--------+
| id | name | deptId | salary |
+----+------+--------+--------+
|  1 | A    |      1 |   1000 |
|  2 | B    |      1 |    500 |
|  3 | C    |      1 |    200 |
+----+------+--------+--------+
3 rows in set (0.00 sec)
mysql> SELECT * FROM tb_emp7;
+----+------+--------+--------+
| id | name | deptId | salary |
+----+------+--------+--------+
|  1 | A    |      1 |   2000 |
|  2 | B    |      1 |   1000 |
+----+------+--------+--------+
2 rows in set (0.00 sec)
```

触发器名必须在每个表中唯一，但不是在每个数据库中唯一，即同一数据库中的两个表可能具有相同名字的触发器。每个表的每个事件每次只允许一个触发器，因此每个表最多支持6个触发器，即 before/after insert、before/after delete、before/after update。为了讲清楚触发器的工作原理，请读者在当前数据库下完成下列实例。

【例10.8】在当前数据库下创建两张表，商品表 goods 和订单表 orders。

首先创建两张表，商品表和订单表的内容如下：

```
Mysql>select * from goods;
+-------+----------+-----------+
| id    | name     | goods_num |
+-------+----------+-----------+
| 1     | 手机     | 500.00    |
| 2     | 电脑     | 500.00    |
| 3     | 游戏机   | 500.00    |
+-------+----------+-----------+
3 rows in set (0.00 sec)
Mysql>select * from orders;
+-------+----------+-----------+
| id    | goods_id | goods_num |
+-------+----------+-----------+
| null  | null     | null      |
+-------+----------+-----------+
0 rows in set (0.00 sec)
```

如果订单表发生数据插入，对应的商品库存应该减少，因此这里对订单表 orders 创建触发器。

语法如下：

```
delimiter ##
-- 创建触发器
create trigger after_insert_order after insert on orders for each row
begin
    -- 更新商品表的库存,这里只指定了更新第一件商品的库存
    update goods set goods_num = goods_num - 1 where id = 1;
end ##
Query OK, 0 rows affected (0.25 sec)
```

成功创建触发器。

▶ 3. 查看触发器

（1）查看全部触发器

```
show triggers;
```

（2）查看触发器的创建语句

```
show create trigger 触发器名字;
```

我们来查看刚才创建的触发器，输入"show triggers;"执行结果如图10-1所示。

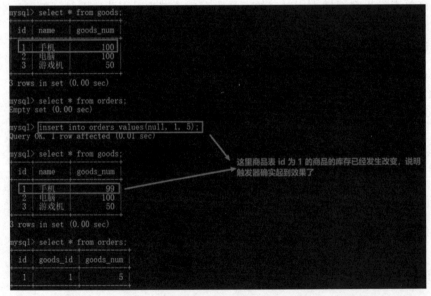

图 10-1　查看触发器结果

▶ 4. 触发触发器

触发器不是自动触发的，而是在对应的事件发生后才会触发。比如我们创建的触发器，只有在对订单表进行数据操作的时候，触发器才会执行。接下来我们对 orders 表进行数据插入，看看是否触发了触发器。为了便于读者理解，我们将执行结果截图并标注，方便对比理解。输入语句：

```
insert into orders values(null,1,5);
```

再查看 goods 表中数据是否因触发而发生了变化，输入语句：

```
Select  *  from goods;
```

执行结果如图 10-2 所示。

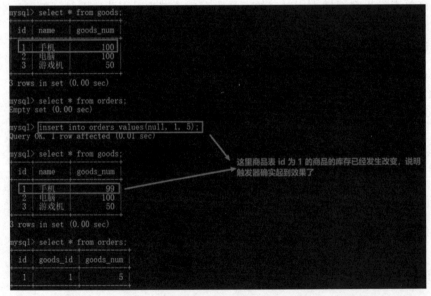

图 10-2　goods 表中数据因 orders 表中插入数据触发而发生改变

可以看到，在我们对 orders 表进行数据插入的时候，确实 goods 表 id 为 1 的商品的库存发生了改变。但是这是有问题的，即使我们买了 5 个 id 为 1 的商品，对应的 goods 表却只减了 1。如果我们买 5 个 id 为 2 的商品，也只是 goods 表 id 为 1 的商品发生改变，也是不正确的。输入语句：

insert into orders values(null,2,10);

再查看 goods 表中数据是否因触发而发生变化，输入语句：

Select * from goods;

执行结果如图 10-3 所示。

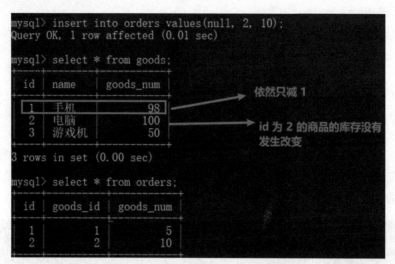

图 10-3 在 orders 表中插入 5 个 id 为 2 的商品，goods 表 id 为 2 的商品未发生改变

▶ 5. 修改触发器

为了保持每行数据在触发器操作前后都会有一个对应的一致状态，我们需要修改触发器的定义。由于触发器不能修改，只能删除后重建，删除触发器的语法如下：

drop trigger + 触发器名字；

【例 10.9】删除之前建立的触发器 after_insert_order。

Mysql>drop trigger after_insert_order;
Query OK, 0 rows affected (0.01 sec)
Mysql>show triggers;
Empty set(0.00 sec)

触发器针对的是数据库中的每一行记录，每行数据在操作前后都会有一个对应的状态，触发器将没有操作之前的状态保存到 old 关键字中，将操作后的状态保存到 new 中。

old/new. 字段名

需要注意的是，old 和 new 不是所有触发器都有，具体情况如表 10-1 所示。

表 10-1 old 和 new 触发器的变化

触发器类型	new 和 old 的使用
INSERT 型触发器	没有 old，只有 new，new 表示将要（插入前）或者已经增加（插入后）的数据
UPDATE 型触发器	既有 old 也有 new，old 表示更新之前的数据，new 表示更新之后的数据
DELETE 型触发器	没有 new，只有 old，old 表示将要（删除前）或者已经被删除（删除后）的数据

我们重新创建触发器，根据订单表 orders 数据改变自动修改库存表 goods 的触发器。

```
delimiter ＃＃
-- 创建触发器
create trigger after_insert_order after insert on orders for each row
begin
    -- new 代表 orders 表中新增的数据
    update goods set goods_num = goods_num - new.goods_num where id = new.goods_id;
end ＃＃
Query OK, 0 rows affected (0.03sec)
```

对于 auto_increment 列，new 在 INSERT 执行之前包括 0，在 INSERT 执行之后包括新的自动生成的值。这里我们可以根据新插入的 orders 表中的数据来修改 goods 表的库存，此时新插入的数据用 new 来表示。

如果买 5 个 id 为 1 的商品，此时 id 为 1 的商品的库存得到正确修改，如图 10-4 所示。id 为 1 的商品数量由原来的 98 变为 93 了。当然，如果买其他种类的商品，最后得到的结果也是正确的，这里就不一一演示了。

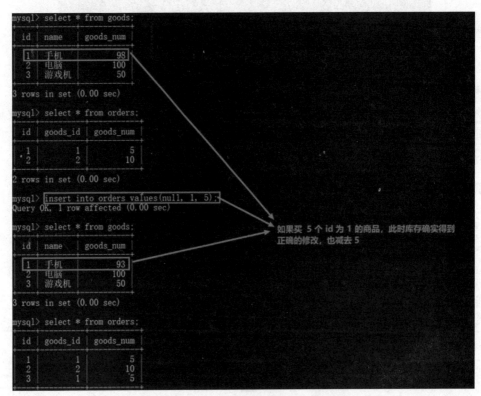

图 10-4　id 为 1 的商品数量由 98 变为 93

当然我们还需要考虑一种情况：如果此时商品的库存不够了，该怎么处理？我们可以输入以下代码，直接创建这个触发器，执行过程如图 10-5 所示。

如果我们买 id 为 3 的商品 100 件，输入执行语句如下：

```
insert into orders values(null,3,100);
```

```
mysql> delimiter ##
mysql> -- 创建触发器
mysql> create trigger before_insert_order before insert on orders for each row
    -> begin
    ->     -- 取出 goods 表中对应 id 的库存
    ->     -- new 代表 orders 表中新增的数据
    ->     select goods_num from goods where id = new.goods_id into @num;
    ->
    ->     -- 用即将插入的 orders 表中的库存和 goods 表中的库存进行比较
    ->     -- 如果库存不够，中断操作
    ->     if @num < new.goods_num then
    ->         -- 中断操作：暴力解决，主动出错              如果库存不够，直接报错
    ->         insert into xxx values(xxx);
    ->     end if;
    -> end
    -> ##
```

图 10-5　创建 before _ insert _ order 触发器

结果如图 10-6 所示，可以看到，此时报错，同时 orders 表和 goods 表的数据并没有
得到更新。

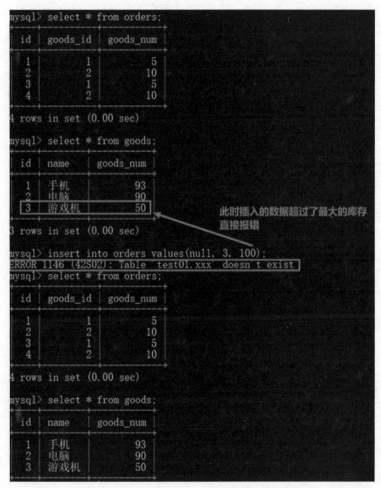

图 10-6　orders 表和 goods 表的数据没有更新

可以看到，orders 表未能插入新数据，肯定就不会执行 insert after 这个触发器了。同
时，如果在触发器中出现错误，那么前面已经执行的操作也会全部清空。

10.3　小结

本章首先讲解什么是事务，事务具有哪四种特性，然后又介绍了事务的控制语句，通过控制语句可以控制事务的开启、提交或者进行事务回滚等操作。本章还介绍了在MySQL数据库管理系统中关于触发器的操作，主要包含触发器的创建、查看以及删除操作。

通过本章节的学习，不仅可以掌握事务和触发器的基本概念，还可以对事务和触发器进行各种熟练的操作，并将事务和触发器应用在实际开发中。

线上课堂——训练与测试

扫描封底刮刮卡　　获取答题权限

在线题库

第11章　MySQL 用户管理

MySQL 软件中通常包含许多重要的数据，为了确保这些数据的安全性和完整性，软件专门提供了一套完整的安全机制，即通过为 MySQL 用户赋予适当的权限来提高数据的安全性。

MySQL 软件中主要包含两种用户：root 用户和普通用户。前者为超级管理员，拥有 MySQL 软件提供的一切权限，而普通用户则只能拥有创建用户时赋予它的权限。

学习目标

通过本章的学习，可以掌握 MySQL 软件中的安全性机制，内容包含：

- 权限机制；
- 用户机制；
- 对用户进行权限管理。

11.1　user 权限表详解

MySQL 在安装时会自动创建一个名为 mysql 的数据库，mysql 数据库中存储的都是用户权限表。用户登录以后，MySQL 会根据这些权限表的内容为每个用户赋予相应的权限。

11.1.1　user 表

user 表是 MySQL 中最重要的一个权限表，用来记录允许连接到服务器的账号信息。需要注意的是，在 user 表里启用的所有权限都是全局级的，适用于所有数据库。

user 表中的字段大致可以分为 4 类，分别是用户列、权限列、安全列和资源控制列。下面主要介绍这些字段的含义。

▶ 1. 用户列

用户列存储了用户连接 MySQL 数据库时需要输入的信息。MySQL 5.7 版本不再使用 Password 来作为密码的字段，而改成了 authentication_string。

MySQL 5.7 版本的用户列如表 11-1 所示。

用户登录时，如果这 3 个字段同时匹配，MySQL 数据库系统才允许其登录。创建新用户时，也是设置这 3 个字段的值。修改用户密码时，实际就是修改 user 表的 authentication_string 字段的值。因此，这 3 个字段决定了用户能否登录。

表 11-1　user 表的用户列

字　段　名	字 段 类 型	是 否 为 空	默　认　值	说　　明
Host	char(60)	NO	无	主机名
User	char(32)	NO	无	用户名
authentication _ string	text	YES	无	密码

▶ 2. 权限列

权限列的字段决定了用户的权限，用来描述在全局范围内允许对数据和数据库进行的操作。

权限大致分为两大类，分别是高级管理权限和普通权限：高级管理权限主要对数据库进行管理，例如关闭服务的权限、超级权限和加载用户等；普通权限主要操作数据库，例如查询权限、修改权限等。

user 表的权限列包括 Select _ priv、Insert _ priv 等以 priv 结尾的字段，这些字段值的数据类型为 ENUM，可取的值只有 Y 和 N，Y 表示该用户有对应的权限，N 表示该用户没有对应的权限。从安全角度考虑，这些字段的默认值都为 N，如表 11-2 所示。

表 11-2　user 表的权限列

字　段　名	字 段 类 型	是 否 为 空	默 认 值	说　　明
Select _ priv	enum('N','Y')	NO	N	是否可以通过 SELECT 命令查询数据
Insert _ priv	enum('N','Y')	NO	N	是否可以通过 INSERT 命令插入数据
Update _ priv	enum('N','Y')	NO	N	是否可以通过 UPDATE 命令修改现有数据
Delete _ priv	enum('N','Y')	NO	N	是否可以通过 DELETE 命令删除现有数据
Create _ priv	enum('N','Y')	NO	N	是否可以创建新的数据库和表
Drop _ priv	enum('N','Y')	NO	N	是否可以删除现有数据库和表
Reload _ priv	enum('N','Y')	NO	N	是否可以执行刷新和重新加载 MySQL 所用的各种内部缓存的特定命令，包括日志、权限、主机、查询和表
Shutdown _ priv	enum('N','Y')	NO	N	是否可以关闭 MySQL 服务器。将此权限提供给 root 账户之外的任何用户时，都应当非常谨慎
Process _ priv	enum('N','Y')	NO	N	是否可以通过 SHOW PROCESSLIST 命令查看其他用户的进程
File _ priv	enum('N','Y')	NO	N	是否可以执行 SELECT INTO OUT-FILE 和 LOAD DATA INFILE 命令
Grant _ priv	enum('N','Y')	NO	N	是否可以将自己的权限再授予其他用户
References _ priv	enum('N','Y')	NO	N	是否可以创建外键约束

续表

字 段 名	字 段 类 型	是否为空	默 认 值	说 明
Index _ priv	enum('N','Y')	NO	N	是否可以对索引进行增删查
Alter _ priv	enum('N','Y')	NO	N	是否可以重命名和修改表结构
Show _ db _ priv	enum('N','Y')	NO	N	是否可以查看服务器上所有数据库的名字，包括用户拥有足够访问权限的数据库
Super _ priv	enum('N','Y')	NO	N	是否可以执行某些强大的管理功能，例如通过 KILL 命令删除用户进程；使用 SET GLOBAL 命令修改全局 MySQL 变量，执行关于复制和日志的各种命令（超级权限）
Create _ tmp _ table _ priv	enum('N','Y')	NO	N	是否可以创建临时表
Lock _ tables _ priv	enum('N','Y')	NO	N	是否可以使用 LOCK TABLES 命令阻止对表的访问/修改
Execute _ priv	enum('N','Y')	NO	N	是否可以执行存储过程
Repl _ slave _ priv	enum('N','Y')	NO	N	是否可以读取用于维护复制数据库环境的二进制日志文件
Repl _ client _ priv	enum('N','Y')	NO	N	是否可以确定复制从服务器和主服务器的位置
Create _ view _ priv	enum('N','Y')	NO	N	是否可以创建视图
Show _ view _ priv	enum('N','Y')	NO	N	是否可以查看视图
Create _ routine _ priv	enum('N','Y')	NO	N	是否可以更改或放弃存储过程和函数
Alter _ routine _ priv	enum('N','Y')	NO	N	是否可以修改或删除存储函数及函数
Create _ user _ priv	enum('N','Y')	NO	N	是否可以执行 CREATE USER 命令。这个命令用于创建新的 MySQL 账户
Event _ priv	enum('N','Y')	NO	N	是否可以创建、修改和删除事件
Trigger _ priv	enum('N','Y')	NO	N	是否可以创建和删除触发器
Create _ tablespace _ priv	enum('N','Y')	NO	N	是否可以创建表空间

如果要修改权限，可以使用 GRANT 语句为用户赋予一些权限，也可以通过 UP-DATE 语句更新 user 表的方式来设置权限。

▶ 3. 安全列

安全列主要用来判断用户是否登录成功，user 表中的安全列如表 11-3 所示。

表 11-3　user 表的安全列

字　段　名	字段类型	是否为空	默认值	说　　明
ssl _ type	enum('','ANY','X509','SPECIFIED')	NO		支持 SSL 标准加密安全字段
ssl _ cipher	blob	NO		支持 SSL 标准加密安全字段
x509 _ issuer	blob	NO		支持 x509 标准字段
x509 _ subject	blob	NO		支持 x509 标准字段
plugin	char(64)	NO	mysql _ native _ password	引入 plugins 以进行用户连接时的密码验证，plugin 创建外部/代理用户
password _ expired	enum('N','Y')	NO	N	密码是否过期(N 未过期，y 已过期)
password _ last _ changed	timestamp	YES		记录密码最近修改的时间
password _ lifetime	smallint(5) unsigned	YES		设置密码的有效时间，单位为天数
account _ locked	enum('N','Y')	NO	N	用户是否被锁定(Y 锁定，N 未锁定)

注意：即使 password _ expired 为"Y"，用户也可以使用密码登录 MySQL，但是不允许做任何操作。

通常标准的发行版不支持 SSL，读者可以使用 SHOW VARIABLES LIKE "have _ openssl"语句来查看是否具有 SSL 功能。如果 have _ openssl 的值为 DISABLED，那么则不支持 SSL 加密功能。

▶ 4. 资源控制列

资源控制列的字段用来限制用户使用的资源，user 表中的资源控制列如表 11-4 所示。

表 11-4　user 表的资源控制列

字　段　名	字段类型	是否为空	默 认 值	说　　明
max _ questions	int(11) unsigned	NO	0	规定每小时允许执行查询的操作次数
max _ updates	int(11) unsigned	NO	0	规定每小时允许执行更新的操作次数
max _ connections	int(11) unsigned	NO	0	规定每小时允许执行的连接操作次数
max _ user _ connections	int(11) unsigned	NO	0	规定允许同时建立的连接次数

以上字段的默认值为 0，表示没有限制。一个小时内用户查询或者连接数量超过资源控制限制，用户将被锁定，直到下一个小时才可以再次执行对应的操作。可以使用

GRANT 语句更新这些字段的值。

在 MySQL 数据库中，权限表除了 user 表外，还有 db 表、tables＿priv 表、columns＿priv 表和 procs＿priv 表。下面主要介绍其他几种权限表。

11.1.2 db 表

db 表比较常用，是 MySQL 数据库中非常重要的权限表，表中存储了用户对某个数据库的操作权限。表中的字段大致可以分为两类，分别是用户列和权限列。

▶ 1. 用户列

db 表用户列有 3 个字段，分别是 Host、User、Db，标识从某个主机连接某个用户对某个数据库的操作权限，这 3 个字段的组合构成了 db 表的主键。

db 表的用户列如表 11-5 所示。

表 11-5 db 表的用户列

字 段 名	字段类型	是否为空	默 认 值	说 明
Host	char(60)	NO	无	主机名
Db	char(64)	NO	无	数据库名
User	char(32)	NO	无	用户名

▶ 2. 权限列

db 表中的权限列和 user 表中的权限列大致相同，只是 user 表中的权限是针对所有数据库的，而 db 表中的权限只针对指定的数据库。如果希望用户只对某个数据库有操作权限，可以先将 user 表中对应的权限设置为 N，然后在 db 表中设置对应数据库的操作权限。

11.1.3 tables＿priv 表、columns＿priv 表和 procs-priv 表

▶ 1. tables＿priv 表

tables＿priv 表用来对单个表进行权限设置，columns＿priv 表用来对单个数据列进行权限设置。tables＿priv 表结构如表 11-6 所示。

表 11-6 tables＿priv 表的结构

字 段 名	字 段 类 型	是否为空	默 认 值	说 明
Host	char(60)	NO	无	主机
Db	char(64)	NO	无	数据库名
User	char(32)	NO	无	用户名
Table＿name	char(64)	NO	无	表名
Grantor	char(93)	NO	无	修改该记录的用户
Timestamp	timestamp	NO	CURRENT＿TIMESTAMP	修改该记录的时间

字 段 名	字 段 类 型	是否为空	默 认 值	说 明
Table_priv	set('Select','Insert','Update','Delete','Create','Drop','Grant','References','Index','Alter','Create View','Show view','Trigger')	NO	无	表示对表的操作权限，包括 Select、Insert、Update、Delete、Create、Drop、Grant、References、Index 和 Alter 等
Column_priv	set('Select','Insert','Update','References')	NO	无	表示对表中列的操作权限，包括 Select、Insert、Update 和 References

▶ 2. columns_priv 表

columns_priv 表结构如表 11-7 所示。

表 11-7 columns_priv 表的结构

字 段 名	字 段 类 型	是否为空	默 认 值	说 明
Host	char(60)	NO	无	主机
Db	char(64)	NO	无	数据库名
User	char(32)	NO	无	用户名
Table_name	char(64)	NO	无	表名
Column_name	char(64)	NO	无	数据列名称，用来指定对哪些数据列具有操作权限
Timestamp	timestamp	NO	CURRENT_TIMESTAMP	修改该记录的时间
Column_priv	set('Select','Insert','Update','References')	NO	无	表示对表中列的操作权限，包括 Select、Insert、Update 和 References

▶ 3. procs_priv 表

procs_priv 表可以对存储过程和存储函数进行权限设置，procs_priv 的表结构如表 11-8 所示。

表 11-8 procs_priv 表的结构

字 段 名	字 段 类 型	是否为空	默 认 值	说 明
Host	char(60)	NO	无	主机名
Db	char(64)	NO	无	数据库名
User	char(32)	NO	无	用户名
Routine_name	char(64)	NO	无	表示存储过程或函数的名称

续表

字 段 名	字段类型	是否为空	默 认 值	说 明
Routine_type	enum('FUNCTION', 'PROCEDURE')	NO	无	表示存储过程或函数的类型，Routine_type字段有两个值，分别是 FUNCTION 和 PROCEDURE。FUNCTION 表示这是一个函数，PROCEDURE 表示这是一个存储过程
Grantor	char(93)	NO	无	插入或修改该记录的用户
Proc_priv	set('Execute','Alter Routine','Grant')	NO	无	表示拥有的权限，包括 Execute、Alter Routine、Grant 三种
Timestamp	timestamp	NO	CURRENT_TIMESTAMP	表示记录更新时间

11.2 创建用户

安装 MySQL 时，会默认创建一个名为 root 用户，该用户拥有超级权限，可以控制整个 MySQL 服务器。在 MySQL 的日常管理和操作中，为了避免有人恶意使用 root 用户控制数据库，我们通常创建一些具有适当权限的用户，尽可能地不用或少用 root 用户登录系统，以此来确保数据的安全访问。

11.2.1 创建普通用户

MySQL 提供了以下三种方法来创建用户：
- 使用 CREATE USER 语句创建用户；
- 在 mysql.user 表中添加用户；
- 使用 GRANT 语句创建用户。

▶ 1. 使用 CREATE USER 语句创建用户

可以使用 CREATE USER 语句来创建 MySQL 用户，并设置相应的密码。基本语法格式如下：

```
CREATE USER <用户> [ IDENTIFIED BY [ PASSWORD ] 'password' ] [,用户 [ IDENTIFIED BY [ PASSWORD ] 'password' ]]
```

（1）用户

指定创建用户账号，格式为'user_name'@'host_name'。这里的 user_name 是用户名，host_name 为主机名，即用户连接 MySQL 时所用主机的名字。如果在创建过程中，只给出了用户名，而没指定主机名，那么主机名默认为"%"，表示一组主机，即对所有主机开放权限。

（2）IDENTIFIED BY 子句

用于指定用户密码。新用户可以没有初始密码，若该用户不设密码，可省略此子句。

（3）PASSWORD ′password′

PASSWORD 表示使用哈希值设置密码，该参数可选。如果密码是一个普通的字符串，则不需要使用 PASSWORD 关键字。password 表示用户登录时使用的密码，需要用单引号括起来。

使用 CREATE USER 语句时应注意以下几点：

• CREATE USER 语句可以不指定初始密码。从安全的角度来说，不推荐这种做法。

• 使用 CREATE USER 语句必须拥有 mysql 数据库的 INSERT 权限或全局 CREATE USER 权限。

• 使用 CREATE USER 语句创建一个用户后，MySQL 会在 mysql 数据库的 user 表中添加一条新记录。

• CREATE USER 语句可以同时创建多个用户，多个用户用逗号隔开。

新创建的用户拥有的权限很少，它们只能执行不需要权限的操作。如登录 MySQL、使用 SHOW 语句查询所有存储引擎和字符集的列表等。如果两个用户的用户名相同，但主机名不同，MySQL 会将它们视为两个用户，并允许为这两个用户分配不同的权限集合。

【例 11.1】使用 CREATE USER 创建一个用户，用户名是 test1，密码是 test1，主机名是 localhost。SQL 语句和执行过程如下。

```
mysql> CREATE USER ′test1′@′localhost′ IDENTIFIED BY ′test1′;
Query OK, 1 rows affected (0.06 sec)
```

结果显示，创建 test1 用户成功。

在实际应用中，我们应避免明文指定密码，可以通过 PASSWORD 关键字使用密码的哈希值设置密码。

【例 11.2】在 MySQL 中，可以使用 password() 函数获取密码的哈希值，查看 test1 哈希值的 SQL 语句和执行过程如下：

```
mysql> SELECT password(′test1′);
+-------------------------------------------+
| password(′test1′)                         |
+-------------------------------------------+
| * 06C0BF5B64ECE2F648B5F048A71903906BA08E5C |
+-------------------------------------------+
```

1 row in set, 1 warning (0.00 sec)" * 06C0BF5B64ECE2F648B5F048A71903906BA08E5C"就是 test1 的哈希值。下面创建用户 test1,SQL 语句和执行过程如下：

```
mysql> CREATE USER ′test1′@′localhost′IDENTIFIED BY PASSWORD ′ *
06C0BF5B64ECE2F648B5F048A71903906BA08E5C′;
Query OK, 0 rows affected, 1 warning (0.00 sec)
```

执行成功后就可以使用密码"test1"登录了。

▶ 2. 使用 INSERT 语句新建用户

可以使用 INSERT 语句将用户的信息添加到 mysql.user 表中，但必须拥有对

mysql. user 表的 INSERT 权限。通常 INSERT 语句只添加 Host、User 和 authentication
_ string 这 3 个字段的值。

MySQL 5.7 的 user 表中的密码字段从 Password 变成了 authentication _ string，如果
你使用的是 MySQL5.7 之前的版本，将 authentication _ string 字段替换成 Password 即
可。使用 INSERT 语句创建用户的代码如下：

```
INSERT INTO mysql.user(Host, User, authentication_ string, ssl_ cipher, x509_ issuer, x509_ sub-
ject) VALUES ('hostname', 'username', PASSWORD('password'), '', '', '');
```

由于 mysql 数据库的 user 表中，ssl _ cipher、x509 _ issuer 和 x509 _ subject 字段没
有默认值，所以向 user 表插入新记录时，一定要设置这 3 个字段的值，否则 INSERT 语
句将不能执行。

【例 11.3】使用 INSERT 语句创建名为 test2 的用户，主机名是 localhost，密码也是
test2。SQL 语句和执行过程如下：

```
mysql> INSERT INTO mysql.user(Host, User, authentication_ string, ssl_ cipher, x509_ issuer, x509
_ subject) VALUES ('localhost', 'test2', PASSWORD('test2'), '', '', '');
Query OK, 1 row affected, 1 warning (0. 02 sec)
```

结果显示，新建用户成功。但是这时如果通过该账户登录 MySQL 服务器，不会登录
成功，因为 test2 用户还没有生效。

可以使用 FLUSH 命令让用户生效，命令如下：

```
FLUSH PRIVILEGES;
```

使用以上命令可以让 MySQL 刷新系统权限相关表。执行 FLUSH 命令需要 RELOAD
权限。

注意：user 表中的 User 和 Host 字段区分大小写，创建用户时要指定正确的用户名称
或主机名。

▶ 3. 使用 GRANT 语句新建用户

虽然 CREATE USER 和 INSERT INTO 语句都可以创建普通用户，但是这两种方法
不便授予用户权限。于是 MySQL 提供了 GRANT 语句。

使用 GRANT 语句创建用户的基本语法形式如下：

```
GRANT priv_ type ON database. table TO user [IDENTIFIED BY [PASSWORD] 'password']
```

其中：
- priv _ type 参数表示新用户的权限；
- database. table 参数表示新用户的权限范围，即只能在指定的数据库和表上使用自
己的权限；
- user 参数指定新用户的账号，由用户名和主机名构成；
- IDENTIFIED BY 关键字用来设置密码；
- password 参数表示新用户的密码。

【例 11.4】使用 GRANT 语句创建名为 test3 的用户，主机名为 localhost，密码为
test3。该用户对所有数据库的所有表都有 SELECT 权限。SQL 语句和执行过程如下：

```
mysql> GRANT SELECT ON *.* TO ´test3´@localhost IDENTIFIED BY ´test3´;
Query OK, 0 rows affected, 1 warning (0.01 sec)
```

其中,"*.*"表示所有数据库下的所有表。结果显示创建用户成功,且 test3 用户对所有表都有查询 SELECT 权限。

技巧:GRANT 语句是 MySQL 中一个非常重要的语句,它可以用来创建用户、修改用户密码和设置用户权限。教程后面会详细介绍如何使用 GRANT 语句修改密码和更改权限。

11.2.2 修改用户

在 MySQL 中,我们可以使用 RENAME USER 语句修改一个或多个已经存在的用户账号。

语法格式如下:

```
RENAME USER <旧用户> TO <新用户>
```

下面对该语法中的参数做说明。

- <旧用户>:系统中已经存在的 MySQL 用户账号。
- <新用户>:新的 MySQL 用户账号。
- 使用 RENAME USER 语句时应注意以下几点:
- RENAME USER 语句用于对原有的 MySQL 用户进行重命名。
- 若系统中旧账户不存在或者新账户已存在,该语句执行时会出现错误。
- 使用 RENAME USER 语句,必须拥有 mysql 数据库的 UPDATE 权限或全局 CRE-ATE USER 权限。

【例 11.5】使用 RENAME USER 语句将用户名 test1 修改为 testUser1,主机是 local-host。SQL 语句和执行过程如下。

```
mysql> RENAME USER ´test1´@´localhost´
   -> TO ´testUser1´@´localhost´;
Query OK, 0 rows affected (0.03 sec)
```

在 cmd 命令行工具中,使用 testUser1 用户登录数据库服务器。

```
C:\Users\USER>mysql -h localhost -u testUser1 -p
Enter password: *****
Welcome to the MySQL monitor.   Commands end with ; or \g.
Your MySQL connection id is 7
Server version: 5.7.20-log MySQL Community Server (GPL)
Copyright (c) 2000, 2017, Oracle and/or its affiliates. All rights reserved.
Oracle is a registered trademark of Oracle Corporation and/or its
affiliates. Other names may be trademarks of their respective
owners.
Type ´help;´ or ´\h´ for help. Type ´\c´ to clear the current input statement.
```

11.2.3 删除用户

在 MySQL 数据库中,可以使用 DROP USER 语句删除用户,也可以直接在

mysql. user 表中删除用户以及相关权限。

▶ 1. 使用 DROP USER 语句删除普通用户

使用 DROP USER 语句删除用户的语法格式如下：

```
DROP USER <用户 1> [, <用户 2> ]…
```

其中，用户用来指定需要删除的用户账号。

使用 DROP USER 语句应注意以下几点：

· DROP USER 语句可用于删除一个或多个用户，并撤销其权限。

· 使用 DROP USER 语句必须拥有 mysql 数据库的 DELETE 权限或全局 CREATE USER 权限。

· 在 DROP USER 语句的使用中，若没有明确地给出账户的主机名，则该主机名默认为"%"。

注意：删除用户不会影响它们之前所创建的表、索引或其他数据库对象，因为 MySQL 并不会记录是谁创建了这些对象。

【例 11.6】使用 DROP USER 语句删除用户 test1′@′localhost。SQL 语句和执行过程如下：

```
mysql> DROP USER ′test1′@′localhost′;
Query OK, 0 rows affected (0.00 sec)
```

在 cmd 命令行工具中，使用 test1 用户登录数据库服务器，发现登录失败，说明用户已经删除。

```
C:\Users\USER>mysql -h localhost -u test1 -p
Enter password:****
ERROR 1045 (28000): Access denied for user ′test′@′localhost′ (using  password: YES)
```

▶ 2. 使用 DELETE 语句删除普通用户

可以使用 DELETE 语句直接删除 mysql. user 表中相应的用户信息，但必须拥有 mysql. user 表的 DELETE 权限。基本语法格式如下：

```
DELETE FROM mysql. user WHERE Host = ′hostname′ AND User = ′username′;
```

Host 和 User 字段都是 mysql. user 表的主键。因此，需要这两个字段的值才能确定一条记录。

【例 11.7】使用 DELETE 语句删除用户′test2′@′localhost′。SQL 语句和执行过程如下：

```
DELETE FROM mysql. user WHERE Host = ′localhost′ AND User = ′test2′;
Query OK, 1 rows affected (0.00 sec)
```

结果显示删除成功。可以使用 SELETE 语句查询 mysql. user 表，以确定该用户是否已经成功删除。

11.3 用户权限

11.3.1 查看用户权限

在 MySQL 中，可以通过查看 mysql. user 表中的数据记录来查看相应的用户权限，也可以使用 SHOW GRANTS 语句查询用户的权限。

mysql 数据库下的 user 表中存储着用户的基本权限，可以使用 SELECT 语句来查看。SELECT 语句的代码如下：

```
SELECT * FROM mysql.user;
```

要执行该语句，必须拥有对 user 表的查询权限。

注意：新创建的用户只有登录 MySQL 服务器的权限，没有任何其他权限，不能查询 user 表。

除了使用 SELECT 语句之外，还可以使用 SHOW GRANTS FOR 语句查看权限。语法格式如下：

```
SHOW GRANTS FOR ´username´@´hostname´;
```

其中，username 表示用户名，hostname 表示主机名或主机 IP。

【例 11.8】 创建 testuser1 用户并查询权限，SQL 语句和执行过程如下：

```
mysql> CREATE USER ´testuser1´@´localhost´;
Query OK, 0 rows affected (0.00 sec)

mysql> SHOW GRANTS FOR ´testuser1´@´localhost´;
+----------------------------------------------------+
| Grants for testuser1@localhost                     |
+----------------------------------------------------+
| GRANT USAGE ON *.* TO ´testuser1´@´localhost´      |
+----------------------------------------------------+
1 row in set (0.00 sec)
```

其中，USAGE ON *.* 表示该用户对任何数据库和任何表都没有权限。

【例 11.9】 查询 root 用户的权限，代码如下：

```
mysql> SHOW GRANTS FOR ´root´@´localhost´;
+-------------------------------------------------------------------------+
| Grants for root@localhost                                               |
+-------------------------------------------------------------------------+
| GRANT ALL PRIVILEGES ON *.* TO ´root´@´localhost´ WITH GRANT OPTION     |
| GRANT PROXY ON ´´@´´ TO ´root´@´localhost´ WITH GRANT OPTION            |
+-------------------------------------------------------------------------+
2 rows in set (0.00 sec)
```

11.3.2　用户授权

授权就是为某个用户赋予某些权限。例如,可以为新建的用户赋予查询所有数据库和表的权限。MySQL 提供了 GRANT 语句来为用户设置权限。

▶ 1. 为用户设置权限

在 MySQL 中,拥有 GRANT 权限的用户才可以执行 GRANT 语句,其语法格式如下:

```
GRANT priv_type [(column_list)] ON database.table
TO user [IDENTIFIED BY [PASSWORD] ´password´]
[, user[IDENTIFIED BY [PASSWORD] ´password´]]...
[WITH with_option [with_option]...]
```

其中:

• priv_type 参数表示权限类型;

• columns_list 参数表示权限作用于哪些列上,省略该参数时,表示作用于整个表;

• database.table 用于指定权限的级别;

• user 参数表示用户账户,由用户名和主机名构成,格式是"´username´@´host-name´";

• IDENTIFIED BY 参数用来为用户设置密码;

• password 参数是用户的新密码。

WITH 关键字后面带有一个或多个 with_option 参数。这个参数有 5 个选项。

• GRANT OPTION:被授权的用户可以将这些权限赋予别的用户;

• MAX_QUERIES_PER_HOUR count:设置每个小时可以允许执行 count 次查询;

• MAX_UPDATES_PER_HOUR count:设置每个小时可以允许执行 count 次更新;

• MAX_CONNECTIONS_PER_HOUR count:设置每小时可以建立 count 个连接;

• MAX_USER_CONNECTIONS count:设置单个用户可以同时具有的 count 个连接。

MySQL 中可以授予的权限有如下几组:

• 列权限,和表中的一个具体列相关。例如,可以使用 UPDATE 语句更新表students 中 name 列的值的权限。

• 表权限,和一个具体表中的所有数据相关。例如,可以使用 SELECT 语句查询表students 的所有数据的权限。

• 数据库权限,和一个具体数据库中的所有表相关。例如,可以在已有的数据库mytest 中创建新表的权限。

• 用户权限,和 MySQL 中所有的数据库相关。例如,可以删除已有的数据库或者创建一个新的数据库的权限。

对应地,在 GRANT 语句中可用于指定权限级别的值有以下几类格式。

- *：表示当前数据库中的所有表。
- *.*：表示所有数据库中的所有表。
- db_name.*：表示某个数据库中的所有表，db_name 指定数据库名。
- db_name.tbl_name：表示某个数据库中的某个表或视图，db_name 指定数据库名，tbl_name 指定表名或视图名。
- db_name.routine_name：表示某个数据库中的某个存储过程或函数，routine_name 指定存储过程名或函数名。
- TO 子句：如果权限被授予给一个不存在的用户，MySQL 会自动执行一条 CREATE USER 语句用来创建 testuser 用户，同时必须为该用户设置密码。

▶ 2. 权限类型说明

下面讲解 GRANT 语句中的权限类型。

授予数据库权限时，应为<权限类型>指定值，这些值如表 11-9 所示。

表 11-9 可用的数据库权限值

权 限 名 称	对应 user 表中的字段	说　明
SELECT	Select_priv	授予用户使用 SELECT 语句访问特定数据库中所有表和视图的权限
INSERT	Insert_priv	授予用户使用 INSERT 语句向特定数据库中所有表添加数据行的权限
DELETE	Delete_priv	授予用户使用 DELETE 语句删除特定数据库中所有表的数据行的权限
UPDATE	Update_priv	授予用户使用 UPDATE 语句更新特定数据库中所有数据表的值的权限
REFERENCES	References_priv	授予用户创建指向特定数据库中的表外键的权限
CREATE	Create_priv	授权用户使用 CREATE TABLE 语句在特定数据库中创建新表的权限
ALTER	Alter_priv	授予用户使用 ALTER TABLE 语句修改特定数据库中所有数据表的权限
SHOW VIEW	Show_view_priv	授予用户查看特定数据库中已有视图的视图定义的权限
CREATE ROUTINE	Create_routine_priv	授予用户为特定的数据库创建存储过程和存储函数的权限
ALTER ROUTINE	Alter_routine_priv	授予用户更新和删除数据库中已有的存储过程和存储函数的权限
INDEX	Index_priv	授予用户在特定数据库中的所有数据表上定义和删除索引的权限
DROP	Drop_priv	授予用户删除特定数据库中所有表和视图的权限
CREATE TEMPORARY TABLES	Create_tmp_table_priv	授予用户在特定数据库中创建临时表的权限

续表

权限名称	对应 user 表中的字段	说明
CREATE VIEW	Create_view_priv	授予用户在特定数据库中创建新的视图的权限
EXECUTE ROUTINE	Execute_priv	授予用户调用特定数据库的存储过程和存储函数的权限
LOCK TABLES	Lock_tables_priv	授予用户锁定特定数据库的已有数据表的权限
ALL 或 ALL PRIVILEGES 或 SUPER	Super_priv	以上所有权限即超级权限

授予表权限时，<权限类型>可以指定的值如表 11-10 所示。

表 11-10　可用的表权限值

权限名称	对应 user 表中的字段	说明
SELECT	Select_priv	授予用户使用 SELECT 语句进行访问特定表的权限
INSERT	Insert_priv	授予用户使用 INSERT 语句向一个特定表中添加数据行的权限
DELETE	Delete_priv	授予用户使用 DELETE 语句从一个特定表中删除数据行的权限
DROP	Drop_priv	授予用户删除数据表的权限
UPDATE	Update_priv	授予用户使用 UPDATE 语句更新特定数据表的权限
ALTER	Alter_priv	授予用户使用 ALTER TABLE 语句修改数据表的权限
REFERENCES	References_priv	授予用户创建一个外键来参照特定数据表的权限
CREATE	Create_priv	授予用户使用特定的名字创建一个数据表的权限
INDEX	Index_priv	授予用户在表上定义索引的权限
ALL 或 ALL PRIVILEGES 或 SUPER	Super_priv	所有的权限名

授予列权限时，<权限类型>的值只能指定为 SELECT、INSERT 和 UPDATE，同时权限的后面需要加上列名列表 column-list。

最有效率的权限是用户权限。授予用户权限时，<权限类型>除了可以指定为授予数据库权限时的所有值之外，还可以是下面这些值。

· CREATE USER：表示授予用户可以创建和删除新用户的权限。

· SHOW DATABASES：表示授予用户可以使用 SHOW DATABASES 语句查看所有已有数据库的定义的权限。

【例 11.10】使用 GRANT 语句创建一个新的用户 testUser，密码为 testPwd。用户 testUser 对所有的数据有查询、插入权限，并授予 GRANT 权限。SQL 语句和执行过程如下：

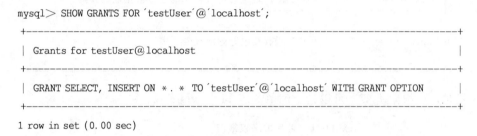

```
mysql> GRANT SELECT, INSERT ON *.*
    -> TO 'testUser'@'localhost'
    -> IDENTIFIED BY 'testPwd'
    -> WITH GRANT OPTION;
Query OK, 0 rows affected, 1 warning (0.05 sec)
```

使用 SHOW GRANTS 语句查询用户 testUser 的权限：

```
mysql> SHOW GRANTS FOR 'testUser'@'localhost';
+------------------------------------------------------------------------+
| Grants for testUser@localhost                                          |
+------------------------------------------------------------------------+
| GRANT SELECT, INSERT ON *.* TO 'testUser'@'localhost' WITH GRANT OPTION |
+------------------------------------------------------------------------+
1 row in set (0.00 sec)
```

结果显示，testUser 对所有数据库的所有表有查询、插入权限，并且可以将这些权限赋予别的用户。

数据库管理员给普通用户授权时一定要特别小心，如果授权不当，可能会给数据库带来致命的破坏。一旦发现给用户的权限太多，应该尽快使用 REVOKE 语句将权限收回。此处特别注意，最好不要授予普通用户 SUPER 权限和 GRANT 权限。

11.3.3　删除用户权限

在 MySQL 中，可以使用 REVOKE 语句删除某个用户的某些权限（此用户不会被删除），在一定程度上可以保证系统的安全。例如，如果数据库管理员觉得某个用户不应该拥有 DELETE 权限，那么就可以删除 DELETE 权限。

使用 REVOKE 语句删除权限的语法格式有两种形式，第一种是删除用户某些特定的权限，语法格式如下：

```
REVOKE priv_type [(column_list)]...
ON database.table
FROM user [, user]...
```

REVOKE 语句中的参数与 GRANT 语句的参数意思相同。其中，priv_type 参数表示权限的类型；column_list 参数表示权限作用于哪些列上，没有该参数时作用于整个表上；user 参数由用户名和主机名构成，格式为'username'@'hostname'。第二种是删除特定用户的所有权限，语法格式如下：

```
REVOKE ALL PRIVILEGES, GRANT OPTION FROM user [, user]...
```

删除用户权限需要注意：REVOKE 语法和 GRANT 语句的语法格式相似，但具有相反的效果。要使用 REVOKE 语句，必须拥有 MySQL 数据库的全局 CREATE USER 权限或 UPDATE 权限。

【例 11.11】使用 REVOKE 语句取消用户 testUser 的插入权限，SQL 语句和执行过程如下：

```
mysql> REVOKE INSERT ON *.*
   -> FROM ´testUser´@´localhost´;
Query OK, 0 rows affected (0.01 sec)

mysql> SHOW GRANTS FOR ´testUser´@´localhost´;
+--------------------------------------------------------------------+
| Grants for testUser@localhost                                      |
+--------------------------------------------------------------------+
| GRANT SELECT ON *.* TO ´testUser´@´localhost´ WITH GRANT OPTION    |
+--------------------------------------------------------------------+
1 row in set (0.00 sec)
```

结果显示，删除 testUser 用户的 INSERT 权限成功。

11.4　登录和退出服务器

在前面章节中，我们了解到用户可以通过 mysql 命令来登录 MySQL 服务器。但是还有些参数没有介绍，接下来将详细介绍 MySQL 中登录和退出服务器的方法。

启动 MySQL 服务后，可以使用以下命令来登录：

```
mysql - h hostname | hostIP - P port - u username - p DatabaseName - e ˝SQL 语句˝
```

下面对该命令的参数做说明：

- −h：指定连接 MySQL 服务器的地址。可以用两种方式表示，hostname 为主机名，hostIP 为主机 IP 地址。
- −P：指定连接 MySQL 服务器的端口号，port 为连接的端口号。MySQL 的默认端口号是 3306，因此如果不指定该参数，默认使用 3306 连接 MySQL 服务器。
- −u：指定连接 MySQL 服务器的用户名，username 为用户名。
- −p：提示输入密码，即提示 Enter password。
- DatabaseName：指定连接到 MySQL 服务器后，登录到哪一个数据库中。如果没有指定，默认为 mysql 数据库。
- −e：指定需要执行的 SQL 语句，登录 MySQL 服务器后执行这个 SQL 语句，然后退出 MySQL 服务器。

【例 11.12】使用 root 用户登录到 test 数据库中，命令和运行过程如下：

```
C:\Users\11645>mysql - h localhost - u root - p test
Enter password:****
Welcome to the MySQL monitor.   Commands end with ; or \g.
Your MySQL connection id is 2
Server version: 5.7.29 - log MySQL Community Server (GPL)
Copyright (c) 2000, 2020, Oracle and/or its affiliates. All rights reserved.
Oracle is a registered trademark of Oracle Corporation and/or its
affiliates. Other names may be trademarks of their respective
```

owners.

Type 'help;' or '\ h' for help. Type '\ c' to clear the current input statement.

　　上述命令中，通过值 localhost 指定 MySQL 服务器的地址，参数－u 指定了登录 MySQL 服务器的用户账户，参数－p 表示会出现输入密码提示信息，最后的"test"指定了登录成功后要使用的数据库。

　　由结果可以看到，输入命令后，会出现"Enter password"提示信息，在这条信息之后输入密码，然后按 Enter 键。密码正确后，就成功登录到 MySQL 服务器了。

　　【例 11.13】使用 root 用户登录到自己计算机的 mysql 数据库，同时查询 student 表的表结构，命令和运行过程如下：

```
C:\ Users \ 11645>mysql － h localhost － u root － p test － e"DESC student"
Enter password:****
```

+--------+-------------+------+-----+---------+--------+
| Field | Type | Null | Key | Default | Extra |
+--------+-------------+------+-----+---------+--------+
id	int(4)	NO	PRI	NULL	
name	varchar(20)	YES		NULL	
age	int(4)	YES		NULL	
stuno	int(11)	YES		NULL	
+--------+-------------+------+-----+---------+--------+

　　结果显示，执行命令并输入正确密码后，窗口中就会显示出 student 表的基本结构。

　　用户也可以直接在 mysql 命令的－p 后加上登录密码，登录密码与－p 之间没有空格。

　　【例 11.14】使用 root 用户登录到自己计算机的 MySQL 服务器中，密码直接加在 mysql 命令中。命令如下：

```
C:\ Users \ 11645>mysql － h localhost － u root － proot
mysql: [Warning] Using a password on the command line interface can be insecure.
Welcome to the MySQL monitor.   Commands end with ; or \ g.
Your MySQL connection id is 4
Server version: 5.7.29 － log MySQL Community Server (GPL)
Copyright (c) 2000, 2020, Oracle and/or its affiliates. All rights reserved.
Oracle is a registered trademark of Oracle Corporation and/or its
affiliates. Other names may be trademarks of their respective
owners.
Type 'help;' or '\ h' for help. Type '\ c' to clear the current input statement.
```

　　上述命令执行后，后面不会提示输入密码。因为－p 后面有密码，MySQL 会直接使用这个密码进行登录。

　　退出 MySQL 服务器的方式很简单，只要在命令行输入 EXIT 或 QUIT 即可。"\ q"是 QUIT 的缩写，也可以用来退出 MySQL 服务器。退出后就会显示 Bye。

```
mysql> QUIT;
Bye
```

11.5　修改用户及用户密码

在 MySQL 中，root 用户拥有很高的权限，不仅可以修改自己的密码，还可以修改其他用户的密码。

11.5.1　修改普通用户的密码

本节主要介绍 root 用户修改普通用户密码的几种方法。

▶ 1. 使用 SET 语句

在 MySQL 中，只有 root 用户可以通过更新 MySQL 数据库来更改密码。使用 root 用户登录到 MySQL 服务器后，可以使用 SET 语句来修改普通用户密码。语法格式如下：

```
SET PASSWORD FOR ´username´@´hostname´ = PASSWORD (´newpwd´);
```

其中，username 参数是普通用户的用户名，hostname 参数是普通用户的主机名，newpwd 是要更改的新密码。

注意：新密码必须使用 PASSWORD() 函数来加密，如果不使用 PASSWORD() 加密，也会执行成功，但是用户会无法登录。

如果是普通用户修改密码，可省略 FOR 子句来更改自己的密码。语法格式如下：

```
SET PASSWORD = PASSWORD(´newpwd´);
```

【例 11.15】创建一个没有密码的 testuser 用户，SQL 语句和运行结果如下：

```
mysql> CREATE USER ´testuser´@´localhost´;
Query OK, 0 rows affected (0.14 sec)
```

root 用户登录 MySQL 服务器后，再使用 SET 语句将 testuser 用户的密码修改为"newpwd"，SQL 语句和运行结果如下：

```
mysql> SET PASSWORD FOR ´testuser´@´localhost´ = PASSWORD(˝newpwd˝);
Query OK, 0 rows affected, 1 warning (0.01 sec)
```

可以看出，SET 语句执行成功，testuser 用户的密码被成功设置为"newpwd"。

下面验证 testuser 用户密码是否修改成功。退出 MySQL 服务器，使用 testuser 用户登录，输入密码"newpwd"，SQL 语句和运行结果如下：

```
C:\Users\leovo>mysql -utestuser -p
Enter password:******
Welcome to the MySQL monitor.   Commands end with ; or \g.
Your MySQL connection id is 15
Server version: 5.7.29-log MySQL Community Server (GPL)
Copyright (c) 2000, 2020, Oracle and/or its affiliates. All rights reserved.
Oracle is a registered trademark of Oracle Corporation and/or its
affiliates. Other names may be trademarks of their respective
```

owners.

Type ´help;´ or ´\h´ for help. Type ´\c´ to clear the current input statement.

可以看出，testuser 用户登录成功，修改密码成功。

【例 11.16】使用 testuser 用户登录 MySQL 服务器，再使用 SET 语句将密码更改为"newpwd1"，SQL 语句和运行结果如下：

```
mysql> SET PASSWORD = PASSWORD(´newpwd1´);
Query OK, 0 rows affected, 1 warning (0.00 sec)
```

可以看出，修改密码成功。

▶ 2. 使用 UPDATE 语句

使用 root 用户登录 MySQL 服务器后，再使用 UPDATE 语句修改 MySQL 数据库的 user 表的 authentication_string 字段，从而修改普通用户的密码。UPDATA 语句的语法如下：

```
UPDATE MySQL. user SET authentication_string = PASSWORD("newpwd") WHERE User = "username" AND Host = "hostname";
```

其中，username 参数是普通用户的用户名，hostname 参数是普通用户的主机名，newpwd 是要更改的新密码。

注意：执行 UPDATE 语句后，需要执行 FLUSH PRIVILEGES 语句重新加载用户权限。

【例 11.17】使用 root 用户登录 MySQL 服务器，再使用 UPDATE 语句将 testuser 用户的密码修改为"newpwd2"的 SQL 语句和运行结果如下：

```
mysql> UPDATE MySQL. user SET authentication_string = PASSWORD ("newpwd2")
    -> WHERE User = "testuser" AND Host = "localhost";
Query OK, 1 row affected, 1 warning (0.07 sec)
Rows matched: 1  Changed: 1  Warnings: 1
mysql> FLUSH PRIVILEGES;
Query OK, 0 rows affected (0.03 sec)
```

可以看出，密码修改成功。testuser 的密码被修改成了 newpwd2。使用 FLUSH PRIVILEGES 重新加载权限后，就可以使用 testuser 用户的新密码登录了。

▶ 3. 使用 GRANT 语句

除了前面介绍的方法，还可以在全局级别使用 GRANT USAGE 语句指定某个账户的密码而不影响账户当前的权限。需要注意的是，使用 GRANT 语句修改密码，必须拥有 GRANT 权限。一般情况下最好使用该方法来指定或修改密码。语法格式如下：

```
GRANT USAGE ON *.* TO ´user´@´hostname´ IDENTIFIED BY ´newpwd´;
```

其中，username 参数是普通用户的用户名，hostname 参数是普通用户的主机名，newpwd 是要更改的新密码。

【例 11.18】使用 root 用户登录 MySQL 服务器，再使用 GRANT 语句将 testuser 用户的密码修改为"newpwd3"，SQL 语句和运行结果如下：

```
mysql> GRANT USAGE ON *.* TO 'testuser'@'localhost' IDENTIFIED BY 'newpwd3';
Query OK, 0 rows affected, 1 warning (0.05 sec)
```

可以看出，密码修改成功。

11.5.2　修改 root 用户的密码

在 MySQL 中，root 用户拥有很高的权限，因此必须保证 root 用户密码的安全。修改 root 用户密码的方式有很多种，本节将介绍几种常用的修改 root 用户密码的方法。

▶ 1. 使用 mysqladmin 命令

root 用户可以使用 mysqladmin 命令来修改密码，mysqladmin 的语法格式如下：

```
mysqladmin -u username -h hostname -p password "newpwd"
```

语法参数说明如下：

- username 指需要修改密码的用户名称，在这里指定为 root 用户；
- hostname 指需要修改密码的用户主机名，该参数可以不写，默认是 localhost；
- password 为关键字，而不是指旧密码；
- newpwd 为新设置的密码，必须用双引号括起来。如果使用单引号会引发错误，可能会造成修改后的密码不是你想要的。

执行完上面的语句，root 用户的密码将被修改为"newpwd"。

【例 11.19】使用 mysqladmin 将 root 用户的密码修改为"rootpwd"，在 Windows 命令行窗口中执行命令和运行结果如下：

```
C:\Users\leovo>mysqladmin -u root -p password "rootpwd"
Enter password:****
mysqladmin: [Warning] Using a password on the command line interface can be insecure.
Warning: Since password will be sent to server in plain text, use ssl connection to ensure password safety.
```

输入 mysqladmin 命令后，按回车键，然后输入 root 用户原来的密码。执行完毕，密码修改成功，root 用户登录时将使用新的密码。

运行结果中，输入密码后会提示在命令行界面上使用密码可能不安全的警告信息，因为在命令行输入密码时，MySQL 服务器就会提示这些安全警告信息。

下面使用修改后的"rootpwd"密码登录，SQL 语句和运行结果如下：

```
C:\Users\leovo>mysql -uroot -p
Enter password:*******
Welcome to the MySQL monitor.   Commands end with ; or \g.
Your MySQL connection id is 23
Server version: 5.7.29-log MySQL Community Server (GPL)
Copyright (c) 2000, 2020, Oracle and/or its affiliates. All rights reserved.
Oracle is a registered trademark of Oracle Corporation and/or its
affiliates. Other names may be trademarks of their respective
owners.
Type 'help;' or '\h' for help. Type '\c' to clear the current input statement.
```

结果显示，root 用户登录成功，所以使用 mysqladmin 命令修改 root 用户密码成功。

▶ 2. 修改 user 表

因为所有账户信息都保存在 user 表中，因此可以直接通过修改 user 表来改变 root 用户的密码。

root 用户登录到 MySQL 服务器后，可以使用 UPDATE 语句修改 MySQL 数据库的 user 表的 authentication _ string 字段，从而修改用户的密码。

使用 UPDATA 语句修改 root 用户密码的语法格式如下：

```
UPDATE mysql. user set authentication _ string = PASSWORD ("rootpwd) WHERE User = "root" and Host = "
localhost";
```

新密码必须使用 PASSWORD（）函数来加密。执行 UPDATE 语句后，需要执行 FLUSH PRIVILEGES 语句重新加载用户权限。

【例 11.20】使用 UPDATE 语句将 root 用户的密码修改为"rootpwd2"。

使用 root 用户登录到 MySQL 服务器后，SQL 语句和运行结果如下：

```
mysql> UPDATE mysql. user set authentication _ string = password ("rootpwd2")
  -> WHERE User = "root" and Host = "localhost";
Query OK, 1 row affected, 0 warning (0.00 sec)Rows matched: 1  Changed: 1  Warnings : 0
mysql> FLUSH PRIVILEGES;
Query OK, 0 rows affected (0.06 sec)
```

结果显示，密码修改成功。而且使用了"FLUSH PRIVILEGES;"语句加载权限。退出后就必须使用新密码来登录了。

▶ 3. 使用 SET 语句

SET PASSWORD 语句可以用来重新设置其他用户的登录密码或者自己使用的账户的密码。使用 SET 语句修改密码的语法结构如下：

```
SET PASSWORD = PASSWORD ("rootpwd");
```

【例 11.21】使用 SET 语句将 root 用户的密码修改为"rootpwd3"。

使用 root 用户登录到 MySQL 服务器后，SQL 语句和运行结果如下：

```
MySQL> SET PASSWORD = password ("rootpwd3");
Query OK, 0 rows affected (0.00 sec)
```

结果显示，SET 语句执行成功，root 用户的密码被成功设置为"rootpwd3"。

11.5.3 修改用户密码的三种方式

在使用数据库时，我们也许会遇到 MySQL 需要修改密码的情况，比如密码太简单需要修改等。本节主要介绍了三种修改 MySQL 数据库密码的方法。

▶ 1. 使用 SET PASSWORD 命令

步骤一：输入命令"mysql － u root － p"指定 root 用户登录 MySQL，输入后按回车键，输入密码。如果没有配置环境变量，请在 MySQL 的 bin 目录下做登录操作。

步骤二：使用 SET PASSWORD 修改密码命令格式为"set password for username@

localhost = password(newpwd);",其中 username 为要修改密码的用户名,newpwd 为要修改的新密码,如图 11-1 所示。

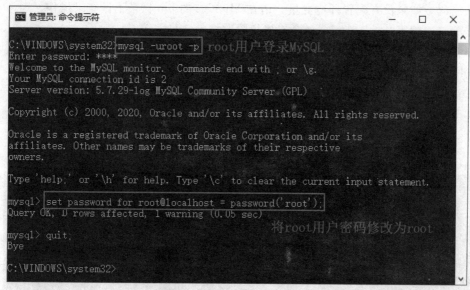

图 11-1 用 SET PASSWORD 修改 root 用户密码

步骤三:输入"quit;"命令退出 MySQL 重新登录,输入新密码"root"登录就可以了。

▶ 2. 使用 mysqladmin 修改密码

使用 mysqladmin 命令修改 MySQL 的 root 用户密码的格式为"mysqladmin —u 用户名—p 旧密码 password 新密码",如图 11-2 所示。

注意:图 11-2 修改密码的命令中—uroot 和—proot 是整体,不要写成"—u root —p root",—u 和 root 间可以加空格,但是会有警告出现,所以不要加空格。

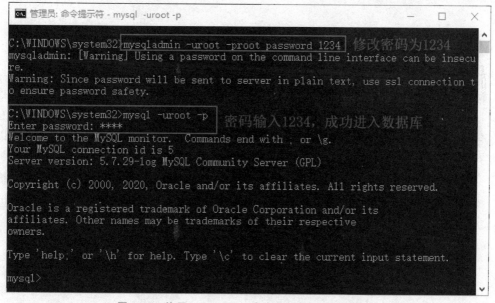

图 11-2 使用 mysqladmin 命令修改的 root 用户密码

▶ 3. UPDATE 直接编辑 user 表

步骤一：输入命令"mysql −u root −p"指定 root 用户登录 MySQL，输入后按回车键再输入密码。如果没有配置环境变量，请在 MySQL 的 bin 目录下做登录操作。

步骤二：输入"use mysql;"命令连接权限数据库。

步骤三：输入命令"update mysql. user set authentication _ string = password('新密码') where user='用户名' and Host ='localhost';"设置新密码。

步骤四：输入"flush privileges;"命令刷新权限。

步骤五：输入"quit;"命令退出 MySQL 重新登录，此时密码已经修改为刚才输入的新密码了，如图 11-3 所示。

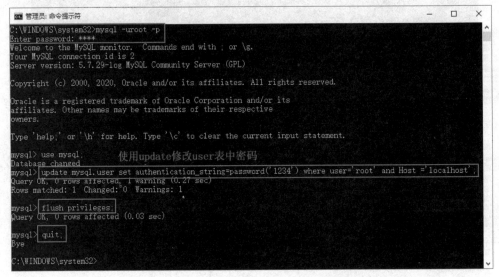

图 11-3　使用 UPDATE 修改 user 表中的密码

11.6　小结

MySQL 是一个多用户数据库，具有功能强大的访问控制系统，可以为不同用户指定不同权限。在前面的章节中我们使用的是 root 用户，该用户是超级管理员，拥有所有权限，包括创建用户、删除用户和修改用户密码等管理权限。为了实际项目的需要，可以创建拥有不同权限的普通用户。

通过本章的学习，读者可以了解到 MySQL 中的各种权限表、登录数据库的详细内容、用户管理和密码管理等。本章内容涉及数据库的安全，是数据库管理中非常重要的内容。学完本章，读者可以有效保证 MySQL 数据库的安全。

线上课堂——训练与测试

扫描封底刮刮卡　获取答题权限

在线题库

第 12 章　数据库备份与恢复

在实际应用中，可能会出现多种情况导致数据丢失，如存储介质损坏、用户误操作、服务器崩溃和人为破坏等。为此，数据库用户需要定期对数据库中的数据进行备份，以便在出现上述情况时能及时进行数据恢复，将损失降到最低。本章将介绍数据备份、数据恢复、数据迁移和数据导入导出的相关知识。

学习目标

通过本章的学习，可以掌握 MySQL 数据库的维护和性能优化方法，内容包括：
- 实现数据备份操作；
- 实现数据还原操作；
- 实现导出操作；
- 实现导入操作。

12.1　数据库备份

尽管系统管理员采取了一些管理措施来保证数据库的安全，但是在不确定的意外情况下，总是有可能造成数据损失。例如，意外停电、操作失误等都可能造成数据丢失。为了保证数据的安全，我们需要定期对数据进行备份。如果数据库中的数据出现了错误，就可以使用备份数据进行数据还原，这样可以将损失降至最低。MySQL 提供了多种方法来对数据进行备份和恢复。

12.1.1　数据库备份概述

任何数据库都需要备份，备份数据是维护数据库必不可少的操作。在学习如何备份数据之前，我们先了解一下数据库备份是为了应对哪些场景，为什么数据库需要备份？备份就是为了防止原数据丢失，保证数据的安全。当数据库因为某些原因造成部分或者全部数据丢失后，备份文件可以帮我们找回丢失的数据。因此，数据备份是很重要的工作。

12.1.2　数据库备份的应用场景

▶ 1. 数据丢失应用场景
- 人为操作失误造成某些数据被误操作。
- 软件 BUG 造成部分数据或全部数据丢失。

- 硬件故障造成数据库部分数据或全部数据丢失。
- 安全漏洞被入侵导致数据恶意破坏。

▶ 2. 非数据丢失应用场景

- 特殊应用场景下基于时间点的数据恢复。
- 开发测试环境数据库搭建。
- 相同数据库的新环境搭建。
- 数据库或者数据迁移。

以上列出的是一些数据库备份常见的应用场景，数据库备份还有其他应用场景，这里就不一一列举了。比如磁盘故障导致整个数据库的所有数据丢失，并且无法从已经出现故障的硬盘上面恢复，可以通过最近时间的整个数据库的物理或逻辑备份数据文件，尽可能将数据恢复到故障之前最近的时间点。

操作失误造成数据被误操作后，我们需要有一个能恢复到错误操作时间点之前的瞬间的备份文件，当然这个备份可能是整个数据库的备份，也可以只是被误操作的表的备份。

12.1.3　MySQL 备份类型

备份是以防万一的一种必要手段，在出现硬件损坏或非人为因素导致数据丢失时，可以使用备份恢复数据，将损失降低到最低程度，因此备份是必须的。

根据备份的方法(是否需要数据库离线)可以将备份分为：热备份、冷备份和温备份。

热备份可以在数据库运行中直接备份，对正在运行的数据库操作没有任何影响，数据库的读写操作可以正常执行。这种方式在 MySQL 官方手册中称为 Online Backup(在线备份)。

冷备份必须在数据库停止使用的情况下进行备份，数据库的读写操作不能执行。这种备份最为简单，一般只需要复制相关的数据库物理文件即可。这种方式在 MySQL 官方手册中称为 Offline Backup(离线备份)。

温备份同样是在数据库运行中进行的，但是会对当前数据库的操作有所影响，备份时仅支持读操作，不支持写操作。

按照备份后文件的内容，热备份又可以分为：逻辑备份和裸文件备份。

在 MySQL 数据库中，逻辑备份是指备份出来的文件内容是可读的，一般是文本内容。内容一般是由一条条 SQL 语句或者表内实际数据组成，如 mysqldump 和 SELECT * INTO OUTFILE 的方法。这类方法的好处是可以观察导出文件的内容，一般适用于数据库的升级、迁移等工作，其缺点是恢复的时间较长。

裸文件备份是指复制数据库的物理文件，既可以在数据库运行中进行复制(如 ibbackup、xtrabackup 这类工具)，也可以在数据库停止运行时直接复制数据文件。这类备份的恢复时间往往比逻辑备份短很多。

按照备份数据库的内容来分，备份又可以分为：完全备份和部分备份。

完全备份是指对数据库进行一个完整的备份，即备份整个数据库，如果数据较多会占用较大的时间和空间。

部分备份是指备份部分数据库(例如，只备份一个表)。部分备份又分为：增量备份和差异备份。

　　增量备份需要使用专业的备份工具。指的是在上次完全备份的基础上，对更改的数据进行备份。也就是说，每次备份只会备份自上次备份之后到备份时间之内产生的数据。因此每次备份都比差异备份节约空间，但是恢复数据麻烦。

　　差异备份指的是自上一次完全备份以来变化的数据。和增量备份相比，浪费空间，但恢复数据比增量备份简单。

　　MySQL 中进行不同方式的备份还要考虑存储引擎是否支持，如 MyISAM 不支持热备份，支持温备份和冷备份。而 InnoDB 支持热备份、温备份和冷备份。

　　一般情况下，我们需要备份的数据分为以下几种：

微课视频 12-1
对 SQL 脚本的理解

* 表数据；
* 二进制日志、InnoDB 事务日志；
* 代码(存储过程、存储函数、触发器、事件调度器)；
* 服务器配置文件。

12.2　数据备份工具

　　可用于 MySQL 的几种数据备份工具如下。

　　· mysqldump：逻辑备份工具，适用于所有的存储引擎，支持温备份、完全备份、部分备份，对于 InnoDB 存储引擎、支持热备份。

　　· cp、tar 等归档复制工具：物理备份工具，适用于所有的存储引擎、冷备份、完全备份、部分备份。

　　· lvm2 snapshot：借助文件系统管理工具进行备份。

　　· mysqlhotcopy：名不副实的数据备份工具，但仅支持 MyISAM 存储引擎。

　　· xtrabackup：一款由 percona 提供的非常强大的 InnoDB/XtraDB 热备份工具，支持完全备份、增量备份。

　　数据库的主要作用就是对数据进行保存和维护，所以备份数据是数据库管理中常用的操作。为了防止数据库意外崩溃或硬件损伤而导致数据丢失，数据库系统提供了备份和恢复策略。

　　保证数据安全的重要措施就是定期对数据库进行备份。这样即使发生了意外，也会把损失降到最低。

　　数据库备份是指通过导出数据或者复制表文件的方式来制作数据库的副本。当数据库出现故障或遭到破坏时，将备份的数据库加载到系统，从而使数据库从错误状态恢复到备份时的正确状态。

　　MySQL 提供了两种备份方式，即 mysqldump 命令以及 mysqlhotcopy 脚本。由于 mysqlhotcopy 只能用于 MyISAM 表，所以 MySQL 5.7 移除了 mysqlhotcopy 脚本。

　　本节主要介绍如何使用 mysqldump 命令备份数据库。

　　mysqldump 命令执行时，可以将数据库中的数据备份成一个文本文件。数据表的结构和数据将存储在生成的文本文件中。

▶ 1. 备份一个数据库或表

使用 mysqldump 命令备份一个数据库的语法格式如下：

mysqldump － u username － p dbname [tbname...]＞ filename.sql

下面对上述语法中的参数做说明。
- username：表示用户名称；
- dbname：表示需要备份的数据库名称；
- tbname：表示数据库中需要备份的数据表，可以指定多个数据表。省略该参数时，会备份整个数据库；
- 右箭头"＞"：告诉 mysqldump 将备份数据表的定义和数据写入备份文件；
- filename.sql：表示备份文件的名称，文件名前面可以加绝对路径。通常将数据库备份成一个后缀名为 .sql 的文件。

注意：mysqldump 命令备份的文件并非一定要求后缀名为 .sql，备份成其他格式的文件也是可以的。例如，后缀名为 .txt 的文件。通常情况下，建议备份成后缀名为 .sql 的文件。因为，后缀名为 .sql 的文件给人的第一感觉就是与数据库有关的文件。

【例 12.1】使用 root 用户备份 test 数据库下的 student 表至"F：\ test"文件夹下，备份文件名为 student.sql。

打开命令行(cmd)窗口，输入备份命令和密码，运行过程如下：

C:\ Users \ Administrator＞mysqldump － uroot － p test student＞F:\ test \ student.sql
Enter password: ＊＊＊＊

注意：mysqldump 命令必须在 cmd 窗口下执行，不能登录到 MySQL 服务器中执行。

输入密码后，MySQL 会对 test 数据库下的 student 数据表进行备份。之后就可以在指定路径下查看刚才备份的文件了。student.sql 文件中的部分内容如下：

```
-- MySQL dump 10.13  Distrib 5.7.29, for Win64 (x86 _ 64)
--
-- Host: localhost    Database: test
-- -------------------------------------------------------
-- Server version 5.7.29 - log
/ * !40101 SET @OLD _ CHARACTER _ SET _ CLIENT = @@CHARACTER _ SET _ CLIENT * /;
/ * !40101 SET @OLD _ CHARACTER _ SET _ RESULTS = @@CHARACTER _ SET _ RESULTS * /;
-- 此处删除了部分内容
--
-- Table structure for table ´student´
--
DROP TABLE IF EXISTS ´student´;/ * !40101 SET @saved _ cs _ client     = @@character _ set _ client
* /;
/ * !40101 SET character _ set _ client = utf8 * /;
CREATE TABLE ´student´ (
´id´ int(4) NOT NULL,
´name´ varchar(20) DEFAULT NULL,
´stuno´ int(11) DEFAULT NULL,
```

```
´age´ int(4) DEFAULT NULL,
PRIMARY KEY (´id´)
) ENGINE = MyISAM DEFAULT CHARSET = latin1;
/ * !40101 SET character _ set _ client = @saved _ cs _ client * /;
--
-- Dumping data for table ´student´
--
LOCK TABLES ´student´ WRITE;
/ * !40000 ALTER TABLE ´student´ DISABLE KEYS * /;
INSERT INTO ´student´ VALUES (1,´zhangsan´,23,18),(2,´lisi´,24,19),(3,´wangwu´,25,18),(4,´zhaoliu´,
26,18);
/ * !40000 ALTER TABLE ´student´ ENABLE KEYS * /;
UNLOCK TABLES;
/ * !40103 SET TIME _ ZONE = @OLD _ TIME _ ZONE * /;
......
-- Dump completed on 2019 - 03 - 09 13 : 03 : 15
```

  student. sql 文件开头记录了 MySQL 的版本、备份的主机名和数据库名。

  文件中，以"--"开头的都是 SQL 语言的注释。以"/ * ！40101"等形式开头的也是与 MySQL 有关的注释。40101 是 MySQL 数据库的版本号，这里表示 MySQL 4.1.1。恢复数据时，MySQL 的版本比 4.1.1 高，"/ * ！40101"和"* /"之间的内容将被当作 SQL 命令来执行。如果比 4.1.1 低，"/ * ！40101"和"* /"之间的内容被当作注释。"/ * !"和"* /"中的内容在其它数据库中将被作为注释忽略，这可以提高数据库的可移植性。

  DROP 语句、CREATE 语句和 INSERT 语句都是数据库恢复时使用的；"DROP TABLE IF EXISTS ´student´"语句用来判断数据库中是否还有名为 student 的表，如果存在，就删除这个表；CREATE 语句用来创建 student 表；INSERT 语句用来恢复所有数据。文件的最后记录了备份的时间。

  注意：上述 student. sql 文件中没有创建数据库的语句，因此，student. sql 文件中的所有表和记录必须恢复到一个已经存在的数据库中。恢复数据时，CREATE TABLE 语句会在数据库中创建表，然后执行 INSERT 语句向表中插入记录。

  ▶ 2. 备份多个数据库

  如果要使用 mysqldump 命令备份多个数据库，需要使用"--databases"参数。备份多个数据库的语法格式如下：

```
mysqldump - u username - P - - databases dbname1 dbname2 ... > filename. sql
```

  加上"--databases"参数后，必须指定至少一个数据库名称，多个数据库名称之间用空格隔开。

  【例 12. 2】使用 root 用户备份 test 数据库和 mysql 数据库至"F: \ test"文件夹下，文件名为 testandmysql. sql。

  打开命令行(cmd)窗口，输入备份命令和密码，运行过程如下：

```
mysqldump - u root - p - - databases test mysql>F: \ test \ testandmysql. sql
Enter Password: * * * * * *
```

执行完后，可以在 F:\ test \ 下面看到名为 testandmysql. sql 的文件，这个文件中存储了两个数据库的信息。

▶ 3. 备份所有数据库

mysqldump 命令备份所有数据库的语法格式如下：

```
mysqldump － u username － P － － all － databases>filename. sql
```

注意：使用"－－all－databases"参数时，不需要指定数据库名称。

【例 12.3】使用 root 用户备份所有数据库至"F:\ mysqlback"文件夹下，备份文件名为 alldb. sql。

打开命令行(cmd)窗口，输入备份命令和密码，运行过程如下：

```
mysqldump － u root － p － － all － databases ＞ F:\ mysqlback\ alldb. sql
```

执行完后，可以在 F:\ mysqlback\ 下面看到名为 alldb. sql 的文件，这个文件中存储了所有数据库的信息。

注意：没有配置 MySQL 环境变量的时候，是无法直接从命令行下输入上述命令完成备份操作的，会提示"'mysqldump'不是内部或外部命令，也不是可运行的程序或批处理文件"。这里我们直接 cd 到 MySQL 安装目录（默认在 C:\ Program Files \ MySQL \ MySQL Server 5.7）下的 bin 文件夹中，然后运行。

▶ 4. 导出表数据到文本文件

通过对数据表的导入导出，可以实现 MySQL 数据库服务器与其它数据库服务器间移动数据。导出是指将 MySQL 数据表的数据复制到文本文件。数据导出的方式有多种，下面主要介绍使用 SELECTI... INTO OUTFILE 语句导出数据。

微课视频 12-2
数据库数据的
导入导出

在 MySQL 中，可以使用 SELECTI... INTO OUTFILE 语句将表的内容导出成一个文本文件。SELECT... INTO OUTFILE 语句的基本格式如下：

```
SELECT 列名 FROM table [WHERE 语句] INTO OUTFILE ´目标文件´[OPTIONS]
```

该语句用 SELECT 来查询所需要的数据，用 INTO OUTFILE 来导出数据。其中，目标文件用来指定将查询的记录导出到哪个文件。需要注意的是，目标文件不能是一个已经存在的文件。

[OPTIONS]为可选参数选项，OPTIONS 部分的语法包括 FIELDS 和 LINES 子句，其常用的取值如下。

• FIELDS TERMINATED BY ´字符串´：设置字符串为字段之间的分隔符，可以为单个或多个字符，默认情况下为制表符"\ t"。

• FIELDS[OPTIONALLY]ENCLOSED BY´字符´：设置字符来括上 CHAR、VARCHAR 和 TEXT 等字符型字段。如果使用了 OPTIONALLY 则只能用来括上 CHAR 和 VARCHAR 等字符型字段。

• FIELDS ESCAPED BY´字符´：设置如何写入或读取特殊字符，只能为单个字符，即设置转义字符，默认值为"\ "。

• LINES STARTING BY'字符串'：设置每行开头的字符，可以为单个或多个字符，默认情况下不使用任何字符。

• LINES TERMINATED BY'字符串'：设置每行结尾的字符，可以为单个或多个字符，默认值为"\n"。

注意：FIELDS 和 LINES 两个子句都是自选的，如果两个都被指定了，FIELDS 必须位于 LINES 的前面。

【例 12. 4】使用 SELECT...INTO OUTFILE 语句来导出 test 数据库中的 kc 表中的记录。SQL 语句和运行结果如下：

```
mysql> SELECT * FROM test.person INTO OUTFILE 'C://ProgramData/MySQL/MySQL Server 5.7/
Uploads/kc.txt';
Query OK, 5 rows affected (0.05 sec)
```

根据导出的路径找到 kc. txt 文件，文件内容如下：

```
1       Java        12
2       MySQL       13
3       C           15
4       C++         22
5       Python      18
```

导出 kc 表数据成功。

导出时可能会出现下面的错误：

```
The MySQL server is running with the --secure-file-priv option so it cannot execute this statement
```

这是因为 MySQL 限制了数据的导出路径。MySQL 导入导出文件只能在 secure-file-priv 变量指定路径下的文件才可以导入导出。

首先使用 show variables like '%secure%'；语句查看 secure-file-priv 变量配置。

```
mysql> show variables like '%secure%' \G
*************************** 1. row ***************************
Variable_name: require_secure_transport
    Value: OFF
*************************** 2. row ***************************
Variable_name: secure_auth
    Value: ON
*************************** 3. row ***************************Variable_name: secure_file
_priv
    Value: C:\ProgramData\MySQL\MySQL Server 5.7\Uploads\
3 rows in set, 1 warning (0.04 sec)
```

secure_file_priv 的值指定的是 MySQL 导入导出文件的路径。将 SQL 语句中的导出文件路径修改为该变量的指定路径，再执行导入导出操作即可。也可以在 my. ini 配置文件中修改 secure-file-priv 的值，然后重启服务即可。

如果 secure_file_priv 值为 NULL，则为禁止导出，可以在 MySQL 安装路径下的

my. ini 文件中添加 secure _ file _ priv＝设置路径语句，然后重启服务即可。

【例 12.5】使用 SELECT...INTO OUTFILE 语句将 test 数据库中的 kc 表中的记录导出到文本文件，使用 FIELDS 选项和 LINES 选项，要求字段之间用、隔开，字符型数据用双引号括起来。每条记录以一开头。SQL 语句如下：

```
SELECT ＊ FROM test.kc INTO OUTFILE ´F:/kc.txt´
  FIELDS TERMINATED BY ´\ 、´ OPTIONALLY ENCLOSED BY ´\ "´ LINES STARTING BY ´\ -´
TERMINATED BY ´\ r \ n´;
```

下面对该命令做说明。
- FIELDS TERMINATED BY ´、´：表示字段之间用、分隔；
- ENCLOSED BY ´\ "´：表示每个字段都用双引号括起来；
- LINES STARTING BY ´\ -´：表示每行以一开头；
- TERMINATED BY ´\ r \ n´表示每行以回车换行符结尾，保证每一条记录占一行。

kc. txt 文件的内容如下：

```
- 1, ˝Java˝, 12
- 2, ˝MySQL˝, 13
- 3, ˝C˝, 15
- 4, ˝C + +˝, 22
- 5, ˝Python˝, 18
```

微课视频 12-3
导入初始化数据

可以看到，每条记录都以一开头，每个数据之间以都以、隔开，所有的字段值都被双引号包括。

12.3 恢复数据库

12.3.1 恢复备份的数据

当数据丢失或意外损坏时，可以通过恢复已经备份的数据来尽量减少数据损失。本节主要介绍如何对备份的数据进行恢复操作。在前一节中介绍了如何使用 mysqldump 命令将数据库中的数据备份成一个文本文件，且备份文件中通常包含 CREATE 语句和 IN-SERT 语句。在 MySQL 中，可以使用 mysql 命令来恢复备份的数据。mysql 命令可以执行备份文件中的 CREATE 语句和 INSERT 语句，也就是说，mysql 命令可以通过 CRE-ATE 语句来创建数据库和表，通过 INSERT 语句来插入备份的数据。

mysql 命令语法格式如下：

```
mysql - u username - P [dbname] ＜ filename. sql
```

其中：
- username 表示用户名称。
- dbname 表示数据库名称，该参数是可选参数。如果 filename. sql 文件为 mysql-dump 命令创建的包含创建数据库语句的文件，则执行时不需要指定数据库名。如果指定的数据库名不存在将会报错。

• filename. sql 表示备份文件的名称。

注意：mysql 命令和 mysqldump 命令一样，都在命令行(cmd)窗口下执行。

【例 12.6】使用 root 用户恢复所有数据库.

打开命令行(cmd)窗口，输入备份命令和密码，运行命令如下：

```
mysql - u root - p < F:\ mysqlback\ alldb.sql
Enter Password:******
```

执行完后，MySQL 数据库中已经恢复了 alldb. sql 文件中的所有数据库。

注意：如果使用ー—all—databases 参数备份了所有的数据库，那么恢复时不需要指定数据库名。因为，其对应的 sql 文件中含有 CREATE DATABASE 语句，可以通过该语句创建数据库。创建数据库之后，可以执行 SQL 文件中的 USE 语句选择数据库，然后在数据库中创建表并插入记录。

12.3.2 将文本文件导入数据表

数据库恢复是指以备份为基础，与备份相对应的系统维护和管理操作。系统进行恢复操作时，先执行一些系统安全性的检查，包括检查所要恢复的数据库是否存在，数据库是否变化及数据库文件是否兼容等，然后根据所采用的数据库备份类型采取相应的恢复措施。

数据库恢复机制设计的两个关键问题是：第一，如何建立冗余数据；第二，如何利用这些冗余数据实施数据库恢复。建立冗余数据常用的技术是数据转储和登录日志文件。在一个数据库系统中，这两种方法是一起使用的。数据转储是 DBA 定期地将整个数据库复制到磁带或另一个磁盘上保存起来的过程。这些备用的版本成为后备副本或后援副本。可使用 LOAD DATA…INFILE 语句来恢复先前备份的数据。LOAD DATA INFILE 是 SE-LECT INTO OUTFILE 的相对语句。使用 LOAD DATA INFILE 可以从备份文件恢复表数据。格式如下：

```
LOAD DATA [LOW _ PRIORITY | CONCURRENT] [LOCAL] INFILE file _ name INTO TABLE table _ name [OPTION];
```

其中，若指定 LOW _ PRIORITY，则 load data 语句会被延迟，直到没有其他的客户端正在读取表为止；若指定 CONCURRENT，则当 load data 正在执行时，其他线程可以同时使用该表的数据。

对于 OPTION 选项，它有以下选择。

• FIELDS TERMINATED BY ′value′：设置字段之间分隔符，单个或多个字符，默认为′\ t′；

• FIELDS [OPTIONALLY] ENCLOSEED BY ′value′：设置字段包围分隔符，单个字符；

• FIELDS ESCAPED BY ′value′：如何写入或读取特殊字符，单个字符；

• LINES STARTING BY ′value′：每行数据开头的字符，单个或多个；

• LINES TERMINATED BY ′value′：每行数据结尾的字符，单个或多个。

为了便于理解，我们将语法改写为：

load data infile + ′文件存储路径′ + into table + 表名 + [字段列表] + fields + 字段处理 + lines + 行处理;

【例 12.7】使用 LOAD DATA 语句将 f:\ kc. txt 文件中的数据导入到 test 数据库中的 kc 表。还原之前需将 kc 表中数据全部删除。执行过程如下：

```
mysql>delete from kc;
Query OK, 5 rows affected (0. 03 sec)
mysql>LOAD DATA INFILE ′f:\ kc. txt′ INTO TABLE test. kc;
Query OK, 5 rows affected (0. 03 sec)
Records: 5 Deleted: 0 Skipped: 0 Warnings: 0
```

【例 12.8】将表 tb _ students _ info 导出的数据备份文件 student. txt 导入数据库 test _ db 的表 tb _ students _ copy 中，其中 tb _ students _ copy 的表结构和 tb _ students _ info 相同。

首先创建表 tb _ students _ copy，输入的 SQL 语句和执行结果如下：

```
mysql> CREATE TABLE tb _ students _ copy
   -> LIKE tb _ students _ info;
Query OK, 0 rows affected (0. 52 sec)
mysql> SELECT * FROM tb _ students _ copy;
Empty set (0. 00 sec)
```

导入数据与查询表 tb _ students _ copy 的过程如下：

```
mysql> LOAD DATA INFILE ′C:/ProgramData/MySQL/MySQL Server 5. 7/
Uploads/student. txt′
   -> INTO TABLE test _ db. tb _ students _ copy
   -> FIELDS TERMINATED BY ′,′
   -> OPTIONALLY ENCLOSED BY ′″′
   -> LINES TERMINATED BY ′ | ′;
Query OK, 10 rows affected (0. 14 sec)
Records: 10  Deleted: 0  Skipped: 0  Warnings: 0
mysql> SELECT * FROM test _ db. tb _ students _ copy;
```

id	name	dept _ id	age	sex	height	login _ date
1	Dany	1	25	F	160	2015-09-10
2	Green	3	23	F	158	2016-10-22
3	Henry	2	23	M	185	2015-05-31
4	Jane	1	22	F	162	2016-12-20
5	Jim	1	24	M	175	2016-01-15
6	John	2	21	M	172	2015-11-11
7	Lily	6	22	F	165	2016-02-26
8	Susan	4	23	F	170	2015-10-01
9	Thomas	3	22	M	178	2016-06-07
10	Tom	4	23	M	165	2016-08-05

10 rows in set (0.00 sec)

12.3.3 还原数据

基本语法如下：

source + 备份文件目录；

【例12.9】创建一个新的数据库 test1，将之前数据库 test 的备份文件 testbk.sql 还原。
执行如下 SQL 语句，进行测试即可还原。

```
-- 创建数据库 test1
mysql>create database test1;
-- 选择需要还原的数据库
mysql>use test1;
mysql>source f:/test/testbk.sql;
```

12.4 小结

本章介绍了 MySQL 软件的高级操作，即 MySQL 数据库的维护。主要介绍了数据库的备份和还原，还有数据库的导入和导出。为了让读者能理解和掌握，分别用 SQL 语句案例进行了详细介绍。

通过本章学习，读者不仅能够维护 MySQL 数据库，而且还会学到一些数据库维护的操作技巧。

▎线上课堂——训练与测试 ▎

扫描封底刮刮卡　　获取答题权限

在线题库

参 考 文 献

[1] 崔洋，贺亚茹. MySQL 数据库应用从入门到精通：3 版[M]. 北京：中国铁道出版社，2016.

[2] 刘增杰. MySQL5.7 从入门到精通：视频教学版[M]. 北京：清华大学出版社，2017.

[3] 传智播客高教产品研发部. MySQL 数据库入门：2 版[M]. 北京：清华大学出版社，2020.

[4] 王飞飞，崔洋，贺亚茹. MySQL 数据库应用从入门到精通：3 版[M]. 北京：中国铁道出版社，2016.

[5] 夏辉，白萍，李晋. MySQL 数据库基础与实践[M]. 北京：机械工业出版社，2017.

[6] Paul DuBois. MySQL 技术内幕：5 版[M]. 北京：清华大学出版社，2016.

[7] 马洁，郭义，罗桂琼. MySQL 数据库应用案例教程[M]. 北京：航空工业出版社，2019.

教学支持说明